高等学校电子信息类系列教材

射频电子线路和通信系统实践教程

李要伟　邓军　邓成　周佳社　吕汶　编著

西安电子科技大学出版社

内 容 简 介

本书共分三篇七章。第一篇含第1～2章，介绍安全规范及目前在用的射频测试仪器，包括射频信号源、计频器、频谱分析仪、示波器及无线电综合测试仪等，结合高频信号特点介绍其典型应用。第二篇含第3～4章，介绍射频电子线路经典电路和实验项目及其设计仿真，包括高频正弦波振荡器实验、高频功率放大器实验、振幅和频率调制解调电路设计与实验等。第三篇含第5～7章，介绍通信系统实验项目和应用案例，该实验系统采用模块化搭建，组合方便、上位机控制、可实现模拟通信和数调通信。

本书可作为高等院校电子信息类专业电子线路和技术课程的实验教材以及课程设计、毕业设计的参考用书，也可供工程技术人员参考。

图书在版编目（CIP）数据

射频电子线路和通信系统实践教程 / 李要伟等编著. -- 西安 ：西安电子科技大学出版社，2024. 8. -- ISBN 978-7-5606-7395-0

Ⅰ. TN710；TN914

中国国家版本馆 CIP 数据核字第 2024XK5101 号

策　　划　陈　婷

责任编辑　陈　婷　马嘉婕

出版发行　西安电子科技大学出版社（西安市太白南路 2 号）

电　　话　(029) 88202421　88201467　　邮　　编　710071

网　　址　www. xduph. com　　电子邮箱　xdupfxb001@163. com

经　　销　新华书店

印刷单位　西安日报社印务中心

版　　次　2024 年 8 月第 1 版　　2024 年 8 月第 1 次印刷

开　　本　787 毫米×1092 毫米　1/16　印张 13. 5

字　　数　319 千字

定　　价　36. 00 元

ISBN 978-7-5606-7395-0

XDUP 7696001-1

前　言

实验的意义在于培养学生的创新意识和工程实践能力。近年来，随着实验资源的日益丰富，更新实验内容、创新实验方法和手段势在必行。为此，我们在做一些有益的尝试。

本书是电子工程类专业的射频电子线路和通信系统课程实践教材。本书编写考虑到现代电子线路和无线通信技术发展，融合射频电路基础、通信原理及数字通信技术等课程，与国内知名企业进行技术衔接，对相关课程内容进行提炼调整，保留了基本经典电路，丰富了系统测试培训。

本书结构安排如下。第一篇射频测试仪器(第1～2章)，详细介绍了射频信号源、计频器、频谱分析仪、示波器及无线电综合测试仪等射频仪器的主要技术指标及操作安全规范，为顺利进行实验做好准备。第二篇射频电子线路实验与设计仿真(第3～4章)，包括射频电子线路实验和射频基础电路实验设计与仿真，主要介绍了高频正弦波振荡器、高频功率放大器、振幅调制与解调、混频器、频率调制与解调等电路设计与仿真和硬件测试项目。实验项目建议先完成设计仿真，再付诸硬件测试。第三篇射频通信系统实验(第5～7章)，首先详细介绍了目前在用的射频通信系统的组成及上位机工作，其次分析了模块化功能电路和实践测试项目，最后组合模块化电路形成通信系统。该系统可选择基于AM/FM/ASK/FSK等通信方式，实现语音或数据通信。第7章详细介绍了3个射频通信应用系统案例：射频识别(RFID)读写系统设计与实践、基于北斗通信的定位系统及基于Wi-Fi和蓝牙的嵌入式无线传感网络平台。

本书在编写过程中得到了安徽白鹭电子科技有限公司、南京恒盾科技有限公司、鼎阳科技有限公司、中国电子科技集团公司第四十一研究所等企业的大力支持，在此表示衷心感谢。

由于编者水平有限，书中难免存在不妥之处，恳请广大读者批评指正。

编　者

2024年5月

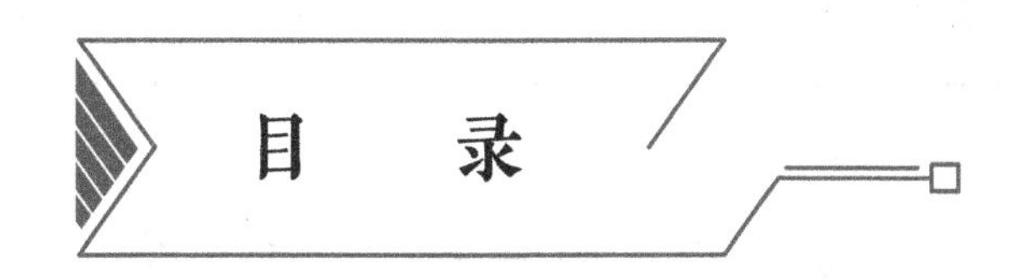

目　录

第一篇　射频测试仪器

第二篇　射频电子线路实验与设计仿真

第三篇　射频通信系统实验

第一篇　射频测试仪器

在射频电子线路和通信系统测试中，除使用信号发生器、示波器等常规仪器外，还需使用频率特性测试仪、频谱分析仪、网络分析仪及无线电综合测试仪等仪器。

示波器属于时域测量仪器，主要用于观测信号波形以及电路的瞬态过程及特性，测量信号的幅度、时间间隔、脉冲宽度、上升下降时间等。目前实验室中一般配有300 MHz和1 GHz两款示波器。

频谱分析仪属于频域测量仪器，主要用于测量信号所包含的频率及频率所对应的幅度。通信系统中对信号频谱的测量和分析是很普遍的，例如，通过频谱分析确定载波信号的谐波成分以及调制到载波上的信息失真等并以此判断通信电路或系统的工作状况以及确定需采取的措施。

第1章 安全规范

1.1 一般安全概要

了解仪器仪表安全性预防措施，既可避免受伤，又可防止损坏测试仪表。

1. 使用正确的电源线

只允许使用符合国标规范的专用电源线。

2. 产品接地

仪表通过电源电缆的保护接地线接地。为避免电击，在连接仪表的任何输入输出端子之前，应先确保仪表电源电缆的接地端子与保护线接地端可靠连接。

3. 正确连接探头

如果使用探头，探头地线必须连接至接地端上。请勿将探头地线接至高电压，否则可能会在示波器、探头的连接器以及控制设备或其他表面上产生危险电压，进而对操作人员造成伤害。

4. 查看所有终端额定值

为避免起火及过大的电流冲击，务必熟悉仪表上所有额定值和标记说明。

5. 使用合适的过压保护

确保没有过电压(如由雷电造成的电压)到达仪器。否则操作人员有可能遭受电击。

6. 请勿将异物插入排风口并保持适当通风

保持排风口适当通风，通风不良会引起仪表温度升高，进而引起仪表损坏。

7. 使用合适的保险丝

只允许使用本仪表指定规格的保险丝。

8. 避免电源外露

电源接通后，请勿接触外露的接头和元件。

9. 请勿在潮湿及易燃易爆环境下操作

为避免仪表损坏或人身伤害，请勿在潮湿及易燃易爆环境下操作仪表。

10. 保持仪器表面的清洁和干燥

为避免灰尘或空气中的水分影响仪器性能，请保持仪器表面的清洁和干燥。

11. 防静电保护(ESD)

静电会造成仪器损坏，应尽可能在防静电区进行测试。在连接电缆到仪表前，应将其内外导体短暂接地以释放静电。

1.2 安全术语和符号

1. 仪表上的安全术语

(1) DANGER：表示您如果不进行此操作，可能会立即对您造成伤害。

(2) WARNING：表示您如果不进行此操作，可能会对您造成潜在的伤害。

(3) CAUTION：表示您如果不进行此操作，可能会对本产品或连接到本产品的其他设备造成损害。

2. 仪表上的安全符号

仪表上的安全符号如图 1.2.1 所示。

高电压　　安全警告　　保护性接地端　　壳体接地端　　测量接地端

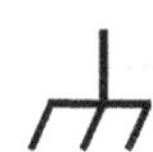

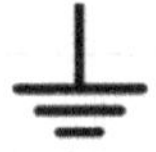

图 1.2.1 安全符号

1.3 保养与清洁

保养：请勿将仪表长时间放置在受到日照的地方。

清洁：清洁仪表时，请用沾有水和温和溶剂的软布，不要将清洁剂直接喷到仪表上，以防止其渗透到外壳内造成损坏。不要用含有汽油、苯、甲苯、二甲苯、丙酮等类似成分的溶剂，不要将研磨剂用于仪表的任何地方。

第2章 射频测试仪器简介

2.1 射频信号源

1. 射频信号源的架构原理

射频信号源(也叫射频信号发生器)的核心由参考部分、合成部分和输出部分组成。参考部分为整机提供标准参考信号，合成部分用来实现频率合成等功能，输出部分包括电平控制和输出衰减等。其架构如图 2.1.1 所示。

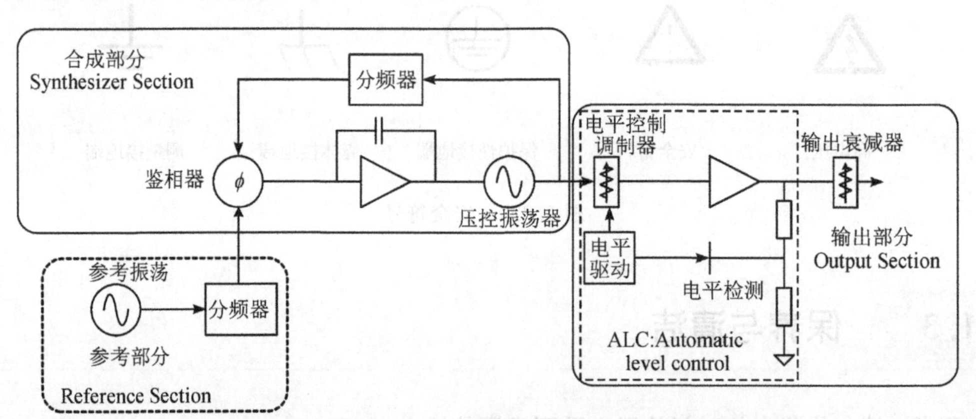

图 2.1.1 射频信号源架构

下面，以实验室配置的 DSG3030 型射频信号源为例，简介其指标和应用。DSG3030 射频信号源提供了全面的调制解决方案，除标配 AM/FM/PM 外，还选配可自定义脉冲串的脉冲调制功能以及 I/Q 调制功能且所有的调制都支持外部源和内部源。

2. 主要技术指标

技术指标适用于以下条件：仪器处于校准周期内，在 0℃～50℃温度环境下存放至少 2 小时，并且预热 40 分钟。

典型值：表示在室温(约 25℃)条件下，80%的测量结果均可达到的典型性能。该数据并非保证数据，并且不包含测量的不确定度。

标称值：表示预期的平均性能或设计的性能特征，如 50 Ω 连接器。该数据并非保证数据，并且是在室温(约 25℃)条件下测量所得。

测量值：表示在设计阶段测量的性能特征，进而可与预期性能进行比较，如幅度漂移随时间的变化。该数据并非保证数据，并且是在室温(约 25℃)条件下测量所得。

1) 频率

DSG3030 射频信号源可提供 9 kHz～3.6 GHz 的射频信号，其频率相关参数如表 2.1.1 所示。

表 2.1.1　频率相关参数

频率范围	9 kHz～3.6 GHz
频率分辨率	0.01 Hz
内部基准	频率 10 MHz，稳定度(25℃)$<5\times10^{-5}$，老化率$<1\times10^{-6}$/年
频率扫描方式	步进扫描(等间隔或对数间隔)，列表扫描(以任意频率为步进)
频率扫描模式	单次，连续
谐波频谱纯度	<－30 dBc(CW 模式，1 MHz$\leqslant f \leqslant$3 GHz，输出电平$\leqslant$＋13 dBm)
单边带相位噪声	<－102 dBc/Hz，<－104 dBc/Hz(典型值)

2) 幅度

DSG3030 射频源可提供输出电平在－140～＋25 dBm 的信号，其电平设置范围和电平扫描如表 2.1.2、表 2.1.3 所示。

表 2.1.2　电平设置范围

项目名称	频率范围	指标电平范围/dBm	设置范围/dBm
最大输出电平	9 kHz$\leqslant f<$100 kHz	＋7	＋10
	100 kHz$\leqslant f<$1 MHz	＋13	＋15
	1 MHz$\leqslant f \leqslant$3.6 GHz	＋13	＋25
最小输出电平	9 kHz$\leqslant f<$100 kHz	－110	－120
	100 kHz$\leqslant f \leqslant$3 GHz	－130	－140
设置分辨率	0.01 dB		

表 2.1.3 电 平 扫 描

扫描方式	步进扫描(等间隔电平步进),列表扫描(以任意电平为步进的列表)	
扫描模式	单次,连续	
扫描范围	仪器的幅度范围内	
扫描形状	三角波,锯齿波	
步进变化	线性	
扫描点数	步进扫描	2~65 535
	列表扫描	1~6001
驻留时间	20 ms~100 s	
触发方式	自动,按键触发,外部触发,总线触发(GPIB, USB, LAN)	

3) 内部调制源(LF)

DSG3030 信号源调制信号来源可选择内调制或外调制,内部调制源(自带)参数如表 2.1.4 所示。

表 2.1.4 内部调制源(自带)参数

波 形	正弦波,方波,三角波,锯齿波,扫描正弦	
频率范围	正弦,扫描正弦	0.1 Hz~1 MHz
	方波	0.1 Hz~20 kHz
	三角波,锯齿波	0.1 Hz~100 kHz
分辨率	0.01 Hz	
输出电压	设置范围	1 mV~3 V
	分辨率	1 mV
输出阻抗	50 Ω(标称值)	
扫描正弦	扫描模式	单次,连续
	扫描范围	LF 输出的频率范围内
	扫描时间	1 ms~1000 s
	扫描形状	三角波,锯齿波
	触发方式	自动,按键触发,外部触发,总线触发(GPIB, USB, LAN)

4) 调制

调制类别主要有 AM 调制、FM 调制和 PM 调制等。模拟调制设置分别如表 2.1.5、表 2.1.6、表 2.1.7 所示。

表 2.1.5　幅 度 调 制

调制源	内部，外部，内部＋外部	
调制深度	0%～100%	
分辨率	0.1%	
调制精度	f_{mod}＝1 kHz	＜设置值×4%＋1%
AM 失真	f_{mod}＝1 kHz，m≤30%， 电平＝0 dBm	＜3%(典型值)
调制频率响应	m≤80%，10 Hz～50 kHz	＜3 dB(标称值)
灵敏度(使用外部输入时)	f_{mod}＝1 kHz	指定深度为峰峰值电压 U_{pp}＝1 V (标称值)

表 2.1.6　频 率 调 制

调制源	内部，外部，内部＋外部	
最大偏移	N×1 MHz(标称值)	
分辨率	＜偏移的 0.1%或 1 Hz，取两者间的较大者(标称值)	
调制精度	f_{mod}＝1 kHz，内调制	＜设置值×2%＋20 Hz
FM 失真	f_{mod}＝1 kHz，偏移＝N×50 kHz	＜2%(典型值)
调制频率响应	10 Hz～100 kHz	＜3 dB(标称值)
灵敏度(使用外部输入时)	f_{mod}＝1 kHz	指定偏差为峰峰值电压 U_{pp}＝1 V(标称值)

表 2.1.7　相 位 调 制

调制源	内部，外部，内部＋外部	
最大偏移	f≤23.4375 MHz	3 rad(标称值)
	f＞23.4375 MHz	N×5 rad(标称值)
分辨率	＜偏移的 0.1%或 0.01 rad，取两者间的较大者(标称值)	
调制精度	f_{mod}＝1 kHz，内调制	＜设置值×1%＋0.1 rad
ØM 失真	f_{mod}＝1 kHz，偏移＝5 rad	＜1%(典型值)
调制频率响应	10 Hz～100 kHz	＜3 dB(标称值)
灵敏度(使用外部输入时)	f_{mod}＝1 kHz	指定偏差为峰峰值电压 U_{pp}＝1 V (标称值)

5）输入和输出

需要注意的是，射频源射频输出阻抗为 50 Ω，其他参数如表 2.1.8 所示。

表 2.1.8 射频源输出和输入

RF 输出	阻抗	50 Ω(标称值)
	连接器	N 型阴头
外部调制信号输入	阻抗	100 kΩ(标称值)
	连接器	BNC 阴头
内部调制发生器(LF)输出	阻抗	50 Ω(标称值)
	连接器	BNC 阴头

3. 面板功能按键介绍

DSG3030 射频信号源前面板如图 2.1.2 所示。以下对主要功能按键进行介绍。

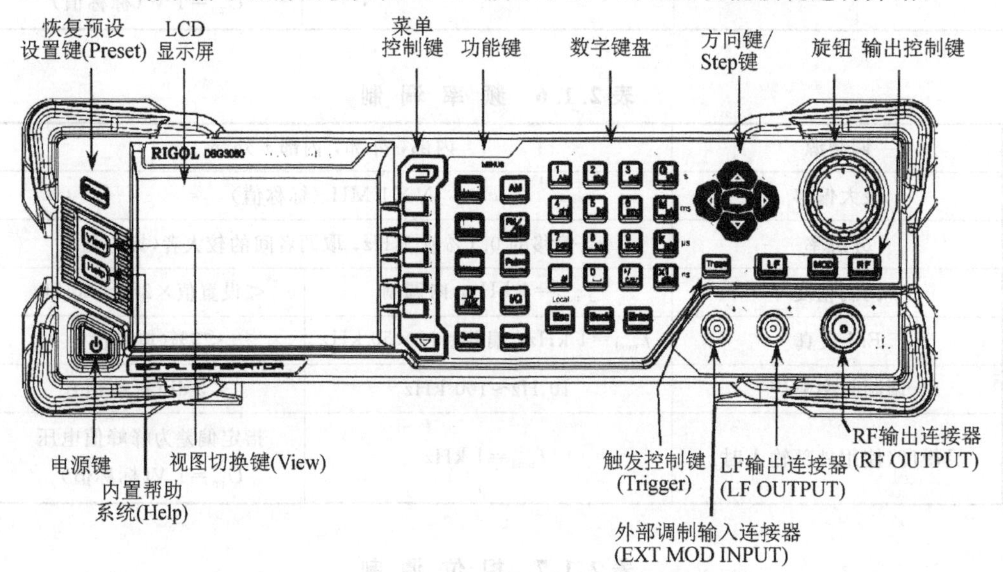

图 2.1.2 DSG3030 射频信号源前面板

1) 恢复预设设置键(Preset)

将仪器恢复至预设的状态(出厂默认状态或用户保存的状态)。

2) LCD 显示屏

4.3 英寸 TFT 高清(480×272)彩色液晶显示屏，清晰显示仪器当前的主要设置和状态。

3) 菜单控制键

[返回键] 退出当前菜单，并返回上一级菜单。

[菜单软键] 菜单软键，与其左侧显示的菜单一一对应，按下该软键激活相应的菜单。

[翻页键] 菜单翻页键。

4) 功能键

FREQ 设置 RF 输出信号的频率、频率偏移以及相位偏移等参数。

LEVEL 设置 RF 输出信号的幅度、衰减等参数，并提供平坦度校正功能。

SWEEP　设置扫描方式、扫描类型、扫描模式等参数。

AM　设置幅度调制(Amplitude Modulation，AM)相关的参数。

FM/PM　设置频率调制(FM)和相位调制(PM)相关的参数。

Pulse　设置脉冲调制(Pulse Modulation)及脉冲发生器相关的参数。

I/Q　设置 I/Q 调制及 I/Q 调制源相关的参数。

LF/AUX　设置 LF 输出以及其他扩展功能的相关参数。

Storage　存储和调用仪器状态、平坦度校正数据、扫描列表等。

System　设置系统相关的参数。

5) 数字键盘

数字键盘支持中文字符、英文大/小写字符、数字和常用符号(包括小数点、#、空格和正负号)的输入。主要用于编辑文件或文件夹的名称及设置参数。

数字与字母复用的按键用于直接输入所需的数字或字母。

6) 方向键/Step 键

设置参数时，Step键用于设置当前选中参数的步进。左右方向键用于进入参数编辑状态并移动光标至指定位置。上下方向键用于修改光标处的数值或以当前步进修改参数值。

在存储功能中，左右方向键用于展开和折叠当前选中目录。上下方向键用于选择当前目录或文件。

文件名编辑时，方向键用于选择所需的字符。

7) 旋钮

参数设置时，用于修改光标处的数值或以当前步进修改参数值。

文件名编辑时，用于选择所需的字符。

在存储功能中，用于选择当前的路径或文件。

8) 输出控制键

LF　用于打开或关闭 LF 输出。按下该按键，背灯点亮，用户界面状态栏显示 LF 标志。打开 LF 输出，此时【LF OUT】连接器以当前配置输出 LF 信号。再次按下该按键，背灯熄灭，此时关闭 LF 输出。

RF　用于打开或关闭 RF 输出。按下该按键，背灯点亮，用户界面状态栏显示 RF 标志。打开 RF 输出，此时【RF OUT】连接器以当前配置输出 RF 信号。再次按下该按键，背灯熄灭，此时关闭 RF 输出。

MOD　用于打开或关闭 RF 调制输出。按下该按键，背灯点亮，用户界面状态栏显示 MOD 标志。打开 RF 调制输出，此时【RF OUT】连接器以当前配置输出已调制的 RF 信号(RF 按键背灯必须点亮)。再次按下该按键，背灯熄灭，此时关闭 RF 调制输出。

4. 射频信号源应用举例

1) 输出 RF 信号

从【RF OUT】连接器输出一个频率为 1.500 000 000 00 GHz，幅度为－20.00 dBm 的

RF 信号。

(1) 恢复出厂设置。

先按 System→复位→预置类型→"出厂设置"，然后按 Preset 键恢复出厂设置(频率偏移默认为 0 Hz，幅度偏移默认为 0 dB)。

(2) 频率设置。

先按 Freq→频率，使用数字键盘输入频率数值为 1.500 000 000 00，然后在弹出的单位菜单或单位按键中选择所需的单位 GHz。也可以按 Enter 键默认选择当前频率的单位。

① 可选的频率单位有 GHz、MHz、kHz 和 Hz。

② 按左右方向键进入参数编辑状态并移动光标至指定的位置，按上下方向键或旋转旋钮修改数值。

③ 频率设置完成后，按上下方向键或旋转旋钮以当前步进值修改频率。

④ 先按 Freq→频率，再按 Step 键可以设置步进值。

(3) 幅度设置。

先按 Level→电平，使用数字键盘输入幅度数值－20.00，然后在弹出的单位菜单或单位按键中选择所需的单位 dBm。也可以按 Enter 键选默认的幅度单位 dBm。

① 可选的幅度单位有 dBm、－dBm、mV、μV 和 nV。

② 可以按左右方向键进入参数编辑状态并移动光标至指定的位置，按上下方向键或旋转旋钮修改数值。

③ 还可以按上下方向键或旋转旋钮以当前步进值修改幅度。

④ 先按 Level→电平，再按 Step 键可以设置步进值。

(4) 打开 RF 输出。

按下 RF 键，背灯点亮，用户界面状态栏显示 RF 标志，打开 RF 输出。此时【RF OUT】连接器以当前配置输出 RF 信号。

输出 RF 信号参数设置界面如图 2.1.3 所示。

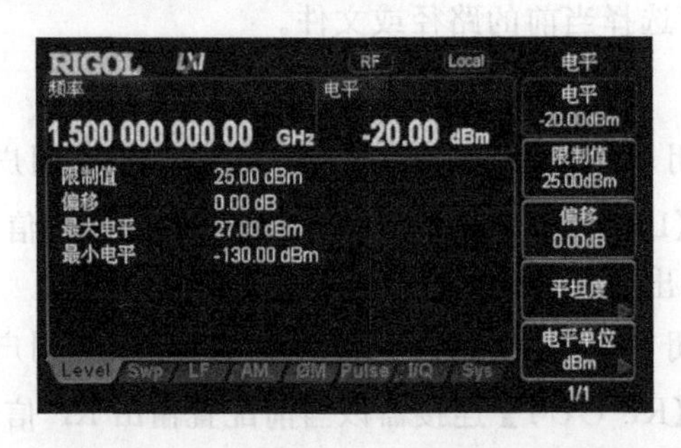

图 2.1.3　输出 RF 信号参数设置界面

2) 输出 RF 扫描信号

以配置连续的线性步进扫描为例，介绍输出一个 RF 扫描信号：

- 频率范围为 1.000 000 000 00～2.000 000 000 00 GHz；
- 幅度范围为－20.00～0.00 dBm；
- 扫描点数为 10；
- 驻留时间为 500 ms。

(1) 恢复出厂设置。

先按 System→复位→预置类型→“出厂设置”，然后按 Preset 键恢复出厂设置(扫描模式默认为连续，扫描方式默认为步进，扫描间隔默认为线性)。

(2) 步进参数扫描设置。

按 Sweep 键，使用菜单翻页键打开第 2/3 页菜单，然后按步进扫描软键，进入步进扫描参数设置界面。

① 起始频率。按起始频率软键，使用数字键盘输入起始频率的数值 1，然后在弹出的单位菜单或单位按键中选择所需的单位 GHz。

② 起始电平。先按起始电平 软键，使用数字键盘输入起始电平的数值－20.00，然后在弹出的单位菜单或单位按键中选择所需的单位 dBm。也可以按 Enter 键选择默认单位 dBm。

③ 终止电平。先按终止电平 软键，使用数字键盘输入终止电平的数值 0，然后在弹出的单位菜单或单位按键中选择所需的单位 dBm。也可以按 Enter 键选择默认单位 dBm。

④ 扫描点数。先按点数 软键，使用数字键盘输入扫描点的个数 10，然后按确定软键或 Enter 键。

⑤ 驻留时间。驻留时间表示一个扫描步进持续的时间。先按驻留时间软键，使用数字键盘输入时间数值 500，然后在弹出的单位菜单或单位按键中选择所需的单位 ms。

(3) 启用 RF 扫描。

按 Sweep 键→扫描类型，选择“频率和电平”，同时启用频率和幅度扫描功能。

此时，信号源以当前设置值从起始频率和电平到终止频率和电平进行连续步进扫描。用户界面频率区和幅度区分别显示频率和幅度扫描进度条以及连续扫描标志。

(4) 打开 RF 输出。

按下 RF 键，背灯点亮，用户界面状态栏显示 RF 标志，打开 RF 输出。此时，【RF OUT】连接器以当前配置输出 RF 扫描信号。

输出 RF 扫描信号参数设置界面如图 2.1.4 所示。

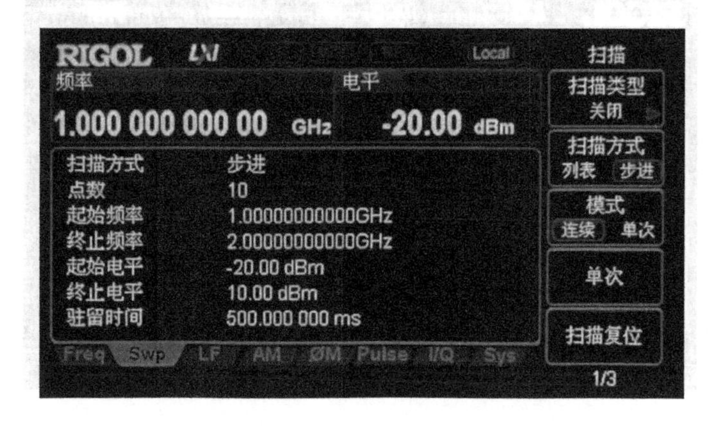

图 2.1.4　输出 RF 扫描信号参数设置界面

3) 输出 RF 已调信号

以幅度调制(AM)为例，输出一个 AM 已调信号：载波频率为 1.000 000 000 00 GHz，载波幅度为 -20.00 dBm，AM 调制深度为 30%，调制频率为 10 kHz。

(1) 恢复出厂设置。

先按 System→复位→预置类型→ 出厂设置，然后按 Preset 键恢复出厂设置(调制源默认为内部，调制波形默认为正弦)。

(2) 设置载波频率和幅度。

① 载波频率。先按 Freq→频率，使用数字键盘输入频率的数值 1，然后在弹出的单位菜单或单位按键中选择所需的单位 GHz。

② 载波幅度。先按 Level→电平，使用数字键盘输入幅度的数值 -20.00，然后在弹出的单位菜单或单位按键中选择所需的单位 dBm。也可以按 Enter 键选择默认单位 dBm。

(3) 设置 AM 调制参数。

① 按 AM 键，进入调幅参数设置界面。

② 先按调制深度软键，使用数字键盘输入调制深度数值 30，然后在弹出的单位菜单或按键中选择所需的单位百分比。

③ 先按调制频率软键，使用数字键盘输入所需的频率值 10，然后在弹出的单位菜单或单位按键中选择所需的单位 kHz。

④ 按开关软键，选择“打开”，开启 AM 功能。AM 功能键背灯点亮。

(4) 打开 RF 调制输出。

先按下 MOD 键，背灯点亮，然后按下 RF 键，背灯点亮，用户界面状态栏显示 MOD 和 RF 标志，打开 RF 调制输出。此时，【RF OUT】连接器以当前配置输出已调制的 RF 信号。

注意：RF 按键和 MOD 按键背灯必须都处于点亮状态。

输出 RF 已调信号参数设置界面如图 2.1.5 所示。

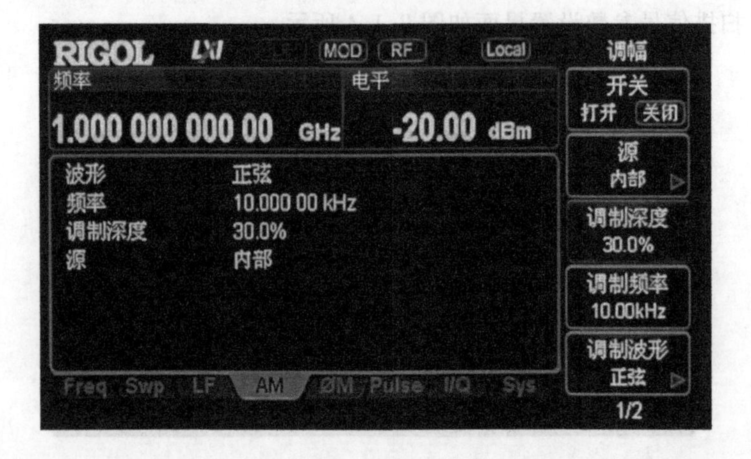

图 2.1.5　输出 RF 已调信号参数设置界面

2.2 计　频　器

1. 计频器的架构原理

智能频率计(计频器，也叫数字频率计)兼具频率测量和时间间隔测量功能。频率测量原理就是计数器统计时间门内的脉冲个数，从而计算出频率值，如图 2.2.1 所示。时间间隔测量原理就是对开始点和结束点之间的时间段统计脉冲个数，从而计算出时间间隔数值，如图 2.2.2 所示。

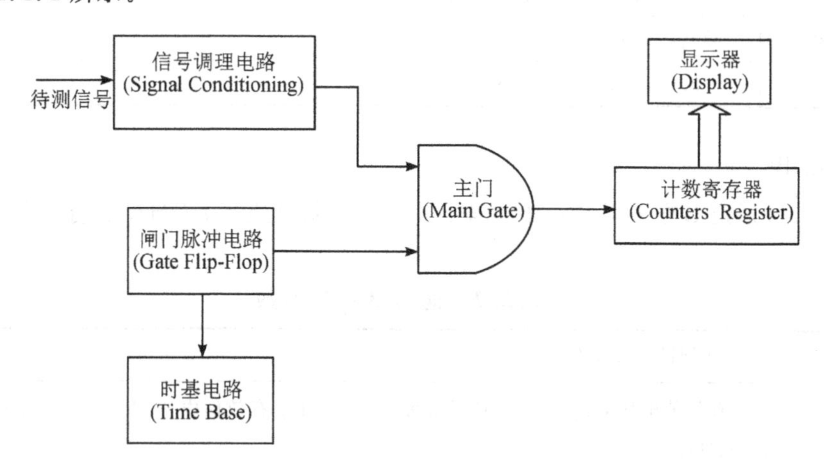

图 2.2.1　频率测量原理

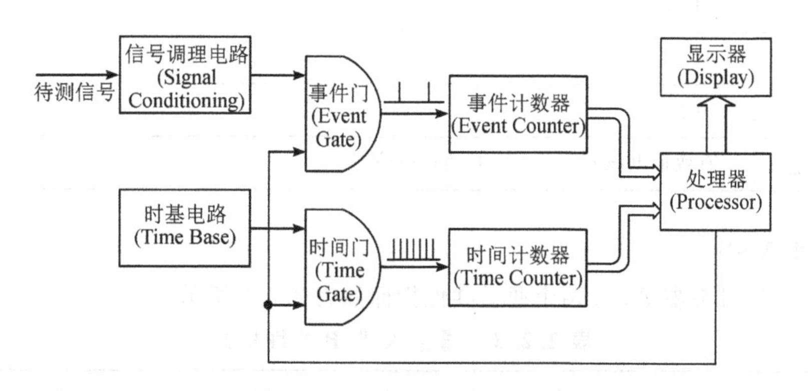

图 2.2.2　时间间隔测量原理

下面，以实验室配置的 GFC8270H 计频器为例，简介其指标和应用。GFC8270H 计频器是带微处理器的数字频率计，具有可调触发准位控制功能。GFC8270H 计频器有两个测量通道，A 通道可测信号频率范围为 0.01 Hz～120 MHz，B 通道测频范围为 50 MHz～2.7 GHz。

2. 主要技术指标

1）通道 A

GFC8270H 通道 A 采用 BNC 接口输入，其指标参数如表 2.2.1 所示。

表 2.2.1 通道 A 指标参数

<table>
<tr><td rowspan="3">范 围</td><td>耦 合</td><td>频 率</td><td>周期</td></tr>
<tr><td>交流</td><td>30 Hz～120 MHz</td><td>8 ns～30 ms</td></tr>
<tr><td>直流</td><td>0.01 Hz～120 MHz</td><td>8 ns～100 s</td></tr>
<tr><td>灵敏度</td><td colspan="3">有效值电压 U_{rms}=50 mV 时最大到 10 kHz；有效值电压 U_{rms}=25 mV 时最大到 80 MHz；有效值电压 U_{rms}=35 mV 时最大到 120 MHz</td></tr>
<tr><td>耦合</td><td colspan="3">可 AC 和 DC 切换</td></tr>
<tr><td>滤波器</td><td colspan="3">通道 A 的低通滤波器可激活也可关闭，LPF(3 dB，100 kHz)</td></tr>
<tr><td>阻抗</td><td colspan="3">额定电阻 1 MΩ 与小于 40 pF 的电容并联</td></tr>
<tr><td>衰减器</td><td colspan="3">额定×1 或×20</td></tr>
<tr><td>触发电平</td><td colspan="3">－2.5 V DC 至＋2.5 V DC</td></tr>
</table>

2）通道 B

GFC8270H 通道 B 亦采用 BNC 接口输入，测试上限可达 2.7 GHz，指标参数如表 2.2.2 所示。

表 2.2.2 通道 B 指标参数

项目	指标
范围	50 MHz～2.7 GHz
灵敏度	有效值电压 U_{rms}=25 mV 时最大到 80 MHz；有效值电压 U_{rms}=15 mV 时最大到 1 GHz； 有效值电压 U_{rms}=25 mV 时最大到 2 GHz；有效值电压 U_{rms}=50 mV 时最大到 2.7 GHz
耦合	AC
阻抗	50 Ω
最大输入电平	有效值电压 U_{rms}=3 V 时的正弦波形

3）通道 A&B

GFC8270H 计频器 A、B 两个通道共性指标如表 2.2.3 所示。

表 2.2.3 通道 A & B 共性指标

项目	指标
分辨率	Gate time 显示位数：1 s 挡显示 7 位；100 ms 挡显示 6 位；10 ms 挡显示 5 位； 频率分辨率：100 nHz(1 Hz 挡位)；0.1 Hz(100 MHz 挡位) 周期分辨率：10 ns(1 Hz 挡位)；0.1 fs(100 MHz 挡位，f=10^{-15})
时基	频率：10 MHz；老化率(Aging Rate)：1×10^{-6} 每月； 温度：5×10^{-6}，23℃±5℃
Gate time	从 10 ms 到 10 s 连续可调，或输入信号的一个周期，取决于较长者
显示	8 位，溢出时有“overflow”显示

3. 面板功能按键介绍

GFC8270H/GFC8131H 型计频器外形如图 2.2.3 所示，按键功能如表 2.2.4 所示。

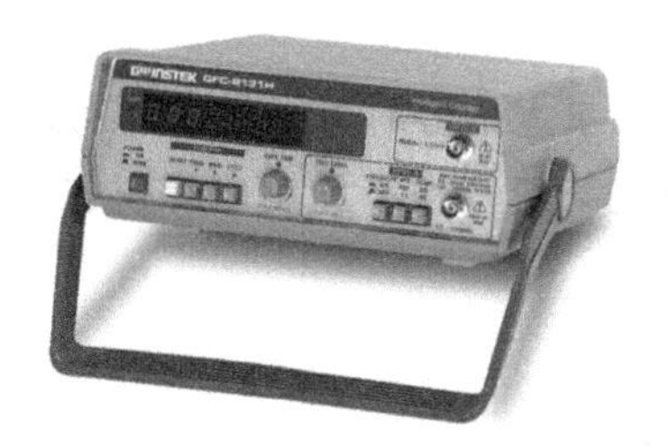

图 2.2.3　GFC8270H/GFC8131H 型计频器外形图

表 2.2.4　按 键 功 能

按键名称	按 键 功 能
Reset	使计频器回到初始值零以重新开始计频
FREQA/B	选择通道 A/B 频率模式
PRIDA/B	选择通道 A/B 周期模式
Gate time(旋钮)	可连续选择 10 ms 到 10 s 的不同测量时间，拉出显示值可被锁定
Gate time(LED)	当此发光二极管点亮时，计频器的主闸门电路被开，测量在进行中
TRIG LEVEL(旋钮)	拔出此钮，触发电平在 2.5 V×ATT～+2.5 V×ATT 间变动。按下此钮，进行自动设置功能
TRIG LEVEL(LED)	设置触发电平，显示灯显示输入信号高于或低于触发电平
LPF/ON	通道 A 中加入一个 100 kHz 的低通滤波器
ATT×1/×20	×1 输入信号直接连接到放大器/×20 衰减率为 20
s/. Hz	显示值的单位为秒(s)/赫兹(Hz)
. Exponent(LED)指数	$k=10^3$，$M=10^6$，$G=10^9$，$m=10^{-3}$，$\mu=10^{-6}$，$n=10^{-9}$
. OVFL(LED)	OVFL 指示灯显示一个或多个有效数字无法显示

4. 计频器应用举例

根据所测信号，选择合适的通道和周期/频率测量功能按键。

1) 闸门时间设置

如前所述，闸门时间可连续调整 10 ms～10 s 或一个周期输入，取决于时间较长者。闸门时间的调整会影响到取样率和读值分辨率。逆时针旋转此钮可加快读数，顺时针旋转此钮可提高显示分辨率。拉出此钮可锁定当前读值以方便记录，按回此钮则恢复计频器正常工作。

2) 触发电平调整

如前所述，拉出此钮 A 通道的触发电平可设在－2.5 V×ATT～+2.5 V×ATT 之间。按下此钮，则被设定在自动触发状态。

3) LP 滤波器

通道 A 的低频测量噪声会造成读值不稳定，LP 滤波器可最小化高频噪声，使计频器仅测量需测的低频成分。若需要更稳定的读值，可按下此按键，在通道A内建一个100 kHz的低通滤波器。

4）衰减器

给A通道接入一衰减器，测量大信号时可提供额外的过载保护。按下此钮可衰减信号20倍。当测量信号的幅值未知时，建议按下此键以提供保护；若测量信号幅值很低，则松开此键以求更高的灵敏度。

2.3 频谱分析仪

1. 频谱分析仪的功能、框图及特点

1）频谱分析仪的功能

频谱分析仪的主要功能是在频域里显示输入信号的频谱特性，频谱分析仪一般有两种类型：即时频谱分析仪（Real-Time Spectrum Analyzer）与扫描调谐频谱分析仪（Sweep-Tuned Spectrum Analyzer）。

即时频谱分析仪的功能是在同一瞬间显示频域的信号振幅，其工作原理是针对不同的频率信号而有相对应的滤波器与检知器（Detector），再经由同步的多工扫描器将信号传送到CRT屏幕上。其优点是能显示周期性杂散波（Periodic Random Waves）的瞬间反应；其缺点是价昂且性能受限于频宽范围、滤波器的数目及最大的多工交换时间（Switching Time）。

2）频谱分析仪的框图

最常用的频谱分析仪是扫描调谐频谱分析仪，其基本结构类似超外差式接收器，如图2.3.1所示。其工作原理是输入信号经衰减器直接外加到混波器，可调变的本地振荡器经与CRT同步的扫描产生器产生随时间作线性变化的振荡频率，经混波器与输入信号混波降频后的中频信号（IF）再放大，滤波与检波传送到显示器的垂直方向，因此纵轴显示信号振幅与频率的对应关系。

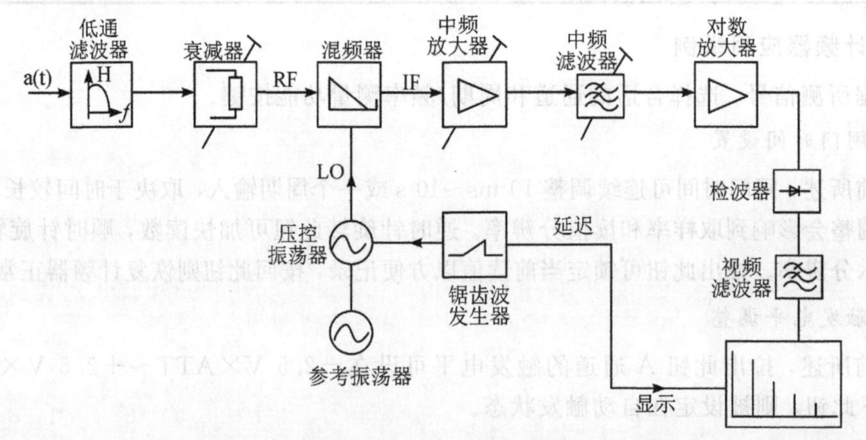

图2.3.1 扫描调谐（超外差式）频谱分析仪基本框图

影响信号反应的重要部分为滤波器频宽，此图中的滤波器为高斯滤波器，该滤波器会影响到测量时的解析频宽(RBW)。RBW 代表两个不同频率的信号能够被清楚地分辨出来的最低频宽差异，两个不同频率的信号频宽如低于频谱分析仪的 RBW，该两信号将重叠，难以分辨。

较低的 RBW 虽然有助于不同频率信号的分辨与测量，但将滤除较高频率的信号成分，导致信号显示时产生失真。失真值与设定的 RBW 密切相关，较高的 RBW 虽然有助于宽频带信号的侦测，但将增加杂讯底层值(Noise Floor)，降低测量灵敏度，对于侦测低强度的信号易产生阻碍。因此，在使用频谱分析仪时选用适当的 RBW 宽度尤为重要。

3) 频谱分析仪的特点

① 自动测试速度快，高达 80 次/秒的数据交换确保高生产率；

② 标配独有的信道滤波器和多摘要标记时域测量功能，大大提高了测量速度；

③ 标配 EMI(6 dB)带宽和准峰值检波器，支持 EMI 自动测试软件 ES-SCAN；

④ 具有连续模拟解调/噪声系数/有线电视/蓝牙/WCDMA/CDMA2000/EVDO/WLAN/WIMAX 解调等功能。

2. 频谱分析仪的基本指标

(1) 频率范围：9 kHz～6 GHz。

(2) 解调带宽：标配 28 MHz。

(3) 分辨率带宽 RBW：1 Hz～10 MHz。

(4) 相位噪声：−103 dBc@10 kHz offset，1 GHz。

(5) 三阶截止点 TOI：18 dBm@1 GHz。

3. 频谱分析仪面板及功能按键介绍

R&S FSL6 型频谱分析仪前面板如图 2.3.2 所示。

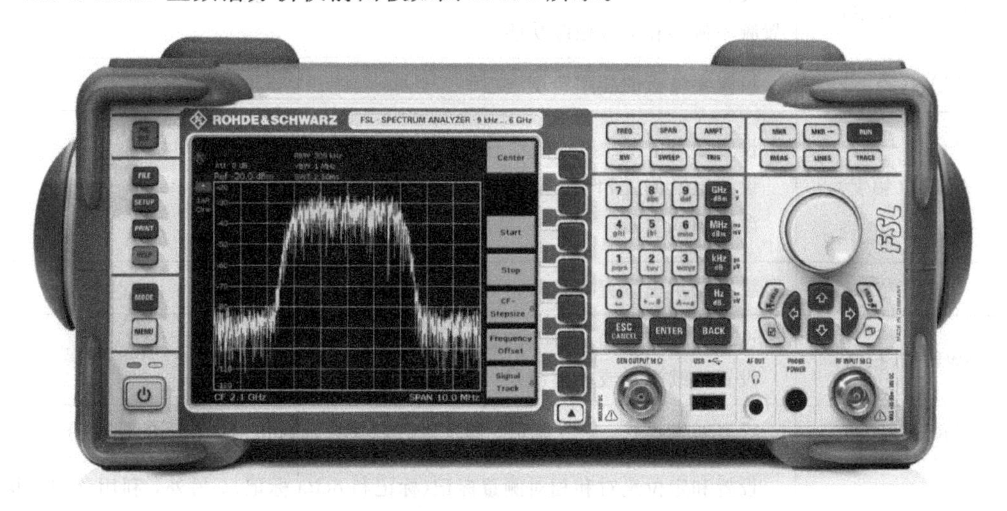

图 2.3.2　R&S FSL6 型频谱分析仪前面板

其面板按键有系统及设置按键和测量功能按键，其功能分别如表 2.3.1、表 2.3.2 所示。

表 2.3.1 系统及设置按键功能

按键名称	按键功能
ON/STANDBY(开机/待机)	打开和关闭仪器
PRESET(预设)	把仪器预先设置为默认状态
FILE(文件)	提供了存储/载入仪器设置以及管理存储文件的功能
SETUP(设置)	提供了基本的仪器配置功能： (1) 频率参考(外部/内部)、噪声源、视频/IF 输出、修正因子 (2) 日期、时间、显示配置 (3) LAN 接口、远程控制 (4) 自校正 (5) 固件更新及选件激活 (6) 有关仪器配置信息，包括固件版本和系统错误信息 (7) 服务支持功能(自检等)
PRINT(打印)	自定义打印输出、选择和配置打印机
HELP(帮助)	显示在线帮助
MODE(模式)	提供了测量模式和固件之间的选择
MENU(菜单)	跳转到当前测量模式的最高一级的软按键菜单

表 2.3.2 测量功能按键功能

按键名称	按键功能
FREQ(频率)	设置当前测量的频率范围的中心频率、起始和终止频率。该按键也用于设置频率偏移和信号跟踪功能
SPAN(跨度)	设置要分析的频率跨度
AMPT(幅度)	设置参考电平、显示的动态范围、RF 衰减和电平显示的单位； 设置电平偏置和输入阻抗； 激活预放大器
BW(带宽)	设置分辨率带宽和视频带宽
SWEEP(扫描)	设置扫描时间和测量点的数目； 设置连续测量或单次测量
TRIG(触发)	设置触发模式、触发阈值、触发延时以及在选通扫描模式下的选通门配置
MKR(标记)	设置和定位绝对和相对测量标记(标记和 delta 标记)。另外，利用该键可执行下列测量功能：① 频率计数器；② 噪声标记；③ 相位噪声标记；④ 相位测量标记的固定参考点；⑤ n dB 降低功能；⑥ 音频解调；⑦ 标记列表

续表

按键名称	按 键 功 能
MKR→(标记)	用于测量标记的搜索功能(迹线的最大/最小值)； 把标记频率赋予中心频率，标记电平赋予参考电平； 限制搜索范围，定义最大值点和最小值点的特征
RUN(运行)	开始新的测量
MEAS(测量)	用于执行高级测量：① 时域功率；② 信道功率、邻道功率和多载波邻道功率；③ 占用带宽；④ 信号统计：幅度概率分布(APD)、互补累积分布函数(CCDF)；⑤ 载噪比；⑥ 幅度调制深度；⑦ 三阶互调截止点(TOI)；⑧ 谐波
LINS(线)	配置显示线和限制线
TRACE(迹线)	为获取和分析测量数据所进行的配置

4. 频谱分析仪基本测量实例

1) 测量正弦信号(频率 100 MHz，电平−30 dBm)

(1) 使用标记功能测量电平和频率。

使用标记功能可以很容易地测量一个正弦信号的电平和频率。在标记位置，R&S FSL6 型频谱分析仪显示了信号的幅度和电平。频率测量的不确定度由仪器的频率参考、标记频率显示的分辨率以及屏幕的分辨率决定，具体测量步骤如下。

① 复位仪器：按下 PRESET 键。

② 把被测信号连接到 RF INPUT 输入端(若接口不匹配，需要相应转接头)。

③ 设置中心频率为 100 MHz。

a. 按下 FREQ 键，显示中心频率对话框。

b. 在对话框中，利用数字键盘输入 100，并用 MHz 键确认输入。

④ 把频率跨度降到 1 MHz。

a. 按下 SPAN 键。

b. 在对话框，利用数字键盘输入 1，并用 MHz 键确认输入。

⑤ 使用标记测量电平和频率，并从屏幕读取结果。

a. 按下 MKR 键，显示标记测量对话框。

b. 利用数字键盘将 MKR 的频率设置为 100 MHz。

c. 屏幕上直接显示频率和电平测量结果。

(2) 设置参考电平。

对于频谱分析仪来说，参考电平是图形的上限电平。获取频谱测量可能的最宽动态范围，需要使用频谱分析仪的整个电平跨度。也就是说，信号中出现的最高电平应当在图形的顶部边缘(即最高电平＝参考电平)或紧挨顶部下缘。如果选择的参考电平小于频谱中出现的最高信号，则仪器的信号路径将出现过载(图形的左边缘会显示出 IFOVL 警告信息)。

在预设中，参考电平的值为−20 dBm。如果输入信号是−30 dBm，则参考电平可降低 10 dB，获取频谱测量可能的最宽动态范围的同时又不会造成信号路径过载。

① 参考电平降低 10 dB。操作过程如下。

a. 按下 AMPT 键。在软按键栏显示出幅度菜单。Ref Level 软按键以红色显示，表示它已激活且可用于数据输入了。参考电平对话框也已打开，显示出－20 dBm 的值。

b. 利用数字键盘，输入 30，并用－dBm 键确认输入。参考电平设置为－30 dBm，迹线的最大值接近于测量图的最大值。然而，显示噪声的增大并不是很明显。因此又增大了信号最大值和噪声显示(动态范围)之间的距离。

② 设置标记电平等于参考电平。也可使用标记电平，把迹线的最大值直接移动到图形的顶部边缘。如果标记位于迹线的最大电平处，则参考电平可移到标记电平处。操作过程如下。

a. 按下 MKR→键。

b. 按下 Peak 软按键。

c. 按下 Ref LvI＝Mkr LvI 软按键，参考电平被设置为等于标记处位置处的测量电平。

(3) 使用频率计数器测量频率。

使用内置的频率计数器测量频率，比使用标记测量频率更加精确。在标记位置频率扫描便停止，从而频谱仪就能测出标记位置的信号频率，操作过程如下。

① 设置频谱分析仪为默认状态，按 PRESET 键即可。

② 设置中心频率和频率跨度。

③ 激活标记并设置至信号最大值。

④ 激活频率计数器。在标记菜单下，按下 Sig Count On/Off 软按键，频率计数结果即以选择的分辨率，显示在屏幕顶部的标记域中。

2) 测量多个信号的频谱(信号 1：频率 128 MHz，电平－30 dBm；信号 2：频率 128.03 MHz，电平－30 dBm)

应选择合适的分辨率带宽来分离信号。频谱分析仪的一个基本特征是它能够分离一个合成信号中的各个频谱分量。各个分量能否分离完全取决于所使用的分辨率带宽。如果分辨率带宽太大，就无法区分出各个频谱分量，也就是说，它们可能显示为一个合成信号。具体测量步骤如下。

① 设置频谱分析仪为默认状态。

② 设置中心频率为 128.015 MHz，频率带宽为 300 kHz。

③ 设置分辨率带宽为 30 kHz，视频带宽为 1 kHz。

在屏幕中央，通过 3 dB 的电平下降，可以明显地区分出这两个信号。按照如上步骤，若把分辨率带宽分别设置为 100 kHz 和 1 kHz，则频谱显示结果会如何呢？

3) 测量调幅载波的调制深度(频率 128 MHz，电平－30 dBm，调制频率 10 kHz，调制深度 30%)

首先在显示的频率范围中，调幅边带可通过一个窄的带宽来分解并分别测量。接着可以测量由正弦信号调制的载波的调制深度。由于频谱分析仪的动态范围非常大，因此极小的调制深度也可以精确地测量出来。FSL6 提供了以百分比数字形式直接输出调制深度的测量程序，具体测量步骤如下。

① 设置频谱分析仪为默认状态。

② 设置中心频率为 128 MHz，频率跨度为 50 kHz。

③ 激活测量调幅调制深度的标记功能。

a. 按下 MEAS 键。

b. 按下 AM Mod Depth 软按键。

频谱仪自动地标记位于图形中心的载波信号，而增量标记分别定位于上下调幅边带。有了增量标记电平对主标记电平的比值，就可以算出调幅调制深度。R&S FSL6 型频谱分析仪用 MDEP 在标记域输出数字值，调幅信号的频谱如图 2.3.3 所示。

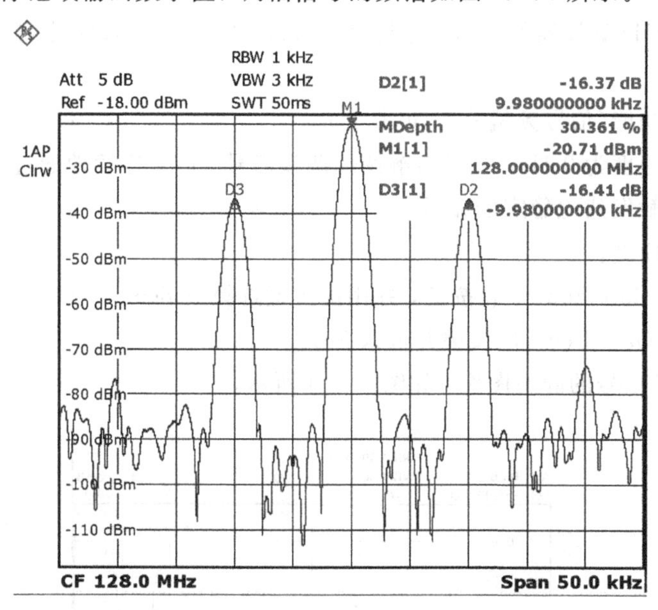

图 2.3.3　调幅信号的频谱

4) 测量调频信号(频率 128 MHz，电平－20 dBm，调制频率 1 kHz，频偏 50 kHz)

由于频谱分析仪只是使用包络检波器来显示测量信号的幅度，因而调频信号的调制不能像调幅信号一样直接测量。只要信号的频率偏差处于选定分辨滤波器的通带特性的平坦部分，包络检波器的输出电压就是常数。只有当瞬时频率扩展到滤波器曲线的下降沿时，包络检波器的输出电压才发生幅度变化。该效应可用来解调调频信号，可以设置分析仪的中心频率，使得测量信号的额定频率处于滤波器的边沿(低于或高于中心频率)。分辨率带宽和频率偏移量是在瞬时频率处于滤波器边沿的线性部分的前提下选择的。这样，调频信号的频率变化就可以转换为幅度变化，该变化可以在零频跨下，在屏幕上显示出来。

具体测量步骤如下。

① 关闭调频调制(设置信号频偏等于零)。

② 设置频谱分析仪为默认状态。

③ 设置中心频率为 127.5 MHz，频率跨度为 300 kHz。

④ 设置分辨率带宽为 300 kHz，视频带宽为 30 kHz。

⑤ 设置显示范围为 20 dB，并把滤波器迹线平移到屏幕中央。

a. 按下 AMPT 键。

b. 按下 Range Log 软按键并输入 20 dB。

c. 按下 More↓键。

d. 把 Grid 软按键切换到 Rel。

e. 按下Δ键。

f. 按下 Ref Level 软按键。

g. 使用旋钮，设置参考电平，使滤波器边沿在中心频率处与−10 dB 电平线相交。

显示出 300 kHz 滤波器的边沿。这与斜率约为 18 dB/140 kHz 的调频信号的解调特征相对应。

⑥ 打开调频功能(信号频偏等于 50 kHz)。

⑦ 设置频率跨度为 0 Hz，显示出解调的调频信号。信号连续地通过屏幕。

⑧ 使用视频触发建立稳定的显示。

a. 按下 TRIG 键。

b. 按下 Trg/Gate Source 软按键，并用箭头键选择 Video。

c. 按下 Trg/Gate Level 软按键并输入 50%。

产生调频 AF 信号的静态图像，如图 2.3.4 所示。

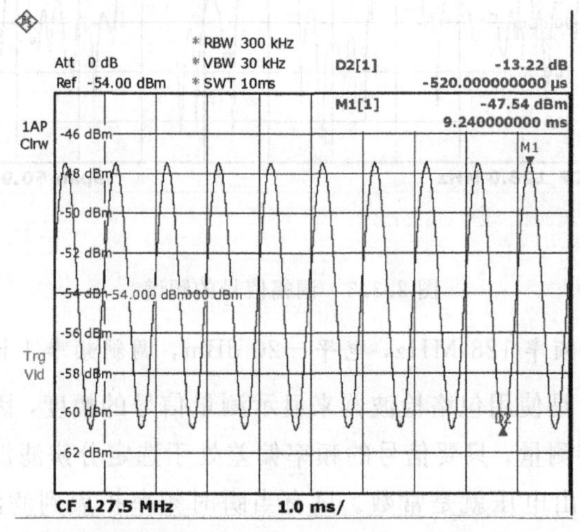

图 2.3.4 AF 信号的静态图像

测量结果：输出电平为(−10±5)dB；当解调器的特征曲线斜率为 5 dB/100 kHz 时，会产生 100 kHz 的频差。

⑨ 确定频偏。

a. 按下 MKR 键。标记 1 被激活，并定位于曲线的峰值处。

b. 按下 Marker2 软按键。

c. 按下 MKR→键。

d. 按下 More↓键。

e. 按下 Min 软按键。

标记 2(增量标记)定位于曲线的最小值处。电平差值为 13.4 dB，这对应峰峰值偏差。通过滤波器，可算出曲线在 18 dB/140 kHz 的斜率。

$$\text{deviation}=\frac{1}{2}\times\frac{13.4\times140}{18}\text{kHz}\approx52\ \text{kHz}$$

测量频偏如图 2.3.5 所示。

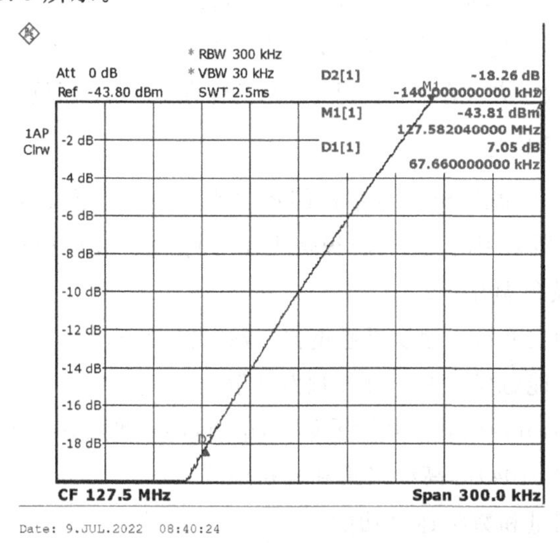

图 2.3.5　测量频偏

2.4　示　波　器

1. 数字存储示波器的框架原理及特点

1) 数字存储示波器的框架原理

数字存储示波器原理框图如图 2.4.1 所示。

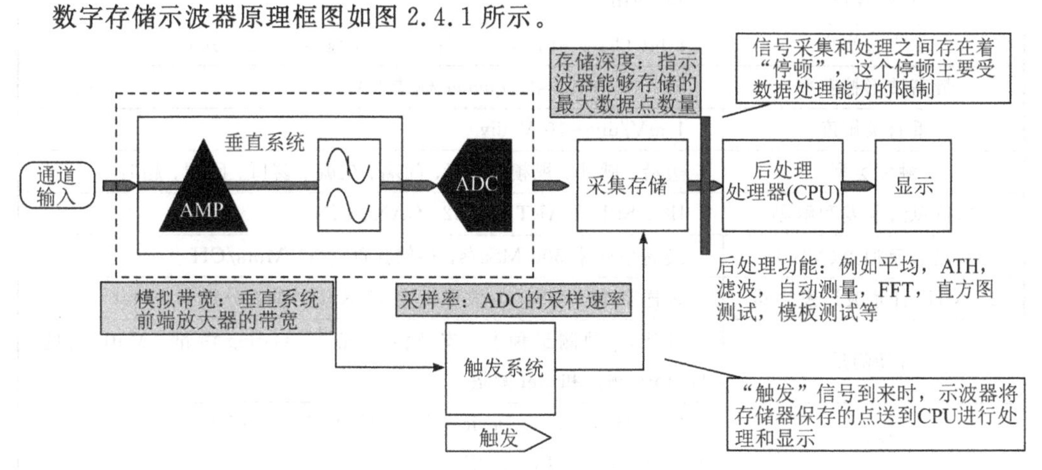

图 2.4.1　数字存储示波器原理框图

输入的电压信号经过垂直系统(耦合、衰减、放大、位置调节、滤波等)以提高示波器的灵敏度和动态范围。垂直系统输出的信号由取样/保持电路进行取样,并由A/D转换器数字化,经过A/D转换后,信号变成了数字形式存入存储器中。微处理器对存储器中的数字化信号波形进行相应的处理,并显示在显示屏上。

数字存储示波器是采用数据采集、A/D转换、软件编程等一系列的技术制造出来的高性能示波器。数字存储示波器一般支持多级菜单,能提供给用户多种选择、分析功能。数字存储示波器将数字化的信号,以数字方式存储,实现对波形的保存、显示、回放,可供用户长期分析。

2) 数字存储示波器的特点

下面以实验室配置的鼎阳SDS数字存储示波器为例,介绍其特点。

(1) SDS系列示波器采用的SPO(超级荧光显示)技术,波形捕获率高达500 000帧/秒,具有256级辉度等级及色温显示;

(2) 创新的数字触发系统,触发灵敏度高,触发抖动小;

(3) 支持丰富的智能触发、串行总线触发和解码;

(4) 支持历史(History)模式、分段采集(Sequence)、增强分辨率(Eres)、搜索(Search)和导航(Navigate)(SDS5104)等高级采集和分析模式;

(5) 具有丰富的测量和数学运算功能。

2. SDS数字存储示波器基本指标

1) SDS2302X基本指标

SDS2302X数字存储示波器基本技术指标如表2.4.1所示。

表2.4.1 SDS2302X数字存储示波器基本技术指标

带　宽	300 MHz
通道数量	2 CH
最大采样率	2 GSa/s
存储深度	140 Mpts
垂直分辨率	8 bit (Eres模式下,最高可等效增强3 bit ENOB)
最高波形捕获率	500 000 wfm/s(sequence模式下)
垂直灵敏度	1 mV/div～10 V/div
触发类型	边沿、脉冲、视频、斜率、间隔、欠幅、窗口、码型、超时
串行总线触发和解码	IIC、SPI、UART/RS232、CAN、LIN
16路数字通道(MSO)	最高采样率500 MSa/s,存储深度达14 Mpts/CH
25 MHz任意波形发生器	采样率125 MSa/s,波形长度16 Kpts,垂直分辨率16 bit
自动测量	共计37种测量种类,支持测量统计、Gating测量、Math测量、History测量和Ref测量
接口	USB Host, USB Device(USBTMC), LAN(VXI-11), Pass/Fail, Trigger Out, GPIB(选配)
显示器	8.0英寸TFT(800×480)液晶显示屏,8×14格显示

2）SDS5104 基本指标

SDS5104 数字存储示波器基本技术指标如表 2.4.2 所示。

表 2.4.2　SDS5104 数字存储示波器基本技术指标

模拟通道	
带宽	1 GHz
通道数量	4 CH
最大采样率	5 GSa/s
存储深度	250 Mpts
数字通道	
通道	16 CH
采样率	1.25 GSa/s
最小检测脉宽	3.3 ns
最高数据率	250 Mb/s

3. SDS 数字存储示波器前面板和主要功能按键介绍

1）前面板

SDS5104 前面板（SDS2302 面板设置基本相同）如图 2.4.2 所示。

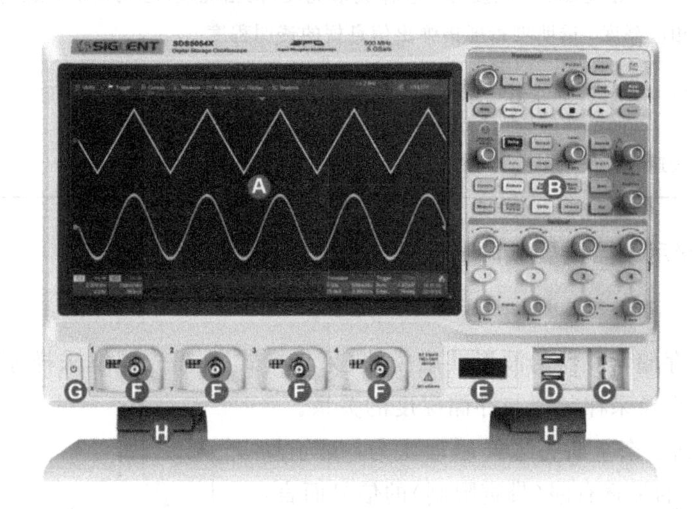

图 2.4.2　SDS5104 前面板

前面板各功能分区为：A. 触摸屏显示区；B. 前面板键盘；C. 校准信号补偿端和接地端；D. USB Host 端口；E. MSO 逻辑分析仪端口；F. 模拟通道输入端；G. 电源按钮；H. 支撑脚。

2）主要功能按键介绍

数字存储示波器把用户常用功能做成了便捷化一键式操作，共计 10 种。其按键功能如

表2.4.3 所示。

表 2.4.3 功能按键

按键名称	按键功能
Roll	滚动模式：此模式下，示波器不触发；波形自右向左滚动刷新显示，波形水平位移和触发控制失效；水平挡位的调节范围是 50 ms 至 50 s
Zoom	主要用于显示通道波形的局部细节。Zoom 打开后，波形区域被划分为上、下两部分，上面约 1/3 高度的区域为主波形区，下面约 2/3 高度的区域为 Zoom 波形区。触摸窗口选择激活窗口
Auto	开启波形自动显示功能。示波器将根据输入信号自动调整垂直挡位、水平时基及触发方式，使波形以最佳方式显示
Default	快速恢复至默认状态。系统默认设置下的电压挡位为 1 V/div，时基挡位为 1 μS/div
Clear	快速清除余辉或测量统计，然后重新采集或计数
Cursors	直接开启光标功能。示波器提供手动和追踪两种光标模式，另外还有电压和时间两种光标测量类型
Measure	快速进入测量系统，可设置测量参数、统计功能、全部测量、Gate 测量等。测量最多可选择并同时显示任意五种测量参数，统计功能则统计当前显示的所有选择参数的当前值、平均值、最小值、最大值、标准差和统计次数
Persist	快速开启余辉功能。可设置波形显示类型、色温、余辉、清除显示、网格类型、波形亮度、网格亮度、透明度等。选择波形亮度/网格亮度/透明度后，通过多功能旋钮调节相应亮度。透明度指屏幕弹出信息框的透明程度
History	快速进入历史波形菜单。历史波形模式最大可录制 80 000 帧波形
Print	快速存储图片。支持的格式有 .bmp、.jpg、.png

4. 数字存储示波器重要概念

1）采样

要了解数字存储示波器的波形获取模式(采集模式)，需先了解采样原理、混叠、带宽与采样频率的关系及采样频率与存储深度的关系。

(1) 采样原理：奈奎斯特采样原理认为，对于具有最大频率 f_{max} 的带宽有限(带宽限制)的信号而言，等距采样频率 f_S 必须是最大频率 f_{max} 的两倍，这样才能重建唯一的信号而不会产生混叠。

$$f_{max}=\frac{f_S}{2}=\text{奈奎斯特频率}(f_N)=\text{折叠频率}$$

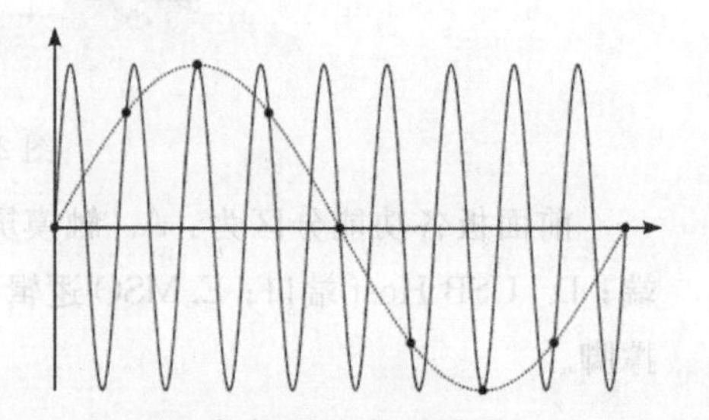
图 2.4.3 采样混叠

(2) 混叠：当实际采样频率不足($f_S<2f_{max}$)时，波形将发生混叠，如图 2.4.3 所示。混叠属于信号失

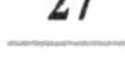

真，这是由于错误地从数量不足的采样点重建低频率波形导致的。

2）带宽和采样频率

示波器的带宽是指按 3 dB(−30%幅度误差)衰减输入信号幅值的最低频率。采样原理认为，对于示波器带宽，所需的采样频率 $f_S = 2f_{BW}$。然而，该原理是建立在没有超过 f_{max}（在此情况下是 f_{BW}）的频率分量且具有理想的砖墙频率响应系统的基础之上，如图 2.4.4 所示。

由于数字信号具有超过基本频率（方波由基本频率处的正弦波和数量无限的奇次谐波组成）的频率分量，并且对于 500 MHz 及以下带宽，示波器通常具有高斯频率响应，因此，示波器的采样频率应该是其带宽的四倍及以上，即：$f_S \geqslant 4f_{BW}$。这样不仅能减少混叠，且能使混叠的频率分量出现更大的衰减量。采样率和示波器带宽关系如图 2.4.5 所示。

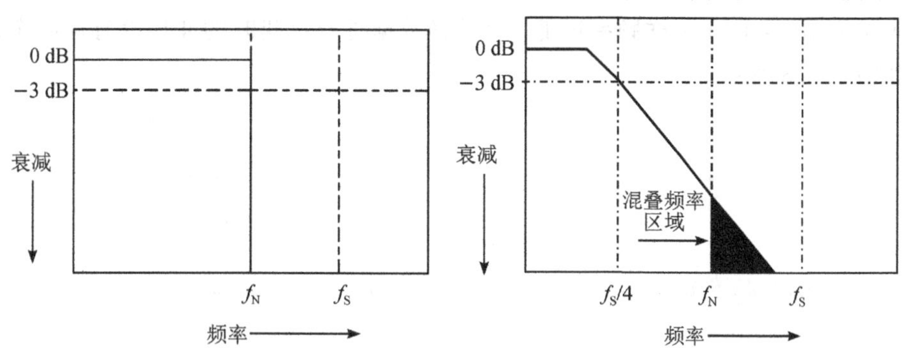

图 2.4.4　理论上的砖墙频率响应　　图 2.4.5　采样频率和示波器带宽

3）采样频率和存储深度

（1）采样频率：SDS2302 的最高采样频率是 2 GSa/s。在使用示波器的过程中，其实际采样频率由当前水平时基挡位而定。可通过水平挡位旋钮调节水平时基来改变采样频率，采样频率值实时变化并显示在屏幕右上角的状态栏中。

采样频率不足会引起波形失真、混叠或漏失，使用户不能观察到正确的波形。

（2）波形失真：由于采样频率过低造成某些波形细节缺失，使得示波器采样显示的波形与实际波形存在较大差异。如图 2.4.6 所示。

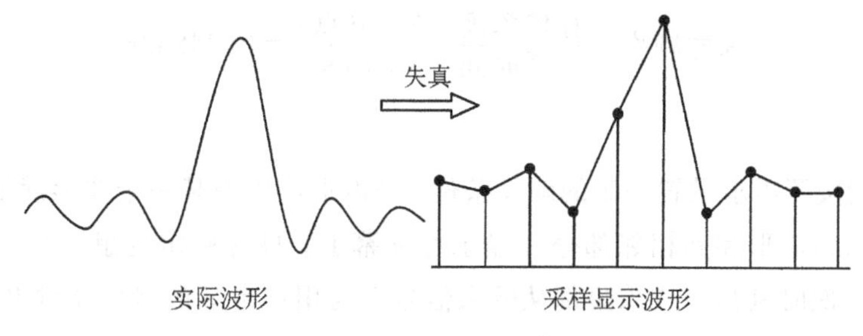

图 2.4.6　波形失真

（3）波形混叠：由于采样频率低于实际信号的两倍（奈奎斯特定律），对采样数据进行重建时的波形频率小于实际信号的频率。最常见的混叠为在快沿边沿上抖动。如图 2.4.7 所示。

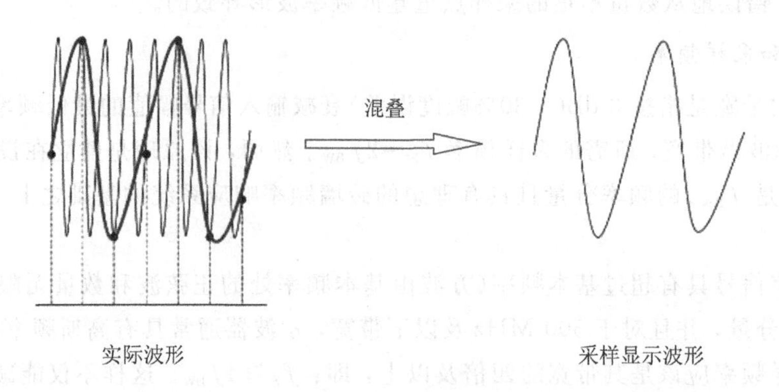

图 2.4.7 波形混叠

(4) 波形漏失：由于采样频率过低，对采样数据进行重建时的波形没有反映全部实际信号。如图 2.4.8 所示。

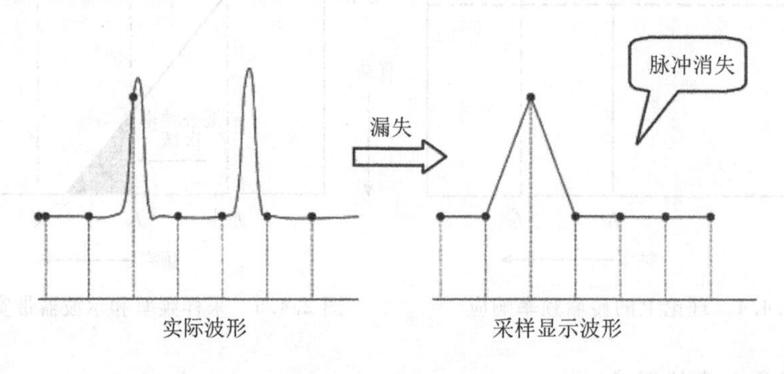

图 2.4.8 波形漏失

(5) 存储深度：存储深度是指示波器在一次触发采集中所能存储的波形点数，它反映了采集存储器的存储能力。SDS2000X 最大存储深度达 140 Mpts。示波器的存储深度、采样频率和采样时间三者间的关系如下：

$$存储深度=采样频率(\mathrm{Sa/s})\times采样时间(\mathrm{s/div}\times\mathrm{div})$$

例如：如果在存储器的 2000 个点中存储 50 μs 的数据，则实际采样频率为

$$采样频率=\frac{存储深度}{采样时间}=\frac{2000(点)}{50\ \mu\mathrm{s}}=40\ \mathrm{MSa/s}$$

4) 触发

触发，是指按照需求设置一定的触发条件。当波形流中的某一个波形满足这一条件时，示波器即时捕获该波形和其相邻部分并显示在屏幕上。只有稳定的触发才有稳定的显示。触发电路保证每次时基扫描或采集都从输入信号上与用户定义的触发条件开始，即每一次扫描和采集同步，捕获的波形相重叠，从而显示稳定的波形。

为便于理解触发事件，可将采集存储器分为预触发缓冲器和后触发缓冲器。触发事件在采集存储器中的位置是由时间参考点和延迟(水平位置)设置定义的。在触发事件到来之前，示波器先填充预触发缓冲器；在预触发缓冲器填充满后不断以先进先出(FIFO)的方式

更新预触发缓冲器并等待触发事件到来；在触发事件到来之后，停止更新预触发缓冲器，改为填充后触发缓冲器；待后触发缓冲器满后，一帧波形采集完成。采集存储器的概念演示如图 2.4.9 所示。

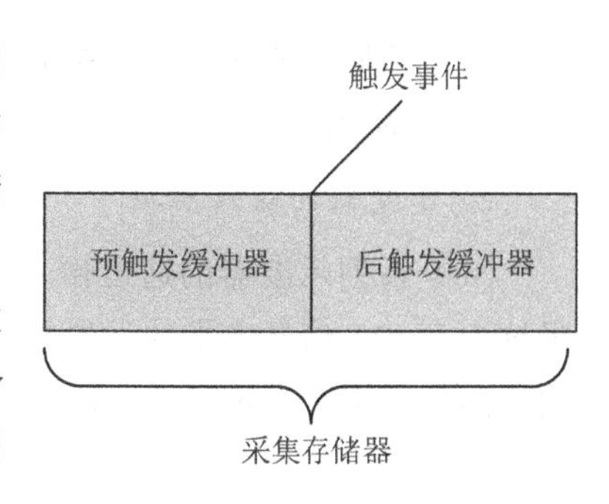

图 2.4.9　采集存储器的概念演示

采集存储器填充过程中存在三个状态：Arm（预触发缓冲器未满，此时示波器不响应任何触发事件）；Ready（预触发缓冲器已满，等待触发事件到来）；Trig'd（检测到触发事件，开始填充后触发缓冲器）。

触发设置应根据输入信号的特征，指示示波器何时采集和显示数据。例如，可以设置在模拟通道 1 输入信号的上升沿处触发。因此，用户应该对被测信号有所了解，才能快速捕获所需波形。

要对特定信号进行成功的触发，首先需设置触发相关条件，包括触发信源、触发方式、触发电平、触发耦合、触发释抑、噪声抑制和触发类型等。

SDS 系列示波器拥有多种丰富先进的触发类型，包括边沿触发、斜率触发、脉宽触发、视频触发、窗口触发、间隔触发、超时触发、欠幅触发、码型触发及多种串行总线触发。

自动触发(Auto)指无论是否满足触发条件，都显示活动信号波形，无输入时显示底噪；正常触发(Normal)指只有满足触发条件时才会进行触发和采集，否则保持上一次波形显示，等待下一次触发；单次触发(Single)指满足条件便触发一次，显示波形，随后停止捕获信号。

5. 应用举例

1) 探头补偿校准

首次使用探头时，应进行探头补偿调节，使探头与示波器输入通道匹配。未经补偿或补偿偏差的探头会导致测量偏差或错误。探头补偿调节步骤如下。

(1) 按 Default 将示波器恢复为默认设置。

(2) 将探头的接地鳄鱼夹与探头补偿信号输出端下面的“接地端”相连，将探头 BNC 端连接示波器的通道输入端，另一端连接示波器补偿信号输出端(Cal)。

(3) 按 Auto Setup 键。

(4) 检查所显示的波形形状并与图 2.4.10 对比。

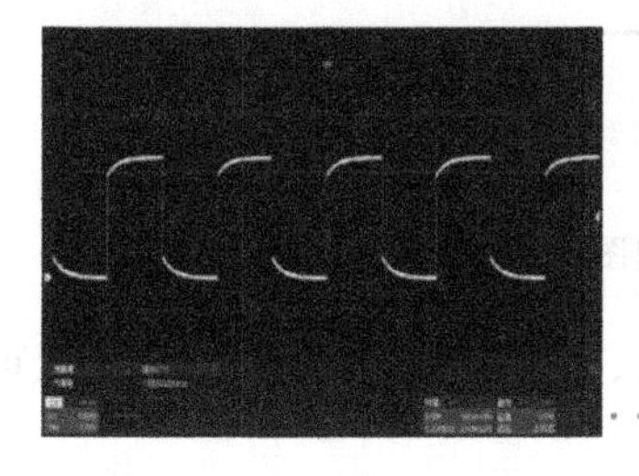

(a) 欠补偿

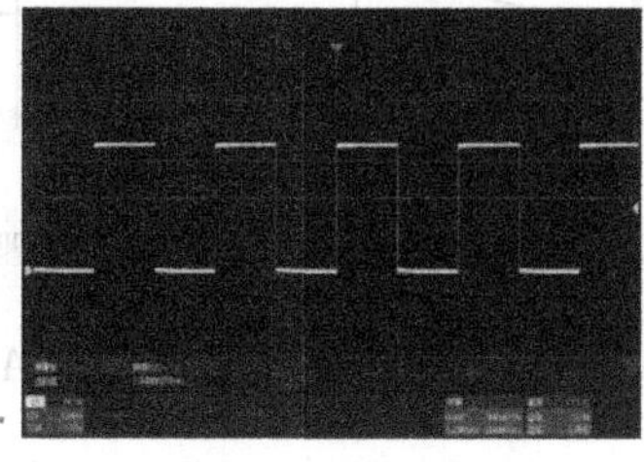

(b) 补偿适当

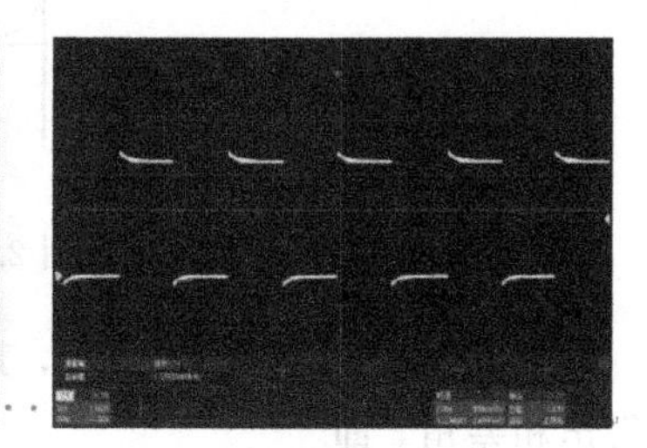

(c) 过补偿

图 2.4.10　探头的补偿校准

(5) 用非金属质地的改锥调整探头上的低频补偿调节孔，直到显示的波形如图 2.4.10(b)“补偿适当”所示。

2) 示波器的输入阻抗

SDS 系列示波器的通道输入阻抗有 50 Ω 和 1 MΩ(默认)两种选择。射频源的 RF 输出阻抗为 50 Ω，信号电平的设置均是指接入 50 Ω 负载的输出，因此转换示波器的输入阻抗得到的测量电平会有不同。原理如图 2.4.11 所示。

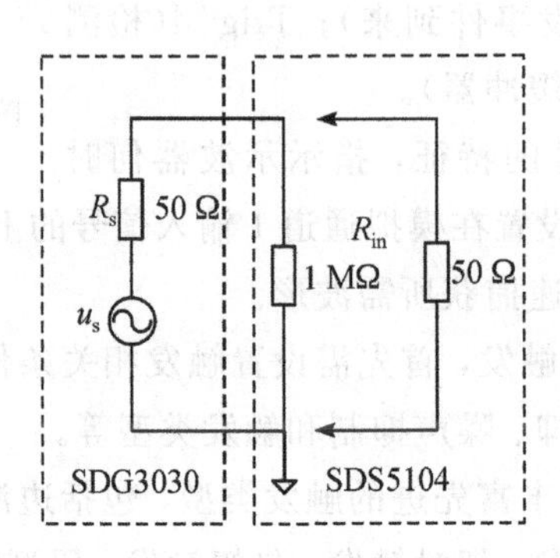

图 2.4.11　示波器输入阻抗对测量电平影响的原理图

3) “李沙育”图形测相位

XY 模式下示波器将输入通道从电压-时间显示转化为电压-电压显示。其中，X 轴、Y 轴分别表示通道 1、通道 2 的电压幅值。通过李沙育法(Lissajous)可方便地测量频率相同的两个信号间的相位差。李沙育法测量相位差原理如图 2.4.12 所示。

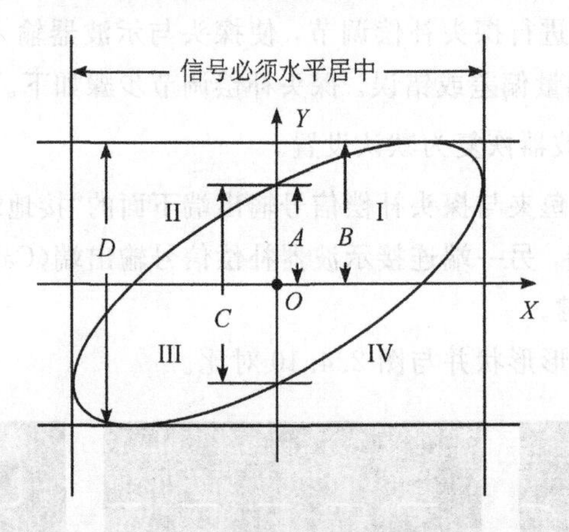

图 2.4.12　李沙育法测量相位差原理图

根据 $\sin\alpha = A/B$ 或 C/D，其中 α 为通道间的相差角，A、B、C、D 如图所示。因此可得出相差角，即

$$\alpha = \arcsin\left(\frac{A}{B}\right) \text{ 或 } \arcsin\left(\frac{C}{D}\right)$$

如果椭圆的主轴在Ⅰ、Ⅲ象限内，那么所求的相位差角应在Ⅰ、Ⅳ象限内，即在($0 \sim \pi/2$)或

$(3\pi/2 \sim 2\pi)$内。如果椭圆的主轴在Ⅱ、Ⅳ象限内，那么所求的相位差角应在Ⅱ、Ⅲ象限内，即在$(\pi/2 \sim \pi)$或$(\pi \sim 3\pi/2)$内。

XY 功能可用于测试信号经过一个电路网络后产生的相位变化。将示波器与电路连接，监测电路的输入输出信号。

(1) 将正弦波信号连接到通道 1，将相同频率但有相位差的正弦波信号连接到通道 2。

(2) 按下 Auto Setup 键自动设置通道 1、2 波形，然后按 Acquire 键选择 XY(关闭/开启)，开启“XY”模式。

(3) 分别使用通道 1 和 2 垂直 Position 旋钮使信号在显示屏上居中，然后使用通道 1 和 2 垂直挡位旋钮展开信号以便于观察，如图 2.4.13 所示。

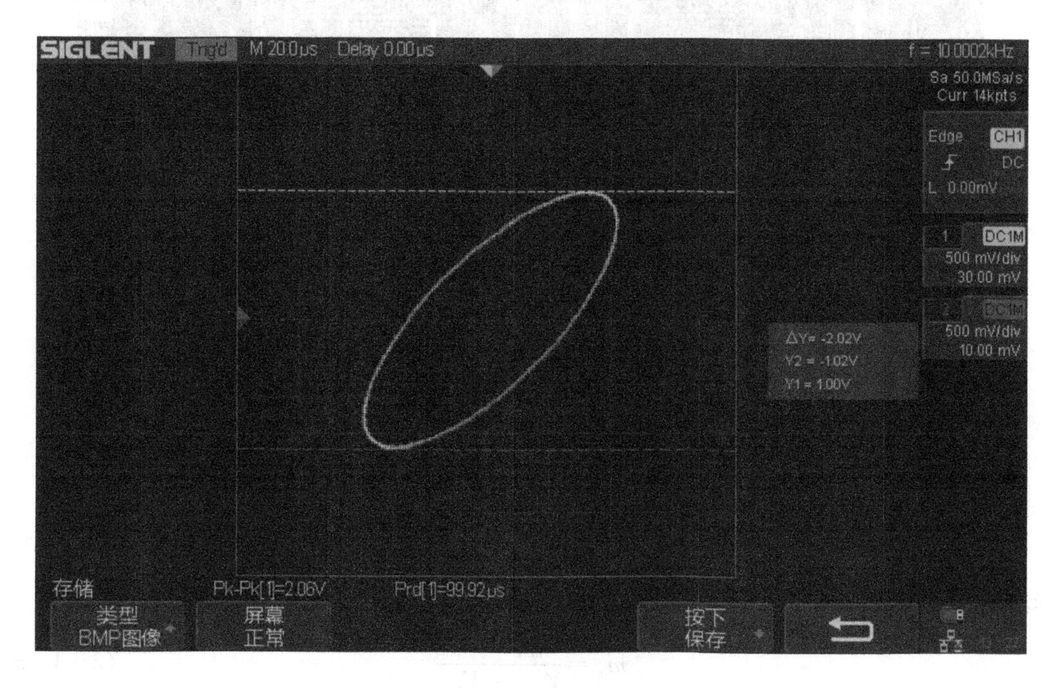

图 2.4.13　李沙育测量实例

(4) 按下示波器前面板的 Cursors 键启用光标测量功能。

(5) 将 Y_1 移动到信号与 Y 轴上半轴交点，Y_2 移动到信号与 Y 轴下半轴交点。记下 Y_1 和 Y_2 的差值 ΔY_1。

(6) 在信号的顶部设置光标 Y_1，在信号的底部设置光标 Y_2。记下 Y_1 和 Y_2 的差值 ΔY_2。

根据公式计算通道 1 和通道 2 波形相位差：

$$\sin\theta = \frac{\Delta Y_1}{\Delta Y_2} \tag{2-4-1}$$

进而求出相位差 θ。

4) 调幅波测量

普通调幅波(AM)的表达式为

$$u_{AM}(t)=U_m(1+m_a\cos\Omega t)\cos(\omega_c t) \tag{2-4-2}$$

示波器显示的调幅波如图 2.4.14 所示，用 Cursor 键功能可分别测出瞬时幅度的最大值和最小值。即有

$$U_{max}=U_m(1+m_a)\text{，对应}\frac{Y_{max}}{2} \tag{2-4-3}$$

$$U_{min}=U_m(1-m_a)\text{，对应}\frac{Y_{min}}{2} \tag{2-4-4}$$

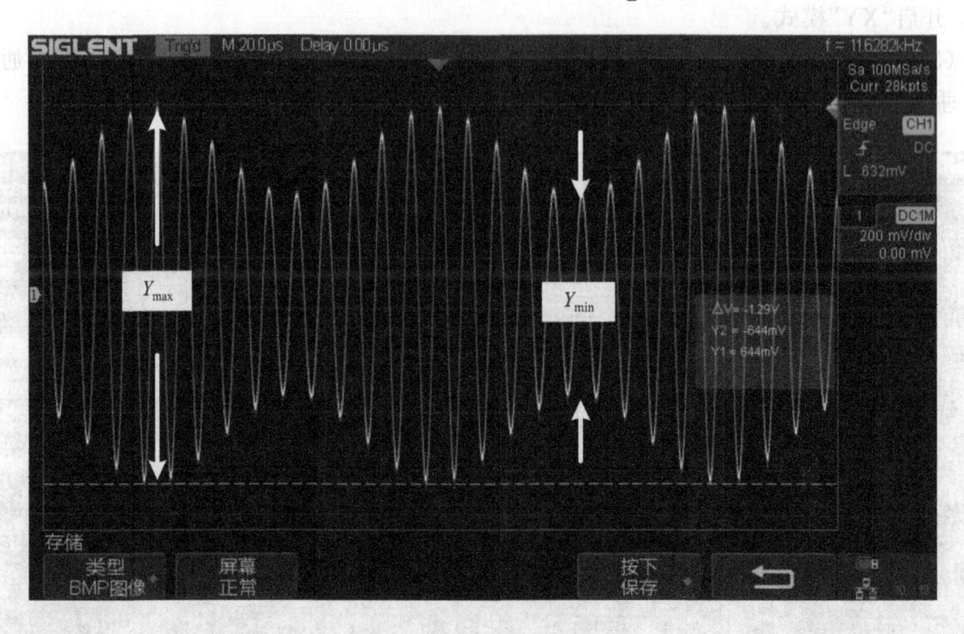

图 2.4.14　调幅波调制深度的测量

读出相应的 Y_{max} 和 Y_{min} 坐标刻度，可求出调制深度 m_a 为

$$m_a=\frac{Y_{max}-Y_{min}}{Y_{max}+Y_{min}} \tag{2-4-5}$$

2.5　无线电综合测试仪

1. 工作原理与系统硬件

1）工作原理

无线电综合测试仪综合集成了 RF 信号源、RF 功率测量、接收信号强度指示(RSSI)、RF 频率误差测量、AM 调制深度/FM 频偏测量、音频信号发生器、基带调制解调器、音频信纳比测量、音频失真度测量、音频频率测量、RF 驻波比测量等多种仪器设备功能，实现了电台参数的快速检测。

无线电综合测试仪的系统框图如图 2.5.1 所示。其设计思路是内置电台处理单元，充分利用数字信号处理平台和软件定义无线电技术，结合射频收发模块设计以及其他多功能

组件的集成，实现综合参数自动测试能力。

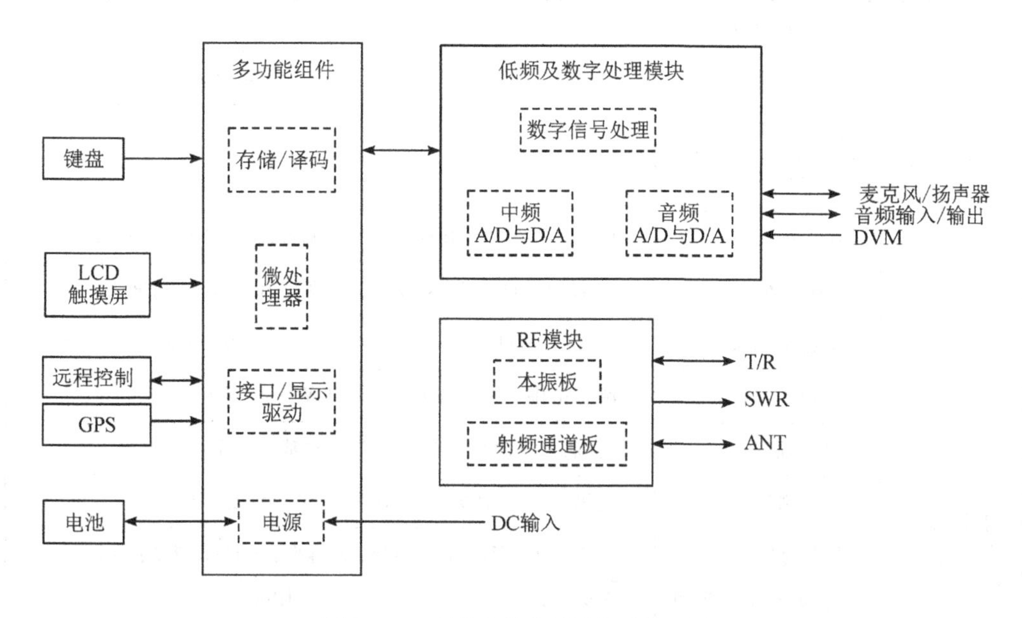

图 2.5.1　无线电综合测试仪系统框图

2）*系统硬件*

其系统硬件分为 RF 模块、数字处理模块、多功能组件、触摸屏、键盘等。RF 模块包括通道处理和本振部分，前者完成射频发射与接收通道的处理，后者负责频标及射频信号产生、低频及数字处理模块完成对中频及音频信号的模数转换及分析、多功能组件模块完成协调整机控制及电源管理。

具体而言，射频模块实现了被测电台与仪器的全双工互联，同时完成了与中频处理单元的中频信号传递。它与数字处理平台和微处理器共同构成综合测试的硬件基础，可以完成实时 RF 频率误差测量、中频调制解调以及接收信号强度测量等功能，还可以对发射机信号进行实时频谱分析，完成对电台大部分性能指标的综合测量。音频信号发生为电台提供测试音频信号，音频分析负责完成音频失真、音频信纳比和音频频率的测试并通过示波器显示输出。

2. 主要技术指标

下面以实验室配置的 AV4992A 型无线电综合测试仪为例，简介其主要技术指标。AV4992A 是一款高度集成，最大测试功率可达 20 W 的无线电综合测试仪器。具有两路射频信号发生、两路音频信号发生及射频、音频信号分析等功能。可用于无线电通信设备、电台、对讲机等领域性能维护、检测和技术保障。可以对 2～1000 MHz 波段无线电发射和接收机的性能进行全面测试，实现电台综合参数的快速检测。

1）*射频信号发生及分析*

AV4992A 无线电测试仪独立射频源和射频信号分析功能指标如表 2.5.1 所示。

表 2.5.1 独立射频源及射频信号分析功能指标

射频信号发生	独立源个数	2
	频率范围	2～1000 MHz(源 1)，2～400 MHz(源 2)
	输出功率范围	－125～－5 dBm
	功率分辨率	0.1 dB
	AM 特性	内部：频率 20 Hz～20 kHz，调幅度 0～100%，精度±5%
	FM 特性	内部：20 Hz～20 kHz，最大频偏 100 kHz，精度±5%
	单边带相噪	－95 dBc/Hz@20 kHz(典型值－105 dBc/Hz)
射频信号分析	射频功率计	测量范围：10～43 dBm(0.01 W～20 W)
	射频频率	范围：2～1000 MHz，精度：时基±2 Hz
	AM 测量	范围：5%～100%，分辨率：1%，精度：±5%
	FM 测量	范围：500 Hz～100 kHz，分辨率：1 Hz，精度：±5%
	射频接收功率测量范围	ANT 端口：－110 dBm 至－10 dBm T/R 端口：－50 dBm 至＋43 dBm
	频谱仪扫宽	全频段

2）音频分析和线缆测试指标

AV4992A 无线综合测试仪具有音频分析和线缆测试功能，指标如表 2.5.2 所示。

表 2.5.2 音频分析和线缆测试指标

音频源	频率范围	20 Hz～20 kHz
	频率分辨率	0.1 Hz
	输出电平	20 mV～1.57 V(有效值)
	输出模式	单音、双音、噪声、单音＋噪声
音频表	音频频率测量精度	±1 Hz
	音频电压测量精度	±(5%×测量值＋5 mV)
	音频失真测量精度	±(5%×测量值＋0.1%)
	音频 SINAD 测量	±1.5 dB
	示波器带宽	20 kHz
线缆测试	频率范围	2～1000 MHz
	频率分辨率	0.1 MHz
	测试类型	SWR、RL、LOSS、DTF
	DTF 测量范围	1～100 m

3. 接口、按键功能

1）前面板及功能键

AV4992A 无线综合测试仪前面板如图 2.5.2 所示。其中，功能键有两个分区：屏幕下方的分区主要是通用辅助功能区，右下方的分区为主要功能设置区。

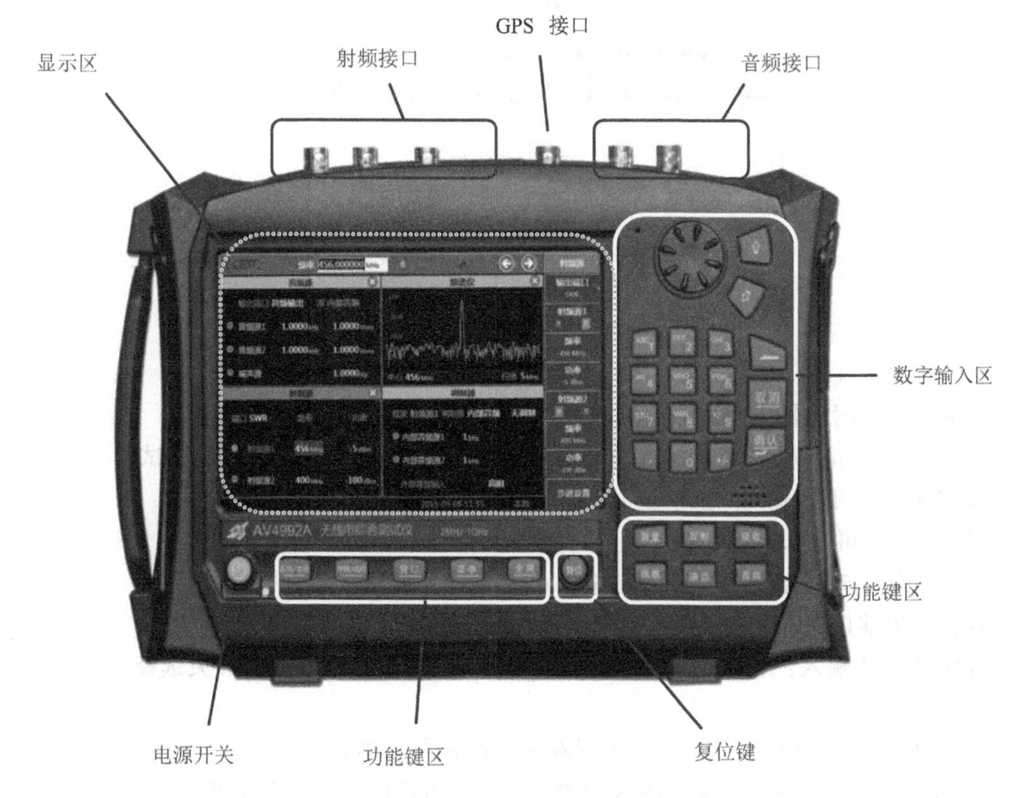

图 2.5.2　AV4992A 无线综合测试仪前面板

在辅助功能区内，【系统】功能包含程控到本地的切换、设备信息、消息记录、日期设置等；【文件】功能包含对仪表设置状态的存储和调用；【窗口】功能提供活动仪器窗口的切换；【菜单】功能是对右侧软键菜单的列表进行切换；【全屏】功能是对当前活动窗口实行最大化或者复原。

在主要功能设置区，【测量】可进入顶级主菜单，弹出仪表选择窗口，包括射频源、射频表、解调表、音频源、音频表、数字电压表、线缆测试仪、示波器、频谱仪 9 种仪表可供选择；【发射】可不经顶层主菜单弹出射频接收测试仪表，包括音频源、射频表、解调表、接收装置等窗口；【接收】硬键则可不经顶层主菜单而直接打开内部射频源仪表，包括射频源、调制源、音频表等窗口，用于产生射频信号源和调制信号；【线缆】可不经顶层主菜单直接弹出与线缆相关的功能仪表；【通话】可不经顶层主菜单直接弹出与通话设置相关的仪表，包括射频源、调制源、解调表、接收装置等窗口；【音频】可不经顶层主菜单直接弹出与音频相关的仪表，包括音频源和音频表窗口。

2）顶部接口及功能

AV4992A 顶端接口可分为测试端口、数字接口及电源接口三部分，如图 2.5.3 所示。

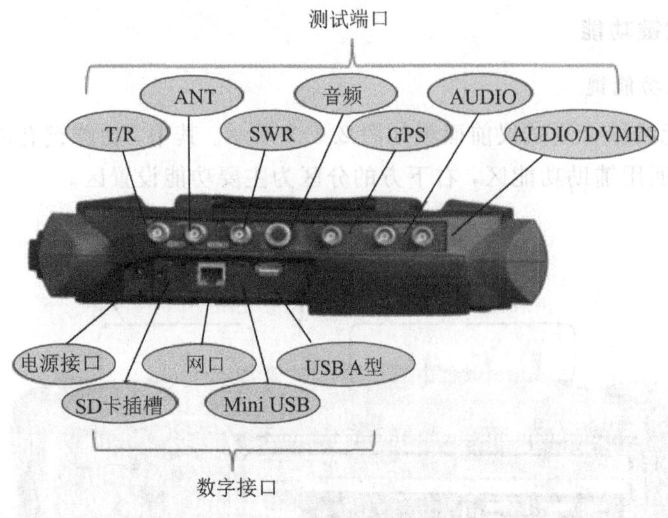

图 2.5.3 综测仪顶端接口

(1) 测试端口。

T/R 端口：射频输入/输出端口，可进行大功率测试。

SWR(Standing Wave Ratio)端口：射频输入/输出端口，可用于线缆测试。

ANT 端口：射频输入/输出端口，可用于双源输出。

音频设备：可用来连接音频盒等外部音频设备。

GPS 天线端口：连接 GPS 天线设备，可对测试仪当前位置进行定位。

音频输出端口：用于输出内部音频。

音频/DVM 输入：用于外部音频输入或 DVM 输入测试，可通过开关选择。

(2) 数字接口。

SD 卡插槽：Micro SD 卡卡槽，可对存储空间进行扩展。

LAN 接口：是一个 10/100Mbps 网络接口，可通过网线连接计算机，以便运行相关工具软件对仪表进行程(序)控(制)和数据传输。

Mini USB 型接口：连接外部 PC 机，以便运行相关工具软件对仪表进行程控和数据传输。

USB A 型接口：连接 USB 外设，如 USB 存储设备、USB 鼠标和键盘等。

(3) 电源接口。采用专用电源适配器将交流 220 V 转换成直流 15 V 从接口输入。

4. 典型应用

以射频信号测试项目为例，简介无线电综合测试仪的使用。测试连接如图 2.5.4 所示。

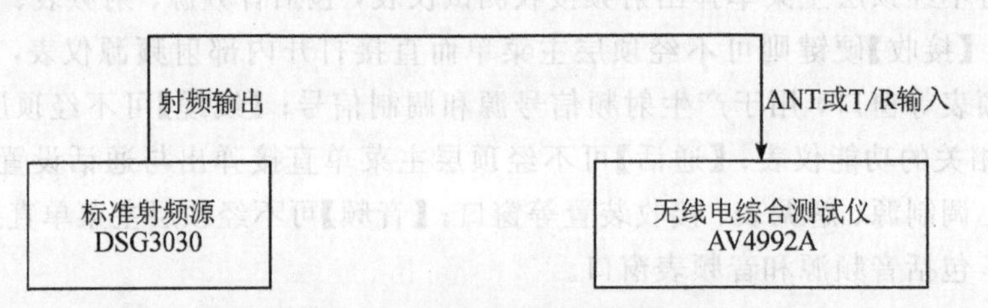

图 2.5.4 射频信号测试连接

1) 射频功率测量

AV4992A 射频功率测量只针对 T/R 端口设计，可以测量射频范围 20～43 dBm 范围内的宽带信号功率。其测量步骤如下。

(1) 打开窗口。按【测量】硬键通过整机菜单设置打开射频表窗口，点击触摸屏中的射频功率，或者点击右侧【射频功率】软键打开射频功率功能。按屏幕下方【全屏】硬键可最大化显示。

(2) 调用菜单。打开并选中射频表窗口时，相应菜单会在窗口右侧显示。

(3) 测量结果显示。

① 选择单位。点击触摸屏右侧【射频功率单位】，可选 dBm、W、μV、dBμV。

② 设置平均。射频功率测量的是实时宽带功率，根据测量结果稳定性要求，可对测量结果多次平均。尤其是被测信号为低调制率调幅信号时，测量结果会一直变化，此时通过设置多次平均可达到稳定显示效果。设置方法是点击窗口中平均功能或触摸屏右侧【平均】软键打开“平均”，点击触摸屏右侧【平均次数】软键，系统将根据设定次数平均后显示结果。

③ 设置频率补偿频率。根据当前测试信号，用户输入频率，系统会自动进行频响补偿。

(4) 告警设置。点击窗口中告警设置，或者点击右侧菜单【告警设置】软键，打开告警设置窗口上、下告警线。需要注意，合格范围须在上下限测量范围内。

2) 射频频率误差

AV4992A 射频表频率误差测量输入信号与所设置频点之间的频率误差。针对射频 T/R、ANT 端口设计，可以根据输入信号的功率大小选择合适的端口输入被测信号。

(1) 打开窗口。按【发射】硬键或【测量】硬键通过整机菜单设置打开射频表窗口。选中窗口按屏幕下方【全屏】硬键可最大化显示。

(2) 调用菜单。点击触摸屏，选中射频表窗口为当前活动窗口，相应菜单会在右侧显示。

(3) 接收设置。当打开射频表窗口时，接收设置窗口会同时弹出，点击界面或右侧软件菜单，可设置接收机端口、频率、参考电平、中频带宽、自动搜索等参数。

① 端口设置。在【接收机设置】菜单中，在【输入端口】下面，依据被测信号功率，可选择从 T/R 或者 ANT 端口输入被测信号。

② 频率设置。在【接收机设置】菜单下，设置接收机频率对准被测信号频率，可设置【中心频率步进】值，以配合上下键和旋钮更改频率。

③ 参考设置。在【接收机设置】菜单下，估计被测信号电平幅度，设置接收机参考电平，为输入信号提供合适的增益通道。

④ 中频带宽设置。在【接收机设置】菜单下，点击右侧菜单【中频带宽】软键，选择中频带宽，其范围为 5～600 kHz，分 11 挡，可见最大捕获范围为±300 kHz。需要说明的是，由于不与外部共时基，因此在中心频率设置相符的情况下，带宽设置需要考虑时基带来的误差。在保证信号在捕获范围内的前提下，应尽量选择较小的中频带宽，以获取更高精度的测量结果。

⑤ 自动搜索设置。在窗口点击自动搜索或在【接收机设置】菜单下，点击【自动搜索】软键可打开自动搜索功能。

⑥ 测量结果显示。射频频率误差测量的是实时频率误差，根据测量结果稳定性要求，可对测量结果多次平均。尤其是被测信号为低调制率调频信号时，测量结果会一直变化，此时通过设置多次平均来达到稳定显示效果。设置方法是点击窗口中平均或触摸屏右侧【平均】软键，打开“平均”，点击触摸屏右侧【平均次数】软键，系统将根据设定次数平均后显示结果。

⑦ 告警设置。点击窗口中告警设置，或者点击右侧菜单【告警设置】软键，打开告警设置窗口上、下告警线。需要注意，合格范围须在上下限测量范围内。

3）接收信号强度

AV4992A 射频表信号强度可以测量进入接收机中频带宽内的窄带信号功率，针对射频 ANT、T/R 端口设计，可根据输入信号的功率范围，选择合适的端口输入被测信号。

(1) 打开窗口。按【发射】硬键，或按【测量】硬键通过整机菜单设置打开射频表窗口，选中窗口并按屏幕下方【全屏】硬键可最大化显示。

(2) 调用菜单。点击触摸屏，选中射频表为当前活动窗口，相应菜单会在窗口右侧显示。

(3) 接收设置。当打开射频表窗口时，接收设置窗口会同时弹出。点击界面或右侧软件菜单，可设置接收机端口、频率、参考电平、中频带宽、自动搜索等参数，设置方法和过程与频率误差测量相同。

(4) 测量结果显示。

① 选择单位。点击屏幕右侧菜单【单位】软键，可选 dBm、W、μV、dBμV。

② 设置平均。接收信号强度测量的是实时窄带功率，根据测量结果稳定性要求，可对测量结果多次平均。尤其是被测信号为低调制率调幅信号时，测量结果会一直变化，此时通过设置多次平均来达到稳定显示效果。设置方法是点击窗口中平均或触摸屏右侧【平均】软键，打开“平均”，点击触摸屏右侧【平均次数】软键，系统将根据设定次数平均后显示结果。

(5) 告警设置。点击窗口中告警设置，或者点击右侧菜单【告警设置】软键，打开告警设置窗口上、下告警线。需要注意，合格范围须在上下限测量范围内。

4）调幅深度测量

AV4992A 解调表调幅深度测量可对进入接收机中频带宽内的调幅波进行解调分析，针对射频 ANT、T/R 端口设计，可根据输入信号的功率范围，选择合适的端口输入被测信号。

(1) 打开窗口。按【发射】硬键，或按【测量】硬键通过整机菜单设置打开解调表窗口，并在接收设置窗口中选择解调类型为 AM。选中 AM 并按屏幕下方【全屏】硬键可最大化显示。

(2) 调用菜单。点击触摸屏，选中解调表为当前活动窗口，相应菜单会在窗口右侧显示，如图 2.5.5 所示。

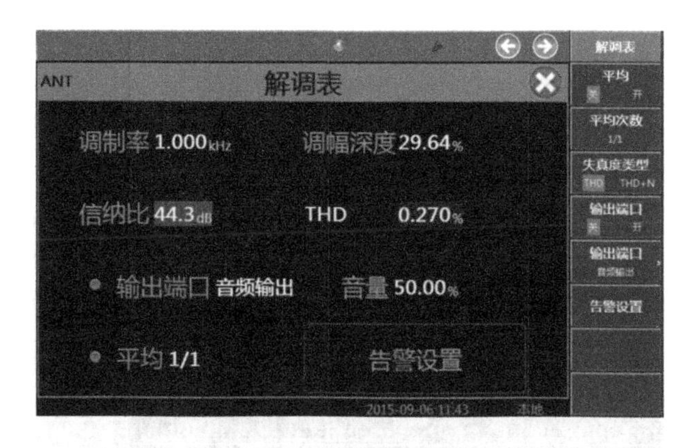

图 2.5.5　调幅深度测量

(3) 接收设置。

① 当打开解调表窗口时，接收设置窗口会同时弹出，点击界面或右侧软件菜单，可设置接收机端口、频率、参考电平、中频带宽、自动搜索等参数，设置方法和过程同频率误差测量。

② 解调类型设置。点击接收设置窗口中的解调类型或右侧菜单【接收机设置】中的【解调】类型软键可切换解调类型为 AM、FM。

③ 音频滤波器设置。点击接收设置窗口中的音频滤波器或右侧菜单【接收机设置】→【音频滤波器】软键，根据调制率不同，可选择低通、高通或带通滤波器，可选择的滤波器类型有 0.3～20 kHzBP，0.3～5 kHzBP，0.3～3 kHzBP，0.3 kHzHP，0.3 kHzLP，1.5 kHzLP，3 kHzLP，5 kHzLP。

(4) 测量结果显示。

① 设置平均。根据测量结果稳定性要求，可对测量结果多次平均。点击触摸屏右侧【平均】软键，打开“平均”，点击触摸屏右侧【平均次数】软键，系统将根据设定次数平均后显示结果。

② 失真度设置。根据对解调结果失真度的要求，解调表内增加了信纳比和失真度测量，失真度测量包括 THD 和 THD+N 两种，THD 为谐波失真，THD+N 为总失真，可根据需要选择。

③ 告警设置。点击窗口中告警设置，或者点击右侧菜单【告警设置】软键，打开告警设置窗口上、下告警线。需要注意，合格范围须在上下限测量范围内。

5) 调频频偏

AV4992A 解调表调频频偏测量可对进入接收机中频带宽内的调频波进行解调分析，针对射频 ANT、T/R 端口设计，可根据输入信号的功率范围，选择合适的端口输入被测信号。

(1) 打开窗口。按【发射】硬键，或按【测量】硬键通过整机菜单设置打开解调表窗口，并在接收设置窗口中选择解调类型为 FM。选中解调表并按屏幕下方【全屏】硬键可最大化显示。

(2) 调用菜单。点击触摸屏，选中解调表为当前活动窗口，相应菜单会在窗口右侧显示，如图 2.5.6 所示。

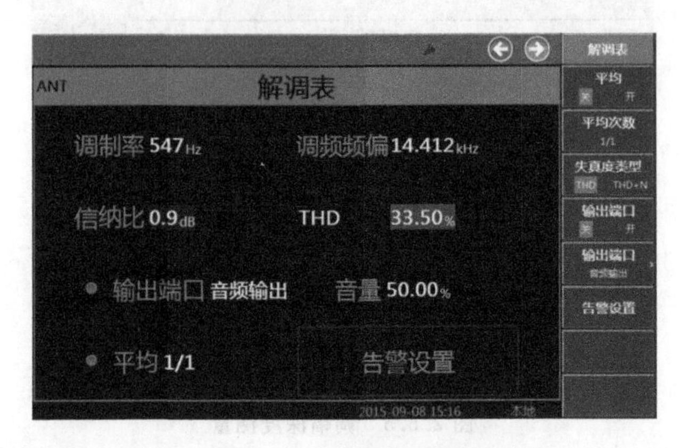

图 2.5.6 调频频偏测量

(3) 接收设置。

① 常规参数设置。当打开解调表窗口时，接收设置窗口会同时弹出，点击界面或右侧软件菜单，可设置接收机端口、频率、参考电平、中频带宽、自动搜索等参数，设置方法和过程与频率误差测量相同。需要说明的是，设置中频带宽时，除了考虑载波的频率偏移外，还要考虑调频频偏的大小。

② 解调类型设置。点击接收设置窗口中的解调类型或右侧菜单【接收机设置】中的【解调】类型软键可切换解调类型 AM、FM。

③ 音频滤波器设置。点击接收设置窗口中的音频滤波器或右侧菜单【接收机设置】→【音频滤波器】软键，根据调制率不同，可选择低通、高通或带通滤波器，可选择的滤波器类型有 0.3～20 kHzBP，0.3～5 kHzBP，0.3～3 kHzBP，0.3 kHzHP，0.3 kHzLP，1.5 kHzLP，3 kHzLP，5 kHzLP。

(4) 测量结果显示。

① 设置平均。根据测量结果稳定性要求，可对测量结果多次平均。点击触摸屏右侧【平均】软键，打开"平均"，点击触摸屏右侧【平均次数】软键，系统将根据设定次数平均后显示结果。

② 失真度设置。根据对解调结果失真度的要求，解调表内增加了信纳比和失真度测量，失真度测量包括 THD 和 THD＋N 两种，THD 为谐波失真，THD＋N 为总失真，可根据需要选择。

③ 告警设置。点击窗口中告警设置，或者点击右侧菜单【告警设置】软键，打开告警设置窗口上、下告警线。需要注意，合格范围须在上下限测量范围内。

第二篇　射频电子线路实验与设计仿真

与其他电子线路实验相比，射频电子线路实验最大的特点是工作频率高且实验分析需要使用的仪器多。因此，实验时需要重点注意如下问题：连线尽量短，避免分布参数带来的影响；阻抗匹配，防止低输入阻抗使电路停止工作；电路和仪器共地，防止干扰信号叠加，影响测量准确性。

合理使用EDA工具完成射频电子线路学习和设计分析十分必要。实验可遵循电路设计→仿真分析→硬件实验的思路，高质量完成每个实验项目。

第3章 射频电子线路实验

3.1 高频正弦波振荡器实验

1. 实验目的

(1) 熟悉正弦波振荡器的工作原理。

(2) 掌握正弦波振荡器的基本设计方法。

(3) 学会使用数字频率计测量振荡频率及频率稳定度。

(4) 了解元件参数对振荡器工作稳定性及频率稳定度的影响情况。

2. 实验仪器

实验仪器如表 3.1.1 所示。

表 3.1.1 实验仪器表

仪器名称	仪器型号	仪器数量
射频信号源	DSG3030(9 kHz～3.6 GHz)	1台
频谱分析仪	FSL6(9 kHz～6 GHz)	1台
数字示波器	SDS5104X(1 GHz)	1台
数字频率计	GFC-8207H(2.7 GHz)	1台
直流稳压电源	SS3323	1台
高频实验箱	XD-HF2.0	1套

3. 实验原理及电路介绍

1) 正弦波振荡器

正弦波振荡器有反馈式振荡器和负阻振荡器两种形式。按选频网络分类又可分为 *LC*、

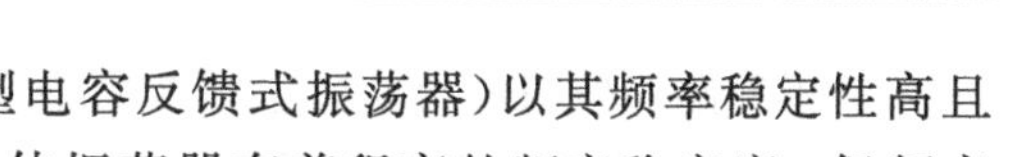

RC 和石英晶体振荡器。西勒振荡器(并联改进型电容反馈式振荡器)以其频率稳定性高且振幅稳定在短波和超短波波段获得广泛应用。晶体振荡器有着很高的频率稳定度，但频率不可改变。因此，常以其作为参考频率，用频率合成的方式获得一系列离散频率(锁相环)。

2) 电路介绍

正弦波振荡器实验电路如图 3.1.1 所示。该电路有三级。第一级由 V_{T1}、C_{13}、C_{20}、C_{15} 和 L_2 等构成西勒振荡器，S_2 控制不同的选频器件(C_{15} 和 L_2、C_{16} 和 L_3、C_{17} 和 L_4、4.19 MHz 晶体)接入。第二级由 V_{T2}、R_3、R_7 和 R_{W2} 构成射极跟随器电路，起隔离缓冲作用。第三级由 V_{T3}、T_1 等组成，起选频放大作用。

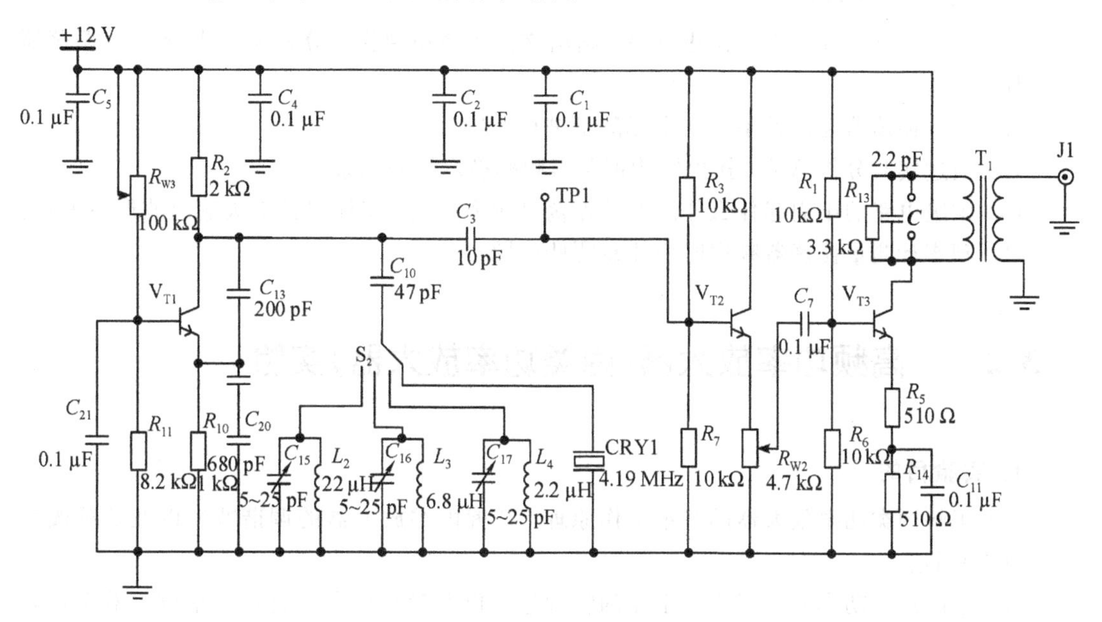

图 3.1.1 正弦波振荡器实验电路

将开关 S_2 拨至从左往右第一列。则 V_1、C_{13}、C_{20}、C_{10}、C_{15}、L_2 构成振荡器，输出正弦波的频率约为 10.7 MHz，电容 C_{15} 可用来微调振荡频率。S_2 依次往右，产生的正弦波频率分别约为 6.5 MHz、4.5 MHz 和 4.19 MHz。

可用式(3-1-1)估算电路振荡频率 f_0，可用式(3-1-2)估算反馈系数 F。

$$f_0=\frac{1}{2\pi\sqrt{L_2(C_{10}+C_{15})}} \tag{3-1-1}$$

$$F=\frac{C_{13}}{C_{20}} \tag{3-1-2}$$

4. 实验内容及步骤

(1) 根据图 3.1.1 在实验板上找到振荡器各元件的位置并熟悉各元件的作用。

(2) 研究振荡器静态工作点对振荡幅度的影响。

① 将开关 S_2 连接从左往右第一列，构成西勒振荡器(频率约为 10.7 MHz)。

② 调整偏置电位器 R_{W3}，测量 V_{T3} 发射极电流 $I_{EQ}\left(I_{EQ}\gg\frac{U_{EQ}}{R_{10}}\right)$，用示波器测出对应的振荡输出幅度 U_{P-P}，分析二者关系。记录振荡器停振时的静态工作点电流值。

分析思路：静态电流 I_{CQ} 会影响晶体管跨导 g_m，而放大倍数和 g_m 是有关系的。在饱和状态下(I_{CQ} 过大)，晶体管放大倍数会下降，一般取 $I_{CQ}=(1\sim5\ \text{mA})$为宜。

(3) 分别用470 pF和100 pF的电容并联在 C_{20} 两端，改变反馈系数，观察振荡器输出频率和幅度的变化情况并分析原因。

(4) 通过测量短期频率稳定度，比较 *LC* 振荡器和石英晶体振荡器频率稳定性的优劣。

5. 实验报告要求

整理数据，书写规范实验报告。

6. 实验思考及讨论

(1) 分析电路图3.1.1主振级电路，画出交流等效电路图，分析振荡类型(*LC* 振荡器及晶体振荡器)。

(2) 估算振荡器起振频率并与实际测量进行比较。

(3) 通过实验分析总结，找出影响振荡器频率稳定性的因素。

(4) 末级电路的中周起什么作用？若振荡级频率改变，怎样保证末级输出波形不失真？

(5) 频率计测量振荡器频率时应注意哪些问题？

3.2 高频功率放大器(丙类功率放大器)实验

1. 实验目的

(1) 了解丙类功率放大器的基本工作原理，掌握丙类放大器的调谐特性以及负载改变时的动态特性。

(2) 了解高频功率放大器丙类工作的物理过程以及激励信号变化对功率放大器工作状态的影响。

(3) 比较甲类功率放大器与丙类功率放大器的特点、功率、效率。

(4) 掌握丙类放大器的计算与设计方法。

2. 实验仪器

实验仪器如表3.2.1所示。

表3.2.1 实验仪器表

仪器名称	仪器型号	仪器数量
射频信号源	DSG3030(9 kHz～3.6 GHz)	1台
频谱分析仪	FSL6(9 kHz～6 GHz)	1台
数字示波器	SDS5104X(1 GHz)	1台
数字频率计	GFC-8207H(2.7 GHz)	1台
直流稳压电源	SS3323	1台
高频实验箱	XD-HF2.0	1套

3. 实验原理及电路介绍

1）功率放大器及分类

功率放大器按照电流导通角 θ 的范围可分为甲类、乙类、丙类及丁类等不同类型。功率放大器电流导通角 θ 越小，放大器的效率 η 越高。

甲类功率放大器的 $\theta=180°$，效率 η 最高只能达到 50%，适用于小信号低功率放大，一般作为中间级或输出功率较小的末级功率放大器。

非线性丙类功率放大器的电流导通角 $\theta<90°$，效率可达到 80%，通常作为发射机末级功放以获得较大的输出功率和较高的效率。非线性丙类功率放大器通常用来放大窄带高频信号（信号的通带宽度只有其中心频率的 1%或更小）。它的基极偏置为负值，电流导通角 $\theta<90°$；为了不失真地放大信号，它的负载必须是 LC 谐振回路。

2）丙类功率放大器的负载特性

如果功率放大器的工作电压 U_{CC}、基极偏压 U_{BB}、输入电压（或称激励电压）U_b 已知，电流导通角确定，则功率放大器的工作状态只取决于集电极回路的等效负载电阻 R_L。谐振功率放大器的交流负载特性如图 3.2.1 所示。

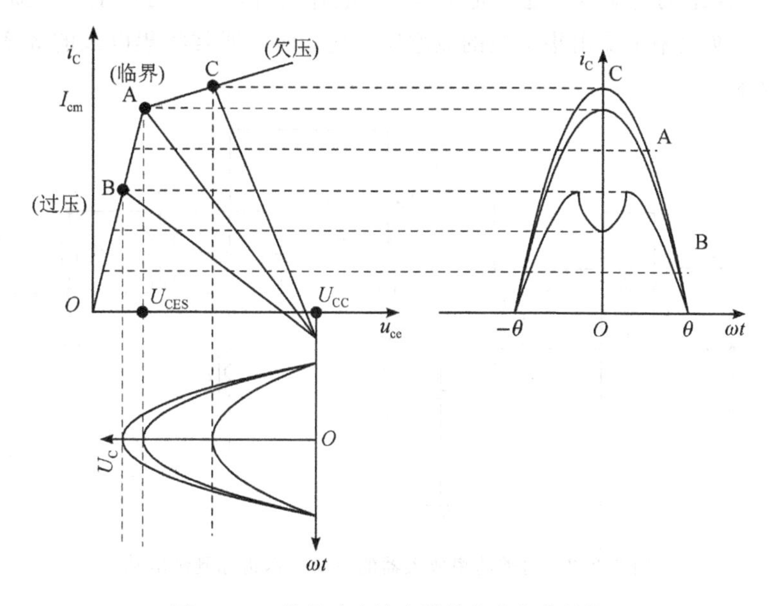

图 3.2.1　谐振功率放大器的交流负载特性

由图 3.2.1 可见，当交流负载线正好穿过静态特性转移点 A 时，功放管的集电极电压正好等于功放管的饱和压降 U_{CES}，集电极电流脉冲接近最大值 I_{cm}。

此时，集电极输出的功率 P_0 和效率 η 都较高，此时功率放大器处于临界工作状态。R_L 所对应的值称为最佳负载电阻，用 R_{LCr} 表示，$R_{LCr}=\dfrac{(U_{CC}-U_{CES})^2}{2P_0}$。

当 $R_L<R_{LCr}$ 时，放大器处于欠压状态（C 点）。此时，集电极输出电流虽然较大，但集电极电压较小，因此输出功率和效率都较小。当 $R_L>R_{LCr}$ 时，放大器处于过压状态（B 点）。此时，集电极电压虽然较大，但集电极电流波形有凹陷，因此输出功率较低，但效率较高。

为了兼顾输出功率和效率的要求，谐振功率放大器通常选择在临界工作状态。判断放大器是否为临界工作状态的条件是是否满足 $U_{CC}-U_C=U_{CES}$。

3）主要技术指标及测试方法

（1）输出功率。丙类功率放大器的输出功率是指放大器的负载 R_L 上得到的最大不失真功率。在图 3.2.2 所示的电路中，由于负载 R_L 与丙类功率放大器的谐振回路之间采用变压器耦合方式，实现了阻抗匹配，则集电极回路的谐振阻抗 R_0 上的功率等于负载 R_L 上的功率，所以将集电极的输出功率视为高频放大器的输出功率。

测量丙类功率放大器主要技术指标的连接电路如图 3.2.2 所示，其中高频信号发生器提供激励信号电压与谐振频率，示波器监测波形失真，直流毫安表(mA)测量集电极的直流电流，高频电压表(V)测量负载 R_L 的端电压。只有在集电极回路处于谐振状态时才能进行各项技术指标的测量。可以通过高频毫伏表(V)及直流毫安表(mA)的指针来判断集电极回路是否谐振；当电压表(V)的指示为最大，毫安表(mA)的指示为最小时，集电极回路处于谐振。

（2）效率。高频功率放大器的总效率由晶体管集电极的效率和输出网络的传输效率共同决定，而输出网络的传输效率通常是由电感、电容在高频工作时产生一定损耗而引起的。放大器的能量转换效率主要由集电极的效率所决定，所以通常将集电极的效率视为高频功率放大器的效率。

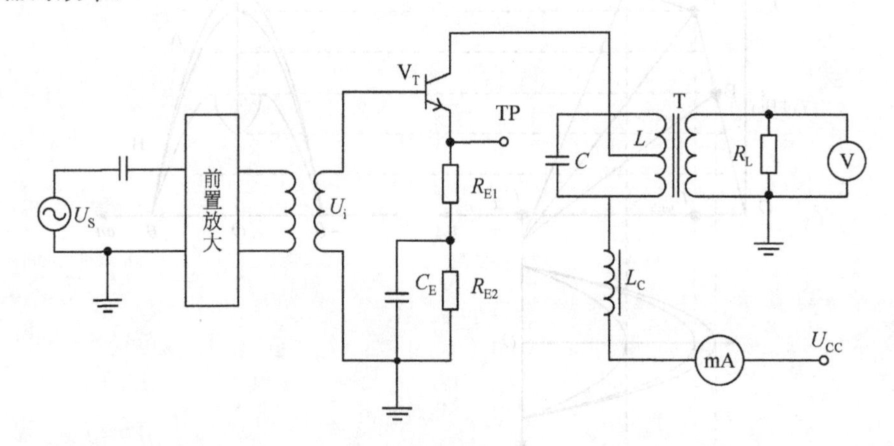

图 3.2.2　丙类功率放大器的主要技术指标测试电路

4）实验电路

实验电路图如图 3.2.3 所示。电路由两级功率放大器组成。其中 V_{T3}、T_1 组成甲类功率放大器，工作在线性放大状态。其中 R_{W2}、R_{14}、R_{15} 组成静态偏置电阻，调节 R_{W2} 可改变放大器的增益。R_{W1} 为可调电阻，调节 R_{W1} 可以改变输入信号幅度。V_{T4}、T_2 组成丙类功率放大器。R_{16}、R_{17} 为射极反馈电阻，T_2 为谐振回路，甲类功放的输出信号通过 R_{13} 送到 V_{T4} 基极作为丙类功放的输入信号。只有当甲类功放输出信号大于丙类功放管 V_{T4} 基极-射极间的负偏压值时，V_{T4} 才导通工作。与开关 S_1 相连的电阻为负载回路的外接电阻。

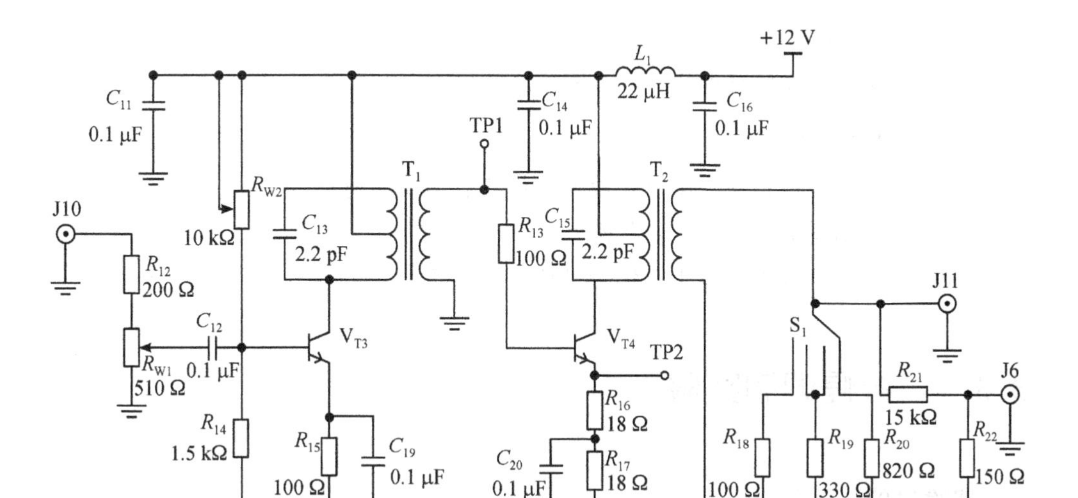

图 3.2.3　丙类功率放大器电路

4. 实验内容及步骤

1) 逐点法测量放大器幅频特性曲线

在前置放大电路输入 J10 处输入频率 $f=10.7$ MHz($U_{p\text{-}p}\approx 50$ mV)的高频信号，调节 R_{W2} 和中周 T_1，使 TP1 处信号的电压幅值为 2 V 左右(最大)，S_1 断开。

改变输入信号频率(振幅保持不变)，测量放大器的幅频特性曲线并计算放大倍数、带宽和品质因数。

测量方法：七个频点法，即测量谐振点、两个带宽点、带宽内两个点和带宽外两个点。

2) 测量丙类功放的负载特性

在前置放大电路中输入 J10 处输入频率 $f=10.7$ MHz($U_{p\text{-}p}\approx 100$ mV)的高频信号，调节 R_{W2} 使 TP1 处信号约为 2 V，调节中周 T_2 使回路调谐(调谐标准：TP2 处波形为对称双峰)。

将负载电阻转换开关 S_1 依次从左往右拨动，用示波器测量 u_c、u_e 波形的有效值，描绘相应的 i_e 波形，填表 3.2.2 并分析负载对工作状态的影响。

表 3.2.2　负载特性测量

R_L/Ω	100	330	820	∞
U_c/V				
U_e/V				
i_e(波形)				

3) 观察激励电压变化对工作状态的影响

先调节 T_2 将 i_e 波形调到凹顶波形，然后使输入信号由大到小变化，用示波器观察 i_e 波形的变化(观测 i_e 波形即观测 u_e 波形，$i_e=u_e/(R_{16}+R_{17})$)，u_e 波形用示波器在 TP2 处观察。

5. 实验报告要求

整理实验数据，绘制特性曲线，书写规范实验报告。

6. 实验思考及讨论

(1) 激励信号大小和负载电阻对功放的工作状态影响如何？

(2) 怎样判断功率放大器的工作状态？

(3) 如何确定功率放大器是否工作于最佳工作状态？

3.3 振幅调制实验

1. 实验目的

(1) 掌握用集成模拟乘法器实现振幅调制的原理和方法。

(2) 通过实验，进一步了解各振幅调制信号的特点。

(3) 研究已调波与调制信号以及载波信号的关系。

(4) 掌握调制深度的测量与计算方法。

(5) 了解模拟乘法器(MC1496)的工作原理，掌握调整与测量其特性参数的方法。

2. 实验仪器

实验仪器如表 3.3.1 所示。

表 3.3.1 实验仪器表

仪器名称	仪器型号	仪器数量
射频信号源	DSG3030(9 kHz～3.6 GHz)	1 台
频谱分析仪	FSL6(9 kHz～6 GHz)	1 台
数字示波器	SDS5104X(1 GHz)	1 台
数字频率计	GFC-8207H(2.7 GHz)	1 台
直流稳压电源	SS3323	1 台
高频实验箱	XD-HF2.0	1 套

3. 实验原理及电路介绍

幅度调制就是载波的振幅(包络)随调制信号的参数变化而变化。振幅调制属于频谱的线性搬移，实现方法可先用非线性器件实现频率变换，然后用滤波器实现有用频率滤波。振幅调制电路的核心是模拟乘法器，本实验以集成模拟乘法器芯片 MC1496 为核心产生振幅调制信号 AM 波、DSB 波和 SSB 波。本次实验不涉及高电平调制(利用高频功放实现调幅)，相关内容可参考第 4 章设计仿真部分。

集成模拟乘法器是完成两个模拟量(电压或电流)相乘的电子器件。在高频电子线路中，振幅调制、同步检波、混频、倍频、鉴频、鉴相等调制与解调的过程，均可视为两个信

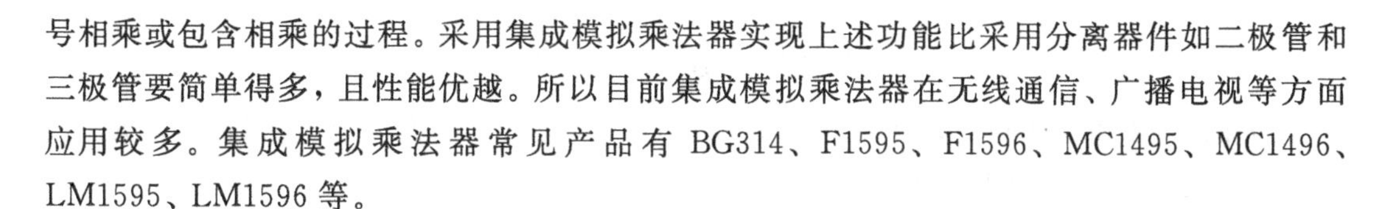
号相乘或包含相乘的过程。采用集成模拟乘法器实现上述功能比采用分离器件如二极管和三极管要简单得多，且性能优越。所以目前集成模拟乘法器在无线通信、广播电视等方面应用较多。集成模拟乘法器常见产品有 BG314、F1595、F1596、MC1495、MC1496、LM1595、LM1596 等。

1）集成模拟乘法器 MC1496

（1）MC1496 的内部结构。

MC1496 是四象限模拟乘法器，内部电路如图 3.3.1 所示。其中 V_{T1}、V_{T2} 与 V_{T3}、V_{T4} 组成双差分放大器，以反极性方式相连接，而且两组差分对的恒流源 V_{T5} 与 V_{T6} 又组成一对差分电路，因此恒流源的控制电压可正可负，因此实现了四象限工作。V_{T7}、V_{T8}、R_1、R_2、R_3 及 V_{D1} 构成电流源，提供 V_{T5} 及 V_{T6} 直流偏流 I_o，放大器的偏流 I_o 可由第 5 管脚外接电阻（如图 3.3.2 中的 R_{13}）来决定。

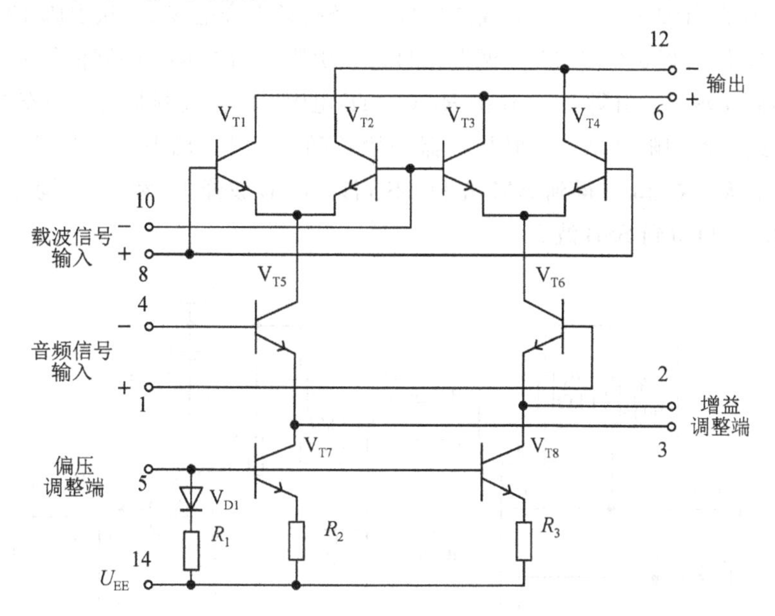

图 3.3.1　MC1496 的内部电路

（2）静态偏置电压的设置。

静态偏置电压的设置原则应保证每个三极管工作在放大状态。对于图 3.3.1 所示的内部电路，应用时静态偏置电压应满足下列关系，即 $U_8=U_{10}$，$U_1=U_4$，$U_6=U_{12}$，另外三极管的集电极与基极间的电压应大于或等于 2 V，小于或等于最大允许工作电压，即满足

$$15\ \text{V} \geqslant (U_6, U_{12})-(U_8, U_{10}) \geqslant 2\ \text{V}$$

$$15\ \text{V} \geqslant (U_8, U_{10})-(U_1, U_4) \geqslant 2.7\ \text{V}$$

$$15\ \text{V} \geqslant (U_1, U_4)-U_5 \geqslant 2.7\ \text{V}$$

（3）静态偏流的确定。

静态时，因差分各管的基极偏流很小，因此乘法器的静态偏置电流主要由恒流源 I_o 的值确定。当器件单电源工作时，14 引脚接地，5 引脚外接偏置电阻到 U_{CC}，由于 I_o 是 I_5 的镜像电流，所以改变电阻 R_{13}（图 3.3.2）可以调节 I_o 的大小，即

$$I_o \approx I_5 = \frac{12\ \text{V} - 0.7\ \text{V}}{R_{13} + 500\ \Omega}$$

当器件为双电源工作时，引脚 14 接负电源 U_{EE}（一般接 -8 V），5 引脚通过电阻 R_{13} 接地，因此，改变 R_{13} 也可以调节 I_o 的大小，即

$$I_o \approx I_5 = \frac{|-U_{EE}| - 0.7\ \text{V}}{R_{13} + 500\ \Omega}$$

根据 MC1496 的性能参数，器件的静态电流小于 4 mA，一般取 $I_o = I_5 = 1$ mA 左右，在 $U_{EE} = -8$ V 时，R_{13} 常取 6.8 kΩ。

2）实验电路说明

用 MC1496 设计的振幅调制电路如图 3.3.2 所示。图中 R_{W1} 用来调节引出脚 1、4 之间的平衡，模拟乘法器采用双电源方式供电（+12 V，−8 V），所以引脚 5 偏置电阻 R_{13} 接地。载波信号加在引脚 8、10 之间，载波信号 u_c 经高频耦合电容 C_1 从引脚 10 输入，C_2 为高频旁路电容，使引脚 8 交流接地。调制信号加在引脚 1、4 之间，调制信号 u_Ω 经低频耦合电容 C_0 从引脚 1 输入。引脚 2、3 外接 R_{12}（1 kΩ）电阻，以扩大调制信号动态范围。当电阻 R_{12} 增大时，线性范围随之增大，但乘法器的增益随之减小。已调制信号从引脚 12 输出，经运放 U2A 放大可在 J3 口得到 AM 波和 DSB 波。DSB 波经 F_1 和 U2B 构成的 BPF 滤除一个边带可在 J5 口得到 SSB 波。

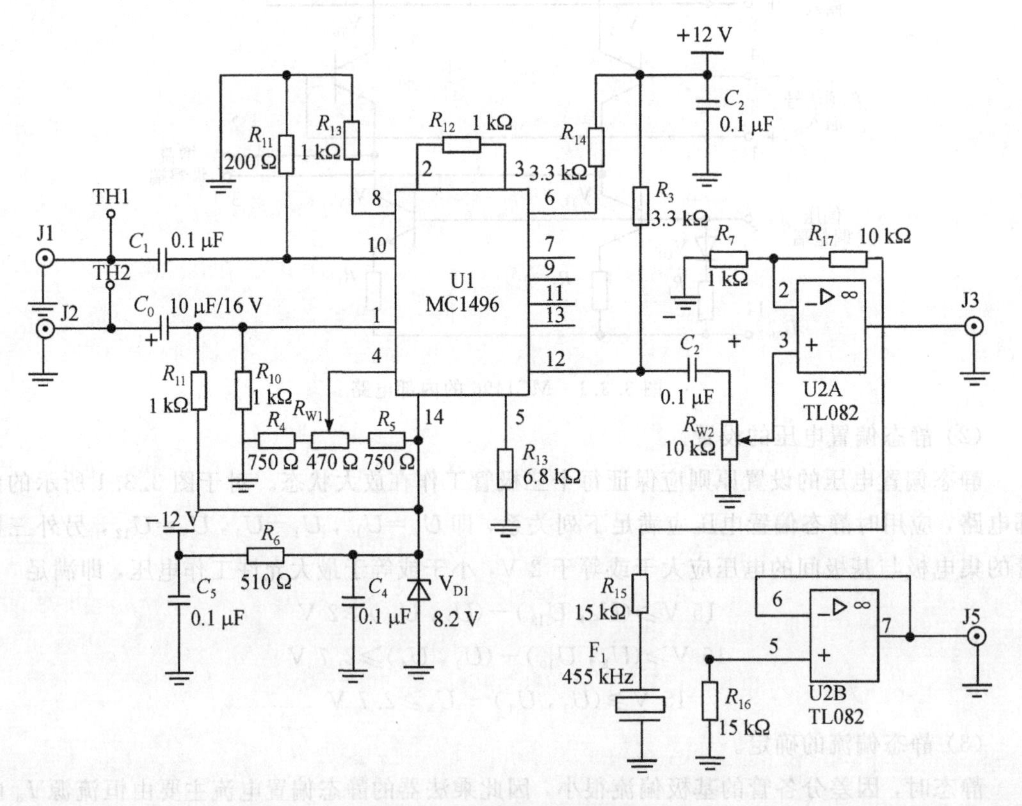

图 3.3.2 振幅调制电路

4. 实验内容及步骤

1）用模拟乘法器实现正弦调幅

J1 端输入载波信号 $u_c(t)$，$f_c=500$ kHz、$U_C=50$ mV(有效值)。J2 端输入调制信号，调制信号频率 $F=10$ kHz，$U_\Omega=200$ mV(峰峰值)。调整 R_{W1} 使模拟乘法器工作在非平衡状态下，在输出端 J3 便可得到普通调幅波，如图 3.3.3 所示。

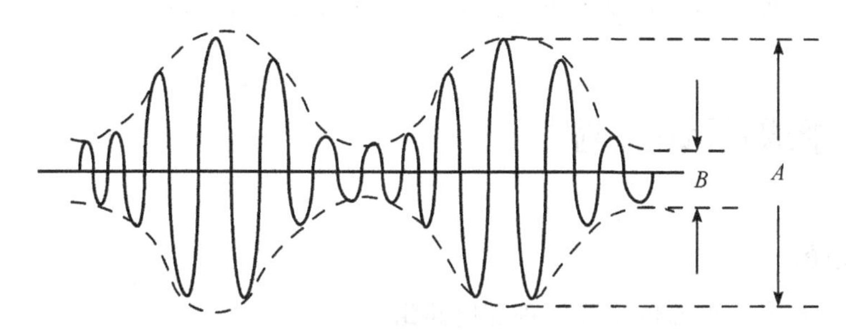

图 3.3.3　普通调幅波

(1) 载波信号保持不变，改变调制信号幅度，如表 3.3.2 所示，用示波器分别测量 A、B，计算调制深度 m_a 并绘制 m_a-U_Ω 关系曲线。

表 3.3.2　m_a 与 U_Ω 关系测量

U_Ω/mV	50	100	150	200	250
A/mV					
B/mV					
$m_a=\dfrac{A-B}{A+B}$					

(2) U_Ω 保持不变，调制信号频率 F 由小到大变化，记录 AM 波变化特点。

2）用模拟乘法器实现平衡调幅波

J1 端输入载波信号 $u_c(t)$，$f_c=500$ kHz，$U_C=50$ mV(有效值)。J2 端输入调制信号，调制信号频率 $F=50$ kHz，$U_\Omega=200$ mV(峰峰值)。调整 R_{W1} 使模拟乘法器工作在平衡状态下，在 J3 口观察输出波形并记录描述其特点。

3）用模拟乘法器实现倍频

J1 端、J2 端输入完全相同的两个信号，如 $f_i=500$ kHz、$U_i=50$ mV(有效值)。调整 R_{W1}，使模拟乘法器工作在平衡状态下，用示波器双踪测量输入输出波形并记录。

4）频谱分析

对上述实验结果用频谱分析仪进行测量并记录频谱特点。

5. 实验报告要求

整理实验数据，完整记录波形及特点，绘制特性曲线，书写规范实验报告。

6. 实验思考及讨论

(1) 实验电路中 R_{W1} 和 R_{W2} 各起什么作用?

(2) 振幅调制 AM 波，若 $m_a=100\%$，边带总功率和载波功率的比值是多少?

(3) 振幅调制 AM 波，若 $m_a>100\%$，边带总功率和载波功率的比值是多少?

(4) 通过实验，说明 AM 信号和 DSB-SC 信号的主要差别是什么?

(5) 若要有效提升调幅发射机的发射效率，应采取什么方法?

3.4 振幅解调实验

1. 实验目的

(1) 掌握大信号检波器的工作原理和电路组成。

(2) 通过实验，了解检波器元件选择要求及对检波器性能的影响。

(3) 检波器的失真类型及电路改进方法。

(4) 掌握检波器检波特性及输入阻抗的测量方法。

(5) 掌握用集成模拟乘法器电路实现同步检波的方法。

2. 实验仪器

实验仪器如表 3.4.1 所示。

表 3.4.1 实验仪器表

仪器名称	仪器型号	仪器数量
射频信号源	DSG3030(9 kHz～3.6 GHz)	1台
频谱分析仪	FSL6(9 kHz～6 GHz)	1台
示波器	SDS5104X(1 GHz)	1台
数字频率计	GFC-8207H(2.7 GHz)	1台
直流稳压电源	SS3323	1台
高频实验箱	XD-HF2.0	1套

3. 实验原理及电路介绍

检波过程是一个解调过程，是调制的逆过程。其作用就是从振幅受调的高频信号中还原出原调制信号。显然，包络检波器还原所得的信号与高频已调波的包络变化规律一致。

假如输入信号是高频等幅信号，则输出就是直流电压。这种情况在测量仪器和自动增益控制电路中应用比较多。若输入是调幅波，则输出就是原调制信号。这种情况应用广泛，如各种连续波工作的调幅接收机的检波器即属此类。

从频谱来看，检波属于频谱线性搬移，即将调幅信号频谱由高频搬移到低频，如图 3.4.1 所示。检波也是先应用非线性器件进行频率变换，然后通过滤波器，滤除无用频率分量，取出需要的原调制信号的过程。

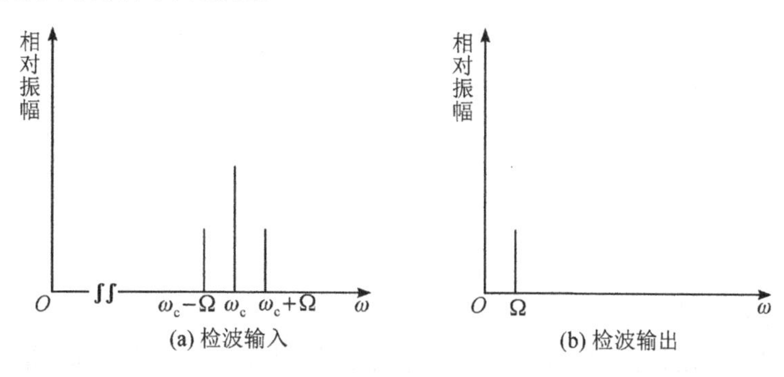

图 3.4.1　检波器输入输出频谱图

常用的检波方法有包络检波和同步检波两种。前者常用于普通调幅波(AM)的解调，后者用于抑制载波的振幅调制信号解调(DSB、SSB)。

1) 包络检波器

(1) 二极管包络检波器的工作原理。

当输入信号较大(大于 0.5 V)时，利用二极管单向导电特性对振幅调制信号的解调，称为大信号检波。

大信号检波条件下，检波系数(检波效率)K_d 与输入信号无关。所以，检波器输出、输入间是线性关系即线性检波。其工作原理可用式(3-4-1)和式(3-4-2)表示。从式(3-4-2)可见，隔除直流分量后就可还原调制信号。

$$\text{输入：} u_I = U_m(1+m\cos\Omega t)\cos\omega_c t \qquad (3-4-1)$$

$$\text{输出：} u_O = K_d U_m(1+m\cos\Omega t) \qquad (3-4-2)$$

(2) 实验电路说明。

二极管峰值包络检波器实验电路如图 3.4.2 所示。检波二极管 V_D 用锗管 2AP9，输出低通滤波器由 R_2、C_1、C_2 和 R_{W1} 组成，R_{W2} 为检波器负载。

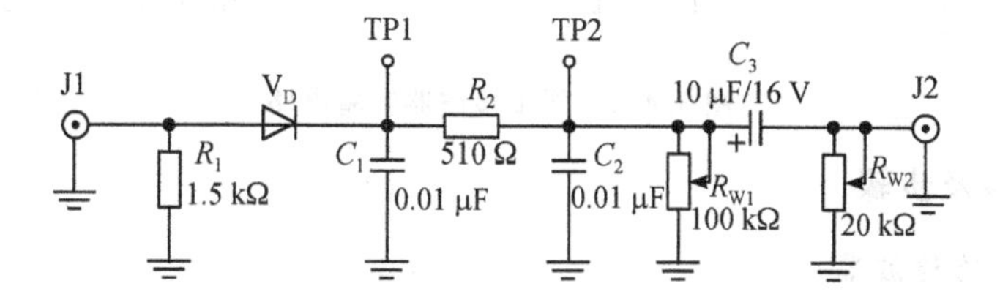

图 3.4.2　二极管包络检波器实验电路

2) 同步检波器

(1) 同步检波器的工作原理。

同步检波器用于对载波被抑制的双边带或单边带信号进行解调。它的特点是必须外加一个频率和相位都与被抑制的载波相同(同频同相)的电压，同步检波名称也因此而来。

同步检波器有乘积型和叠加型两种类型，如图 3.4.3 所示。

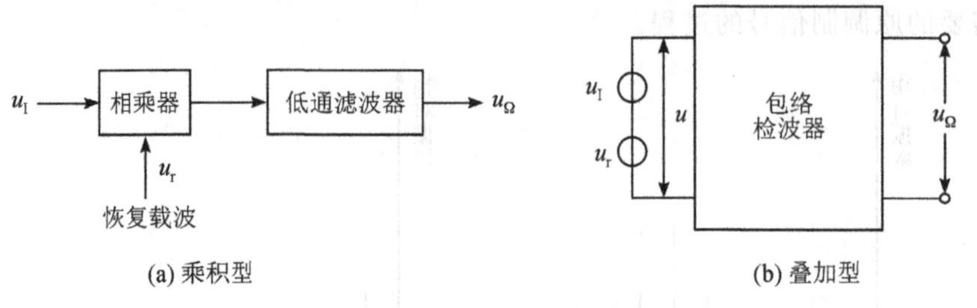

图 3.4.3　同步检波器类型

(2) 实验电路说明。

同步检波实验采用模拟乘法器设计，实验电路如图 3.4.4 所示。载波信号从 J7 经 C_4、R_{W1}、R_{W2}、U2A、C_4 加在 U1 的脚 8、10 之间，调幅信号从 J8 经 C_5 加在脚 1、4 之间，相乘后信号由管脚 12 输出，经 R_8、C_2、R_9、C_3 构成的 LPF，同相放大(U2B：TL082)后从 J9 输出。

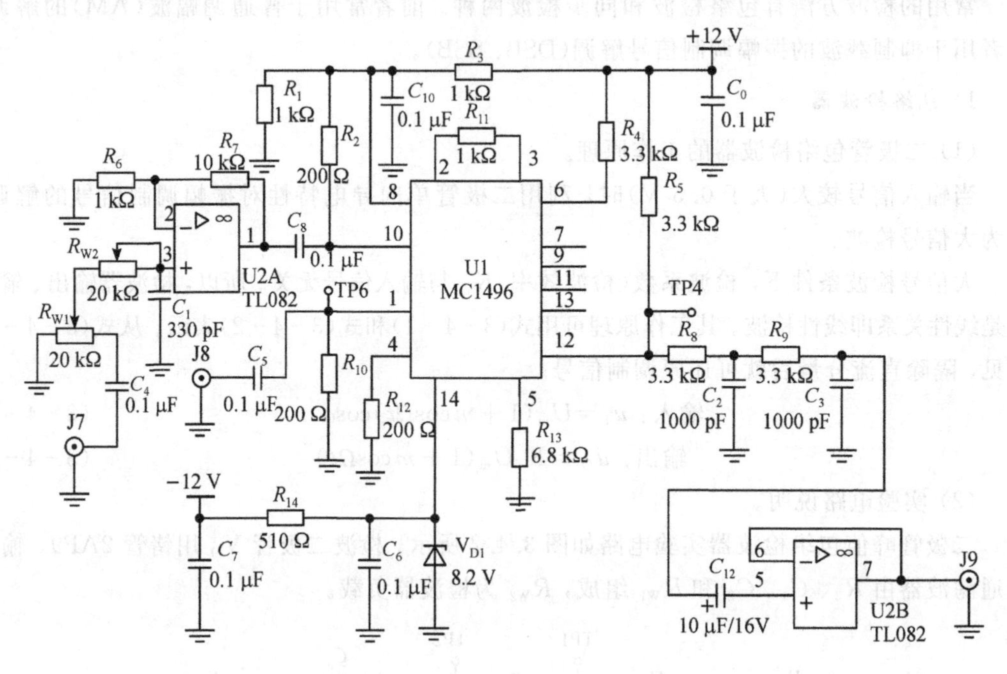

图 3.4.4　同步检波器实验电路

4. 实验内容及步骤

1) 二极管包络检波器

(1) 测量检波器动特性曲线。输入高频等幅正弦波(频率 6.5 MHz)，测量检波器输出的直流电压(TP2)，填入表 3.4.2，绘制特性曲线并确定检波效率 K_d。

表 3.4.2　动特性曲线测量

输入/V		0.1	0.3	0.5	0.7	0.9	1.1	1.3
输出/V	$R_{W1}=2\ k\Omega$							
	$R_{W1}=50\ k\Omega$							

(2) 调幅波的解调。输入载频为 6.5 MHz、峰峰值大于 0.7 V、调制深度等于 30%的 AM 波，改变电路参数，观察并记录输出波形变化情况。

① 调 $R_{W1}=2\ \mathrm{k\Omega}$、$R_{W2}=20\ \mathrm{k\Omega}$，用示波器双踪显示并记录输入输出波形。

② R_{W2} 保持不变，将 R_{W1} 调为 51 kΩ，用示波器双踪显示并记录输入输出波形并分析产生失真的原因。

③ R_{W1} 保持不变，将 R_{W2} 调为 2 kΩ，用示波器双踪显示并记录输入输出波形分析产生失真的原因。

2) 同步检波器

(1) AM 波检波。按振幅调制实验中实验内容获得调制深度分别为 30%、100%及大于 100%的 AM 波，加至同步检波器输入端 J8，在恢复载波端口 J7 加入与调制相同的恢复载波信号，用示波器双踪观察并对比检波输出信号和原调制信号。

(2) DSB 波检波。按振幅调制实验中实验内容获得抑制载波的 DSB 波，加至同步检波器输入端 J8，在恢复载波端口 J7 加入与调制相同的恢复载波信号，用示波器双踪观察并对比检波输出信号和原调制信号。

3) 频谱分析

对上述实验内容用频谱分析仪测量并记录频谱变化。

5. 实验报告要求

整理实验数据，完整记录波形及特点，绘制特性曲线，书写规范实验报告。

6. 实验思考及讨论

(1) 二极管检波器电路中 R_{W1} 和 R_{W2} 各起什么作用？

(2) 如何有效提高检波器的检波效率 K_d？

(3) 分析惰性失真和底部切割失真产生的原因。

(4) 实验观察并讨论，若恢复载波和调制载波不同步检波输出会怎么样？

(5) 从工程角度比较分析两种检波方式的特点。

3.5 混频器实验

1. 实验目的

(1) 掌握混频器频率变换的原理、物理过程和实现方法。

(2) 掌握混频器频率变换过程中输入条件对中频输出电压的影响。

(3) 熟悉混频电路中的各种干扰现象及抑制方法。

(4) 掌握混频指标的时域和频域测量。

2. 实验仪器

实验仪器如表 3.5.1 所示。

表 3.5.1　实验仪器表

仪器名称	仪器型号	仪器数量
射频信号源	DSG3030(9 kHz～3.6 GHz)	1 台
频谱分析仪	FSL6(9 kHz～6 GHz)	1 台
示波器	SDS5104X(1 GHz)	1 台
数字频率计	GFC-8207H(2.7 GHz)	1 台
直流稳压电源	SS3323	1 台
高频实验箱	XD-HF2.0	1 套

3. 实验原理及电路介绍

1) 混频器基本原理

电子系统中，常需要将信号自某一频率变成另一频率。这样不仅能满足各种无线电设备的需要，而且有利于提高设备的性能。承担频率变换功能的就是各种形式的混频器。

混频器常用的非线性器件有二极管、三极管、场效应管和乘法器。本次实验有二极管平衡混频器和集成模拟乘法器混频器。前者在第三篇亦有涉及，采用系统模块化设计，频率更高，稳定性更好。

2) 双二极管平衡混频器电路

原理可参考第三篇 6.2 混频器设计与实验一节，电路如图 3.5.1 所示。MCL-SBL-1 是 4 只性能一致的二极管组成的环路，本振信号输入口 J8 和射频信号输入口 J7 都通过变压器将单端输入变为平衡输入并进行阻抗变换，TP6 为中频输出接口，是不平衡输出。C_{20}、C_{21}、L_1 构成带通滤波器，取出和频分量 f_L+f_S。V_T、C_{15}、T_4 等构成调谐放大器，将混频输出的和频信号进行放大，以弥补无源混频器的损耗。

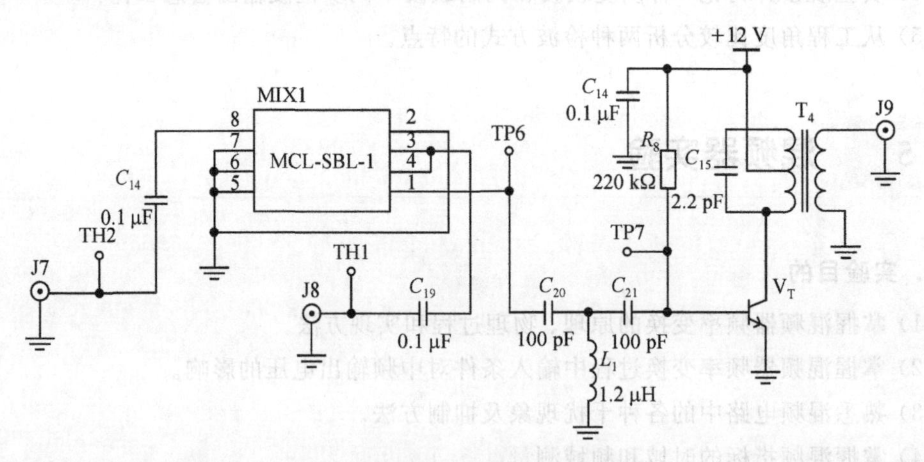

图 3.5.1　双二极管平衡混频器电路

工作时，要求本振信号 $U_L \gg$ 高频输入 U_S。4 个二极管处于开关工作状态。可以证明，

TP6 处输出信号将会有本振信号的奇次谐波(含基波)与信号频率的组合分量，即 $p\omega_L \pm \omega_S$ (p 为奇数)，通过带通滤波器可以取出所需频率分量 $\omega_L + \omega_S$。由于 4 只二极管完全对称，分别处于两个对角上的本振电压 U_L 和高频信号 U_S 不会互相影响，因此有很好的隔离性。此外，这种混频器输出频谱较纯净，噪声低，频带宽，动态范围大，缺点是它的高频增益小于 1。

3) 模拟乘法器混频器电路

模拟相乘器的输出频率中包含有两个输入频率之差或和，故模拟相乘器需加滤波器滤除不需要的分量，取有用的和频或差频，构成混频器。

模拟乘法器构成的混频器电路如图 3.5.2 所示。MC1496 和 R_{12}、R_{13} 等构成平衡电路，管脚 12 输出和频和差频信号，经 F_2 陶瓷滤波器(4.5 MHz 选频回路)选频滤波后从 J14 输出差频信号。

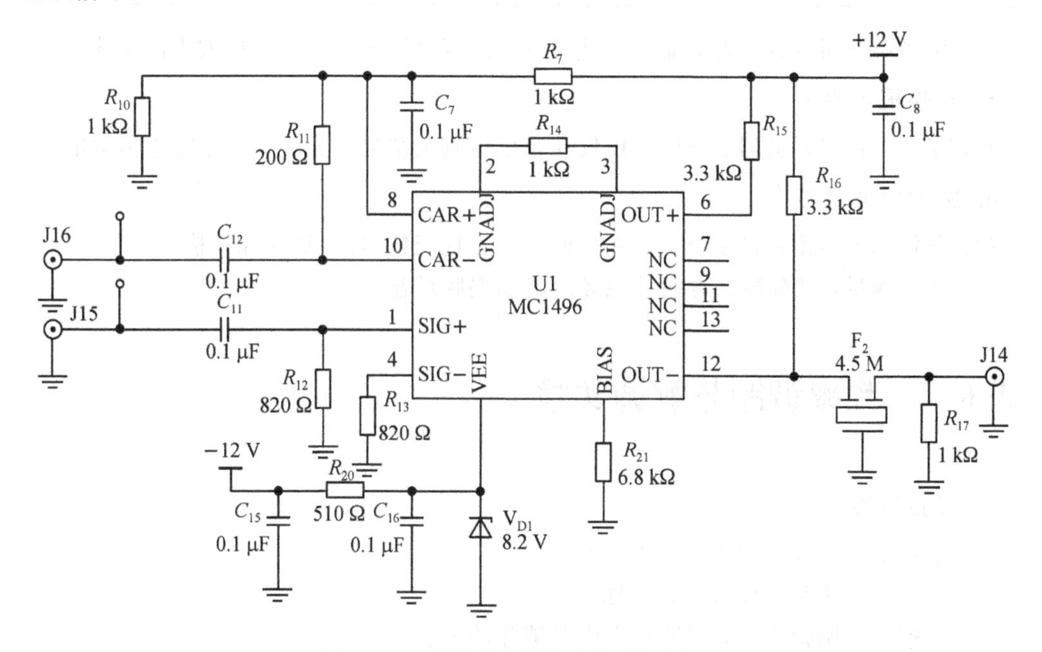

图 3.5.2　模拟乘法器构成的混频器电路

4. 实验内容及步骤

1) 平衡混频器实验

从 J7 口输入频率 $f_S = 4.19$ MHz、$U_{SP\text{-}P} = 30$ mV 的高频信号，从 J8 端口输入 $f_L = 8.7$ MHz、$U_{LP\text{-}P} = 0.2$ V 的本振信号。

(1) 分别用示波器、频谱仪观察测量 TP6、J9 处的波形和频谱，记录现象并分析。

(2) 用频率计测量混频前后波形的频率。

(3) 调节本振信号电压与输入信号电压相近，观察输出并分析。

2) 模拟乘法器混频实验

(1) 从 J15 处输入频率 $f_L = 8.7$ MHz、幅度即峰峰值电压 $U_{LP\text{-}P} = 300$ mV 的本振信号，从 J16 处输入频率 $f_S = 4.19$ MHz、幅度即峰峰值电压 $U_{SP\text{-}P} = 300$ mV 的高频信号。用示波器观察 J14 处信号波形的变化。

(2) 改变高频信号电压幅度 U_S，用示波器测量输出中频电压的幅值即峰峰值电压 $U_{IP\text{-}P}$，记录并填表 3.5.2。

表 3.5.2　输入对混频输出的影响

$U_{SP\text{-}P}$/mV	200	300	400	500	600
$U_{IP\text{-}P}$/mV					

(3) 改变本振信号电压幅度 U_L，用示波器测量中频电压的幅值 U_I，记录并填表 3.5.3。

表 3.5.3　本振对输出幅度的影响

$U_{LP\text{-}P}$/mV	200	300	400	500	600	700
$U_{IP\text{-}P}$/mV						

(4) 用频谱分析仪观察输入输出频谱变化，用频率计测量混频前后波形的频率变化。

5. 实验报告要求

整理数据，记录示波器、频谱分析仪和频率计测量结果并分析，书写规范实验报告。

6. 实验思考及讨论

(1) 分析输入输出频谱变化，思考如何减少干扰现象(特别是镜像干扰)。

(2) 通过测量，试分析计算两种混频电路的混频增益。

3.6　频率调制与解调实验

1. 实验目的

(1) 掌握变容二极管调频电路的原理。

(2) 了解调频调制特性及测量方法。

(3) 观察寄生调幅现象，了解其产生及消除的方法。

(4) 熟悉相位鉴频器的基本工作原理。

(5) 了解鉴频特性曲线(S 曲线)的正确调整方法。

2. 实验仪器

实验仪器如表 3.6.1 所示。

表 3.6.1　实验仪器表

仪器名称	仪器型号	仪器数量
射频信号源	DSG3030(9 kHz～3.6 GHz)	1台
频谱分析仪	FSL6(9 kHz～6 GHz)	1台
示波器	SDS5104X(1 GHz)	1台
数字频率计	GFC-8207H(2.7 GHz)	1台
直流稳压电源	SS3323	1台
高频实验箱	XD-HF2.0	1套

3. 实验原理及电路介绍

1）变容二极管调频

调频即为载波的瞬时频率受调制信号的控制。其频率的变化量与调制信号呈线性关系。常用变容二极管实现调频。

（1）调频原理。

变容二极管调频原理如图 3.6.1 所示。变容二极管相当于压控电容。由图 3.6.1(a)可以看到，变容二极管结电容和偏压即 C_j-u 曲线是非线性关系。大家熟知，振荡频率和回路电容之间也呈非线性关系，如图 3.6.1(b)所示。合适的电路设计情况下，可使得振荡频率和偏压之间呈线性关系，此时偏压若为一个低频简谐波的调制信号 u_Ω，则可得到线性调频波，如图 3.6.1(c)所示。

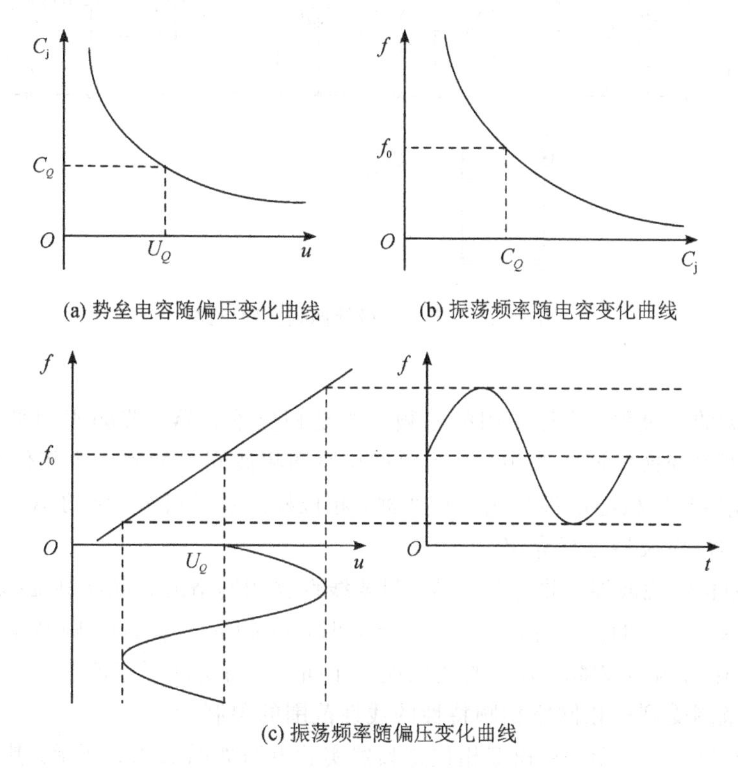

(a) 势垒电容随偏压变化曲线　(b) 振荡频率随电容变化曲线

(c) 振荡频率随偏压变化曲线

图 3.6.1　变容二极管调频原理

（2）电路介绍。

变容二极管调频电路如图 3.6.2 所示。

可见，电路在图 3.1.1 正弦波振荡器电路基础上增加了变容二极管调制电路。从 J2 处加入调制信号，使变容二极管的瞬时反向偏置电压在静态偏置电压的基础上按调制信号的规律变化，从而使振荡频率也随调制电压的规律变化，此时从 J1 处输出为调频波(FM)。C_{15} 为变容二极管的高频通路，L_1 为音频信号提供低频通路，L_1 和 C_{23} 又可阻止高频振荡进入调制信号源。

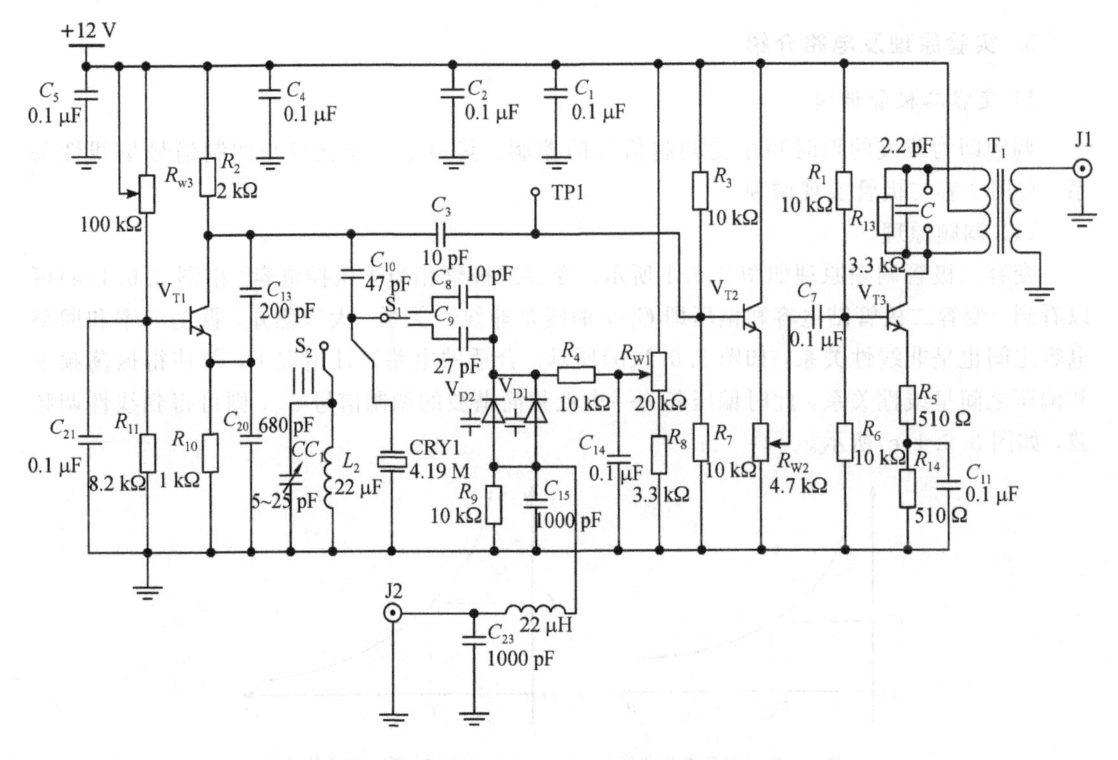

图 3.6.2　变容二极管调频实验电路

2）相位鉴频

鉴频是调频的逆过程，广泛采用的鉴频电路是相位鉴频器。鉴频原理是：先将调频波经过线性移相网络变换成调频调相波，然后再与原调频波同时加到一个相位检波器进行鉴频。因此，实现鉴频的核心部件是相位检波器，相位检波器又可分为叠加型和乘积型两种。以下对乘积型相位检波器进行介绍。

(1) 乘积型相位检波器。此种鉴频器，只要线性移相网络的相频特性 $\varphi(\omega)$ 在调频波的频率变化范围内是线性的。且当 $\varphi(\omega)\leqslant 0.4$ rad 时，$\sin\varphi(\omega)\approx\varphi(\omega)$。则鉴频器的输出电压 $u_o(t)$ 的变化规律与调频波瞬时频率的变化规律相同，从而实现了相位鉴频。所以相位鉴频器的线性鉴频范围受到移相网络相频特性的线性范围的限制。

(2) 正交鉴频电路介绍。乘积型相位鉴频器实验电路如图 3.6.3 所示。其中 C_{13} 与并联谐振回路 L_1、C_{18} 组成线性移相网络，将调频波的瞬时频率的变化转变成瞬时相位的变化。乘法器 MC1496 将调频波与调频调相波相乘，输出经 RC 滤波网络输出。分析表明，线性移相网络的传输函数的相频特性 $\varphi(\omega)$ 的表达式为

$$\varphi(\omega)=\frac{\pi}{2}-\arctan\left[Q\left(\frac{\omega^2}{\omega_0^2}-1\right)\right] \qquad (3-6-1)$$

当 $\frac{\Delta\omega}{\omega_0}=1$ 时，上式可近似表示为

$$\varphi(\omega)=\frac{\pi}{2}-\arctan 2Q\frac{\Delta\omega}{\omega_0} \text{ 或 } \varphi(\omega)=\frac{\pi}{2}+\arctan 2Q\frac{\Delta\omega}{\omega_0} \qquad (3-6-2)$$

式中：f_0 为回路的谐振频率，与调频波的中心频率相等。Q 为回路品质因数。Δf 为瞬时频

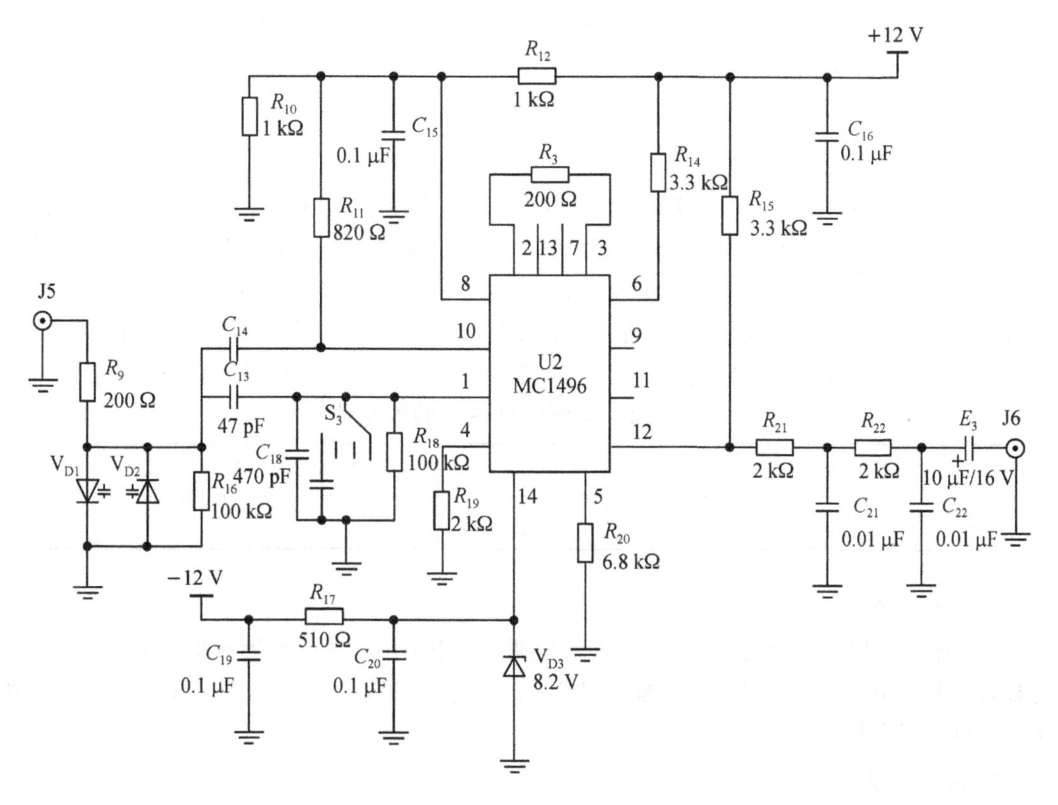

图 3.6.3　乘积型相位鉴频器

率偏移。

相移 φ 与频偏 Δf 的特性曲线如图 3.6.4 所示。可见，在 $f=f_0$ 即 $\Delta f=0$ 时，相位等于 $\pi/2$，在 Δf 范围内，相位随频偏呈线性变化，从而实现线性移相。

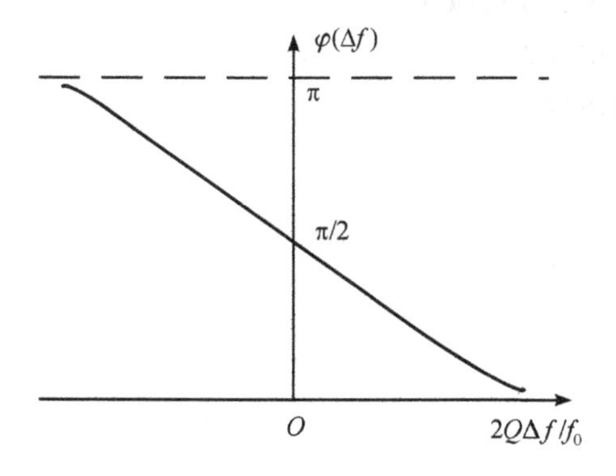

图 3.6.4　移相网络相频特性

4. 实验内容及步骤

1）调频振荡器实验

（1）分析电路，找出变容二极管及其偏置电路。

（2）静态调制特性测量。调节电位器 R_{W1} 使变容二极管 V_{D1}、V_{D2} 两端电压 U_D 从最小值变化到最大值(间隔 0.5 V)，对应测量振荡器输出正弦波频率 f_0 并绘制二者关系曲线。

(3) 从 J2 处输入 1 kHz 音频信号，逐渐增加其幅度，用示波器观察波形并记录。

(4) 用频谱分析仪分析 FM 波的频谱并记录。

2) 鉴频实验

(1) 逐点法测量鉴频特性曲线。

测量方法：用高频信号发生器产生的调频信号作为鉴频器的输入 $u_S(t)$，频率为 $f_C=4.5$ MHz，幅度 $U_{SP\text{-}P}=400$ mV；鉴频器的输出端 U_o 接数字万用表(置于“直流电压”挡)，测量输出电压 U_o 值(调谐并联谐振回路，使其谐振)；改变高频信号发生器的输出频率(维持幅度不变)，记下对应的输出电压值，并填入表 3.6.2；最后根据表中测量值描绘 S 曲线。

(2) 改变高频信号电压幅度 U_S，用示波器测量鉴频输出 U_o，记录变化情况。

表 3.6.2 鉴频特性曲线的测量值

f/MHz	4.5	4.6	4.7	4.8	4.9	5.0	5.1	5.2	5.3	5.4	5.5
U_o/V											

3) 连调实验

调整振荡器输出载频为 4.5 MHz 并实现调频，用同轴电缆接到鉴频电路输入端，用示波器双踪观察调制输入信号和解调输出波形。改变电路参数，实现 10.7 MHz、6.5 MHz 调频和鉴频连调实验。

5. 实验报告要求

整理数据，记录示波器、频谱分析仪测量结果并分析、绘制曲线，书写规范实验报告。

6. 实验思考及讨论

(1) 频偏与调制信号振幅呈什么关系，如何测量？

(2) 寄生调幅因何产生？如何减小？

(3) 如何确定调制灵敏度？

(4) 如何确定鉴频灵敏度？

(5) 体会连调效果。

第 4 章

射频基础电路实验设计与仿真

4.1 射频放大器电路设计与仿真

射频放大器也有电压放大和功率放大两种类型，且按照其负载形式又可形成窄带放大和宽带放大电路。窄带功率放大器以丙类功放为代表，其以调谐回路为负载，以电流的失真换取效率的提高。宽带功放考虑输入输出匹配，以传输线做负载，有源器件工作于线性放大区。

射频电压放大器主要技术指标包括增益、带宽、选择性和噪声系数等。射频功率放大器的主要技术指标有功率、效率及阻抗匹配等。

1. 任务分析及设计仿真

1）射频电压放大器设计与仿真

(1) 根据需求指标，设计电路(分立、集成，单级、多级，单调谐、双调谐等)、确定元器件参数(详见参考文献)。

(2) 电路级仿真，分析电路幅频特性曲线，计算增益、带宽和品质因数等参数。

(3) 结果分析，优化电路，完成设计。

2）功率放大器设计与仿真

(1) 根据需求指标，设计电路(甲类、丙类，窄带、宽带等)、确定元器件参数(详见参考文献)。

(2) 电路仿真，分析电路电压、电流波形，确定工作状态并计算功率、效率和功率增益。

(3) 结果分析，优化电路及状态，完成设计。

3）高电平调制电路设计与仿真

(1) 根据需求指标，设计电路(基极调制、集电极调制)、确定元器件参数(详见参考文献)。

(2) 电路仿真，选择合适工作状态(欠压、过压)，观察调制结果并计算调制深度。

(3) 结果分析，优化电路及状态，完成设计。

2. 设计仿真参考举例

1) 调谐放大器设计与仿真

(1) 设计电路参考图 3.2.3，第一级重绘如图 4.1.1 所示，谐振频率调至 10 MHz 左右。对电路做瞬态分析，幅频特性如图 4.1.2 所示。

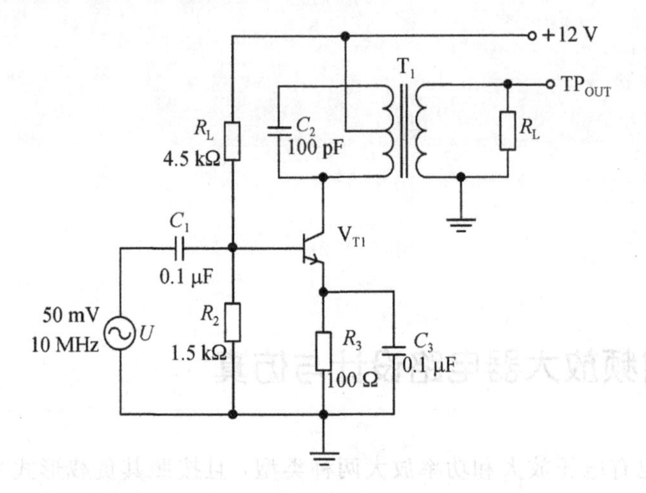

图 4.1.1　调谐放大器参考电路

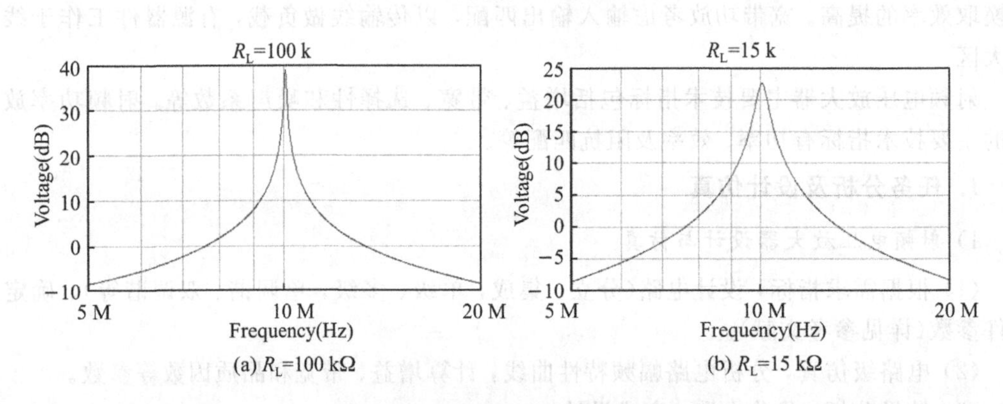

(a) R_L=100 kΩ　　(b) R_L=15 kΩ

图 4.1.2　负载改变对幅频特性的影响

(2) 改变负载电阻 R_L、偏置电阻 R_1、回路阻尼电阻 R_2，观测对放大器带来的影响。图 4.1.2 是负载电阻变化对幅频特性的影响，可见负载增加放大倍数增加、带宽展宽、品质因数减小。

2) 丙类谐振功率放大器设计与仿真

(1) 参考仿真电路如图 3.2.3 所示第二级，重绘电路如图 4.1.3。调整变压器 T_2 的电感量，使回路谐振频率为 10 MHz。R_2 的接入主要用于测量发射极电流波形。

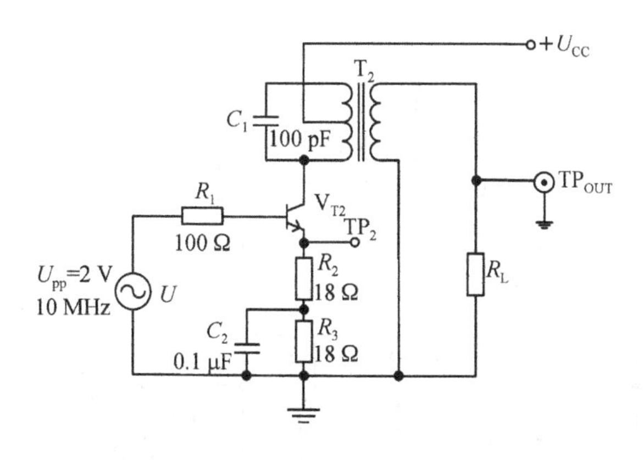

图 4.1.3　丙类谐振功率放大器参考电路

(2) 负载电阻改变对功放的影响如图 4.1.4 所示。可见，负载电阻减小，功放集电极电流(发射极电流)从凹陷逐渐变为尖顶余弦脉冲，即功放工作状态从过压状态逐渐进入欠压状态，输出信号幅度相应减小。

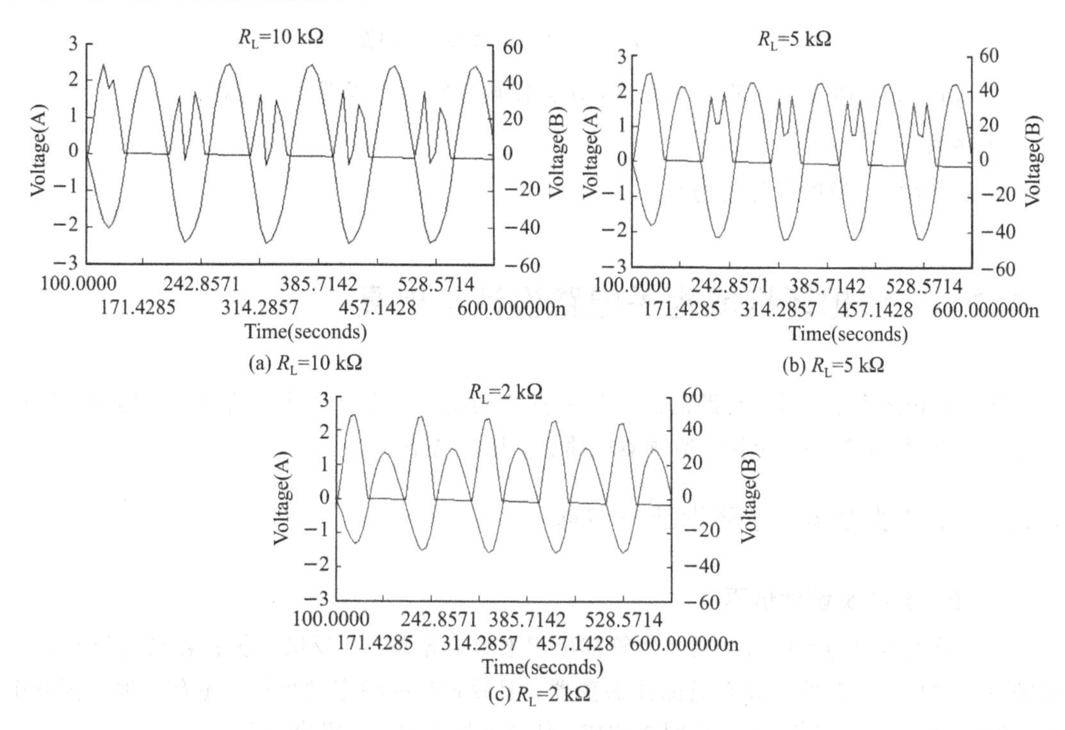

图 4.1.4　负载对功放影响分析

3) 线性宽带功放设计与仿真

(1) 参考电路如图 4.1.5 所示。宽带高频功率放大电路由两级组成，均工作在甲类(线性放大)状态。其中 V_{T1}、L_1 等组成甲类功率放大器，R_{w1}、R_6、R_7、R_8 组成静态偏置电阻，调节 R_{w1} 可改变放大器的增益。R_2 为本级交流负反馈电阻，展宽频带，改善非线性失真，T_1，T_2 两个传输线变压器级联作为第一级功放的输出匹配网络，总阻抗比为 16∶1，使第二级功放的低输入阻抗与第一级功放的高输出阻抗实现匹配，后级电路分析同前级。

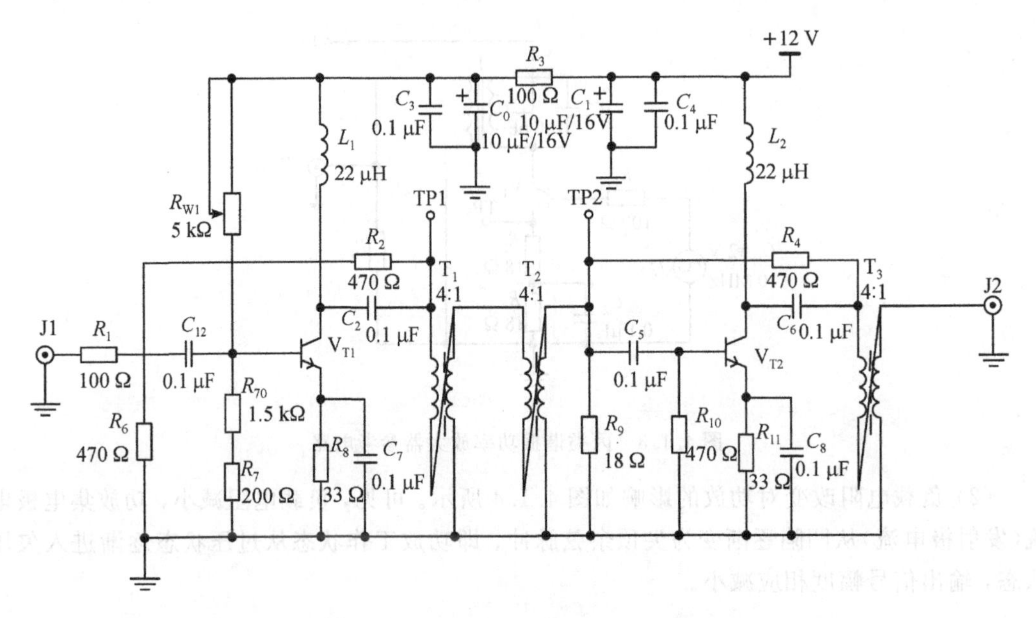

图 4.1.5　线性宽带功放参考电路图

(2) 仿真分析图 4.1.5 的频率特性，体会传输线作用及宽带放大的意义。

4) 拓展

集成功率放大器的设计与仿真。

4.2　锁相环构成相关电路设计与仿真

基本锁相环由鉴相器、环路滤波和压控振荡器组成。涉及电路及器件多，拥有丰富的设计仿真课题，如振荡器电路、鉴频器电路、鉴相器电路等。

4.2.1　正弦波振荡器电路设计与仿真

1. 任务分析及设计仿真

具有放大能力的集成器件或晶体管都可用来组成振荡器。反馈式振荡器的电路形式在高频段可选用 *LC* 振荡器和石英晶体振荡器，但后者频率稳定度更佳。还有一种振荡器由负阻器件(如隧道二极管)和选频网络构成，使用频段更高，但没有增益。

正弦波振荡器电路主要技术指标有振荡频率、频率稳定度及振幅稳定度等。

具体仿真分析任务如下：

(1) 根据需求选定电路、设计计算并合理使用各种元件参数(如耦合、滤波和旁路电容，高频扼流圈等)；

(2) 设置合理虚拟分析范围，分析瞬态起振情况；

(3) 记录分析输出电压波形，测量振荡信号频谱及振荡频率；

(4) 改变参数(工作点、反馈系数、负载等)，分析性能并讨论。

2. 基本正弦波振荡器的设计与仿真

自行设计可采用变压器反馈式振荡器、克拉泼振荡器、西勒振荡器或皮尔斯振荡器等。

1）电容三点式振荡器

(1) 参考电路如图 3.1.1 所示，振荡级重绘如图 4.2.1 所示。由图可见是一个典型的西勒振荡器电路。

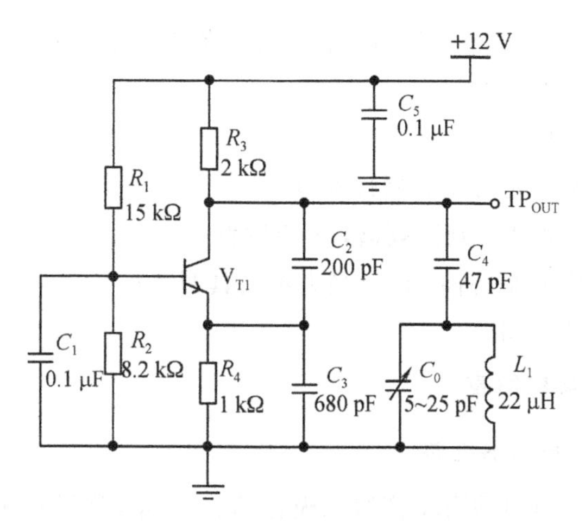

图 4.2.1　振荡级重绘电路

(2) 设置好起始时间、终止时间和迭代步长，瞬态分析结果如图 4.2.2 所示。根据需求，调整电感 L_1 和可变电容 C_0 观察并记录输出波形，确定振荡频率并与理论计算值做比较。

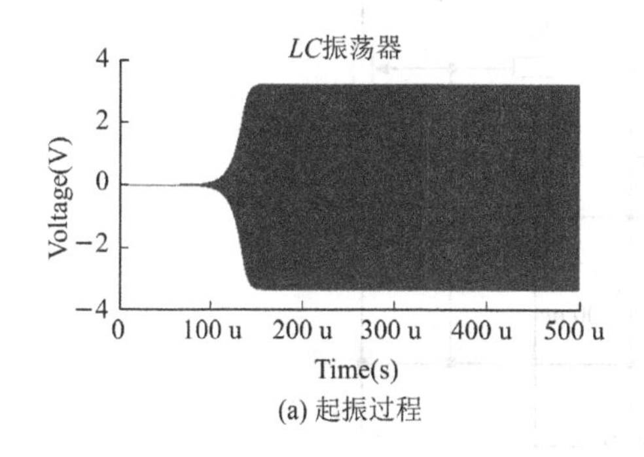

(a) 起振过程

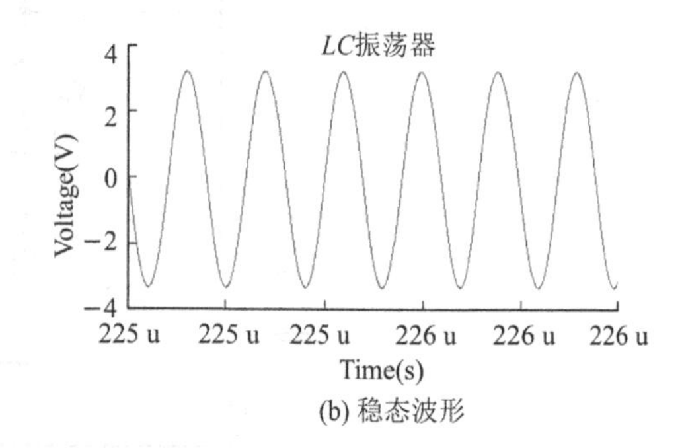

(b) 稳态波形

图 4.2.2　瞬态分析结果

(3) 改变电容 C_2 或 C_3、改变偏置电阻 R_1 及改变负载电阻等，测量振荡频率、幅度的变化。

(4) 优化电路，完成设计。

2）晶体振荡器电路设计与仿真

仍以图 3.1.1 为参考电路，用石英晶体代替 L，就可构成并联型石英晶体振荡器。按照 LC 振荡器的仿真分析步骤完成晶体振荡器电路分析并比较二者稳定性及性能优劣。

3）集成振荡器电路设计与仿真

集成振荡器芯片较多，典型如 MC1468 等。可借助虚拟软件完成此类电路设计与仿真。

4.2.2 压控振荡器电路设计与仿真

1. 分析任务及设计仿真

频率调制的实现方式及可供选择电路较多，如直接调频(如：变容二极管调频)、间接调频及锁相调频等。

压控振荡器电路的主要技术指标有载波频率、静态调制特性和动态调制特性(调制系数、调制灵敏度及线性范围)等。

具体仿真分析任务如下。

(1) 电路设计，根据指标确定元器件参数；

(2) 虚拟仿真，记录波形，观察频谱，分析频偏；

(3) 性能分析，确定调制特性，以便最大不失真调频；

(4) 结果分析，优化电路。

2. 调频振荡器电路与仿真

1) 变容二极管直接振荡器电路

(1) 参考电路如图 3.1.1 所示，变容二极管(V_{D1}、V_{D2})及其偏置电路如图 4.2.3 所示。

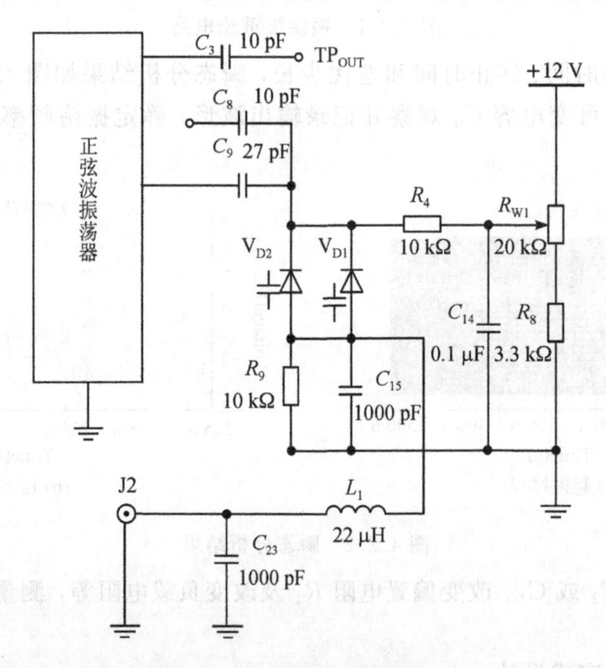

图 4.2.3 变容二极管偏置电路

(2) 选择软件器件库内合适的变容二极管，形成仿真分析电路；

(3) 压控特性测量。即改变 R_{W1}，测量振荡器输出频率变化情况；

(4) 在(3)的基础上，选择合适的变容二极管偏压。从 J2 口输入音频，实现调频；

(5) 逐渐增加音频幅度，观察并记录输出波形及频谱变化情况；

(6) 结果分析，优化电路。

2）集成 VCO 设计和调频信号实现

此类电路较多，可查阅相关参考文献学习。

4.2.3　锁相环路设计与仿真

1. 任务分析与设计仿真

分析可先从鉴相器、环路滤波器(低通型)和压控振荡器三部分进行，然后对形成闭环分析讨论相关的技术指标如捕捉、同步范围等。

具体仿真分析任务如下。

1）鉴相器电路设计与仿真

(1) 具体参见3.6节实验分析，为便于仿真可采用乘积型鉴频器；

(2) 根据任务，输入两个同频不同相的正弦信号，改变两个输入正弦信号的相位差(从－180度到＋180度，注意：在仿真电路中，－30度相当于＋330度)，测量并记录输出电压值，绘制鉴相特性曲线；

(3) 对仿真结果进行分析。

2）环路滤波器仿真分析

(1) 根据指标，确定环路滤波器电路形式(无源、有源)，设计电路；

(2) 交流扫描分析滤波器的频率特性；

(3) 结果分析，优化电路。

3）压控振荡器仿真分析

简易 VCO 可采用变容二极管调频振荡电路设计分析。

4）锁相环路仿真分析

级联各部分电路，环路仿真分析。

2. 锁相环模拟设计仿真电路图

1）虚拟元件模块构建模型仿真

这里以仿真软件虚拟器件为模型搭建锁相环路，如图4.2.4所示。实际中可用模拟乘法器(如MC1496)代替鉴相环节，压控振荡器可用集成或分立元件设计(如MC1648等)，滤波器这里用无源低通滤波器(仿真分析略)。

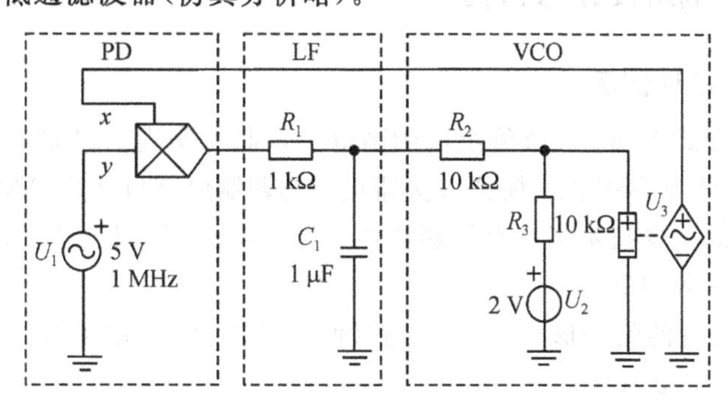

图4.2.4　锁相环仿真参考图

(1) 调整 U_2 设置 VCO 的中心频率为 1 MHz，改变输入信号 U_1 频率使环路锁定，测量环路的同步带。

(2) 记录并测量(1)过程环路滤波器输出和 VCO 的输出波形，研究环路的捕捉过程及频率的牵引作用。

2) 射频集成锁相环的设计及仿真

利用软件库的虚拟锁相环 PLL-VIRTUAL 或专用锁相环设计软件(如 ADIsimPLL)，完成此过程设计和仿真(如第三篇 6.7 节中介绍的 AD4351)。

4.2.4 频率合成器电路设计与仿真

频率合成器是用高稳定度、高精度的频率(参考频率)合成同样标准大量离散频率的技术，其主要技术指标有频率范围、频率间隔、频率转换时间、频率稳定度、准确度、频谱纯度等。

具体仿真分析任务如下。

1. 仿真分析任务

(1) 根据指标需要，设计电路并确定元件参数；

(2) 仿真分析，测量记录 VCO 输出波形和频谱；

(3) 研究同步带、捕捉带及相关性能指标；

(4) 结果分析，优化电路。

2. 参考仿真电路图

(1) 数字锁相环频率合成器的设计；

(2) 模拟锁相环频率合成器的设计；

(3) 基于 ADF4351 的锁相环电路设计。

4.3 振幅调制与解调电路设计与仿真

振幅调制有普通调幅(AM)、双边带调幅(DSB)及单边带调幅(SSB)等，相应的解调电路有包络检波及同步检波。

4.3.1 振幅调制电路设计与仿真

1. 任务分析、设计仿真

振幅调制电路形式多样：三极管组成的高电平调制可实现 AM 波；二极管组成的低电平调制可实现 DSB 波及 SSB 波；模拟乘法器组成的调制电路可实现 AM、DSB、SSB 波。

振幅调制电路的主要技术指标有调制特性、调制系数、调制灵敏度，线性范围等。

具体仿真分析任务如下。

(1) 根据需要实现的信号形式，设计电路(低电平调制、高电平调制)并确定参数；

(2) 绘制电路，虚拟仿真；

(3) 对应所需指标，时域分析信号波形，频域分析信号频谱；

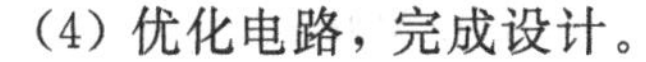

(4) 优化电路，完成设计。

2. 参考仿真电路图

1) 晶体管调制电路

常见有基极调制和集电极调制(参考电路见丙类功放实验，请同学们自行完成)，后者效率较高且和功率放大同时进行。基极振幅调制电路如图 4.3.1(a)所示。晶体管工作于甲类线性放大。与前述高频放大器不同的是基极中加入音频信号，实际需要设计音频信号的耦合电路。按照图(a)仿真分析，已调波输出如图(b)所示。

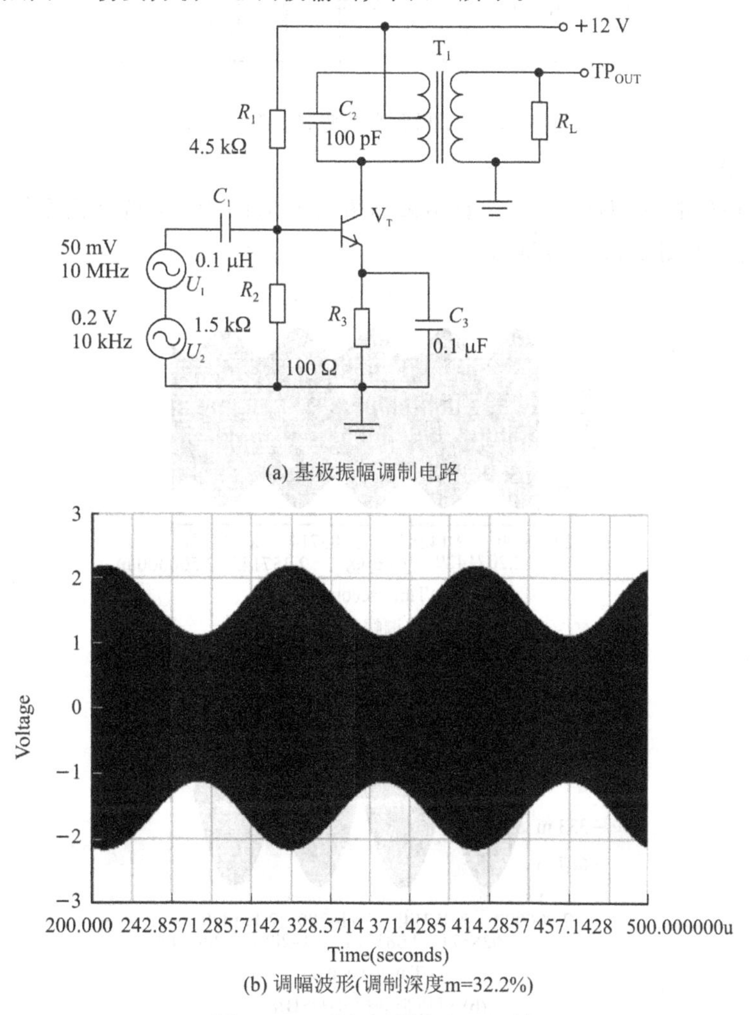

(a) 基极振幅调制电路

(b) 调幅波形(调制深度m=32.2%)

图 4.3.1　基极调制实现 AM 波

(1) 测量分析输出信号波形和频谱，计算调制深度。时域测得调制深度 $m=32.2\%$。

(2) 通过改变载波信号和调制信号的振幅，测量并记录对调制深度的影响。

2) 二极管平衡调制电路

晶体管电路常用于实现 AM 波，而要产生 DSB 和 SSB 波形就要用到二极管电路和模拟乘法器电路。二极管调制电路常用平衡型和环形电路，可有效抑制无用的频率分量，具体分析可见相关参考文献。二极管平衡调制器参考电路如图 4.3.2 所示，实际音频调制信

号 u_1、载波信号 u_2 可用变压器耦合至二极管两端，二极管工作于开关状态下，*LCR* 是谐振于 10 MHz 的选频网络。

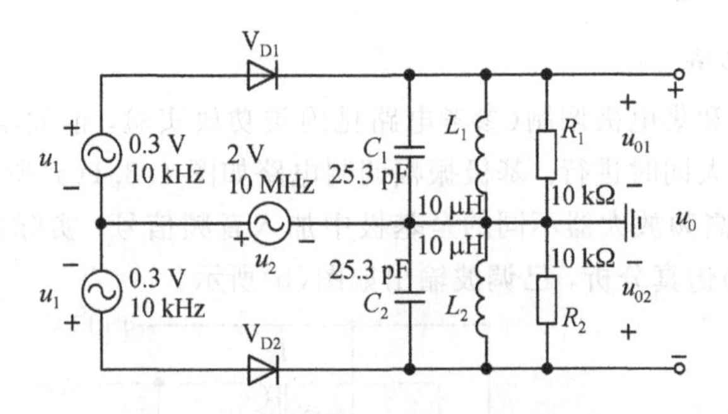

图 4.3.2　二极管平衡调制器参考电路

具体仿真分析如下。

(1) 依图搭建电路。DSB 调制仿真结果如图 4.3.3(b)所示，改变两个输入信号位置得到的 AM 波结果如图 4.3.3(a)所示。

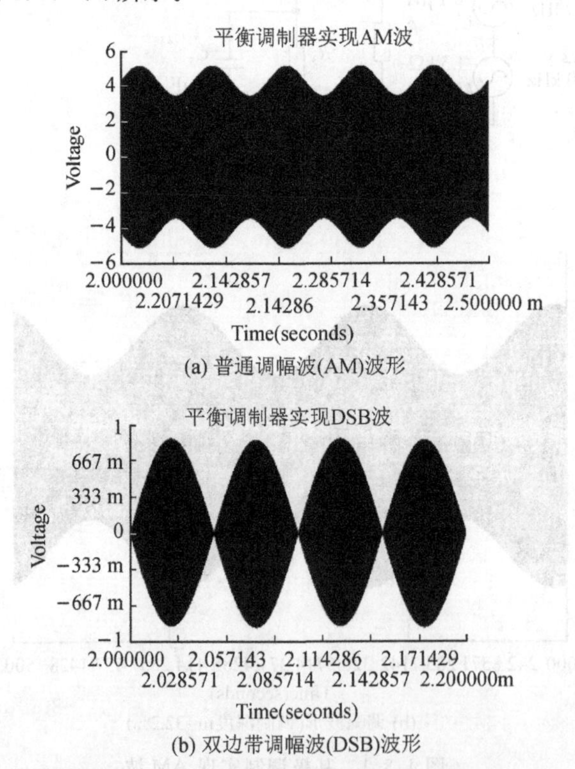

(a) 普通调幅波(AM)波形

(b) 双边带调幅波(DSB)波形

图 4.3.3　二极管平衡调制器实现振幅调制

(2) 断开滤波器记录分析输出波形和频谱并与接入时比较，分析变化原因。

(3) 改变电路参数，重复以上实验过程。

(4) 分析结果，优化电路。

3) 模拟乘法器振幅调制电路

参考电路详见第 3.3 节模拟乘法器应用实验内容，仿真任务和实验内容完全相同。需

要注意的是，若器件库里无法找到 MC1496，可按照其内部结构在器件库中新定义 MC1496 芯片，若进行后续电路仿真就可调出自定义 MC1496 做电路仿真。

4.3.2　振幅解调电路设计与仿真

1. 任务分析、设计仿真

振幅解调电路有包络检波和同步检波(叠加型、乘积型)方式，包络检波用于 AM 波的解调，同步检波用于 DSB 波、SSB 波的解调，同时，同步检波也可用于 AM 波的解调。

检波电路的主要技术指标有检波效率、等效输入阻抗、失真等。

具体仿真分析任务如下。

(1) 根据需要解调的信号，设计电路并确定元器件参数；

(2) 绘制电路，虚拟仿真；

(3) 测量并记录输出信号波形和频谱，分析结果；

(4) 指标测量，研究减小失真的措施；

(5) 综合分析，优化电路。

2. 参考仿真电路图

1) 二极管峰值包络检波器

二极管包络检波仿真参考电路如图 3.4.2 所示(实验箱中的实验电路)。仿真用二极管 1N4148，J1 口输入调幅波(载波幅度 1.5 V，载频 500 kHz，调制频率 1 kHz，调制深度 30%)。

主要可做以下仿真分析工作(参见 3.4 节实验内容)。

(1) 调 $R_{W1}=2\ k\Omega$、$R_{W2}=20\ k\Omega$，输出瞬态分析结果如图 4.3.4(a)所示。

(2) R_{W2} 保持不变，将 R_{W1} 调至 51 kΩ，输出瞬态分析结果如图 4.3.4(b)所示。

(3) R_{W1} 保持不变，将 R_{W2} 调至 2 kΩ，输出瞬态分析结果如图 4.3.4(c)所示。

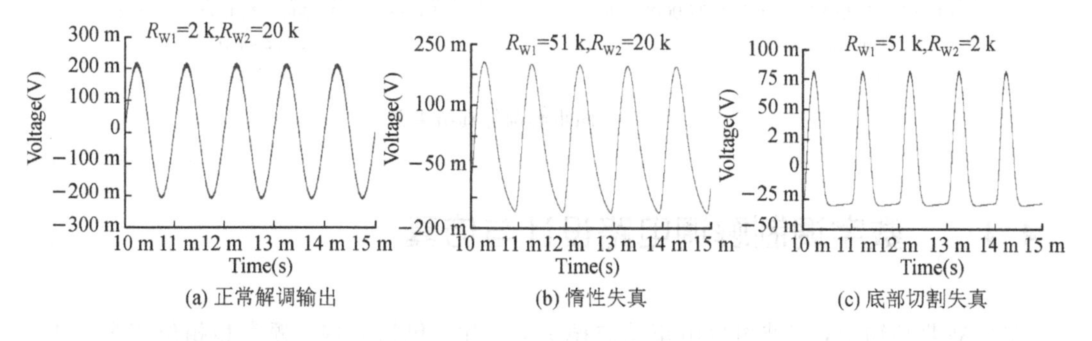

(a) 正常解调输出　(b) 惰性失真　(c) 底部切割失真

图 4.3.4　瞬态分析结果

(4) 分析若电路参数保持不变(正常解调)，将输入信号的调制深度增加，会产生什么失真？

(5) 指标测量，分析并优化电路。

2) 乘积型同步检波电路

参考电路如图 3.4.4 所示。模拟乘法器 MC1496 将调幅波和其载波相乘后经低通滤波器还原原调制信号，实现解调，此类检波器的关键是同频同相。

为便于分析，将模拟乘法器部分用软件中的相乘器模块代替，如图 4.3.5 所示。需要说明的是，同步载波恢复电路可查阅相关参考文献设计实现。

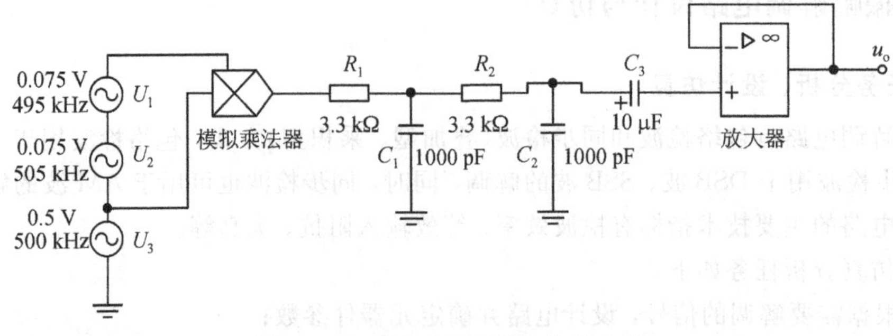

图 4.3.5　乘积型同步检波参考电路

主要任务分析仿真如下。

(1) 输入 AM 波，载频为 500 kHz、调制频率为 10 kHz、调制深度为 30%，对输入输出波形对比测量并记录，仿真结果如图 4.3.6(a)所示；

(2) 输入 DSB 波，载频为 500 kHz、调制频率为 10 kHz，对输入输出波形对比测量并记录，仿真结果参考如图 4.3.6(b)所示；

(3) 分析测量结果，电路优化。

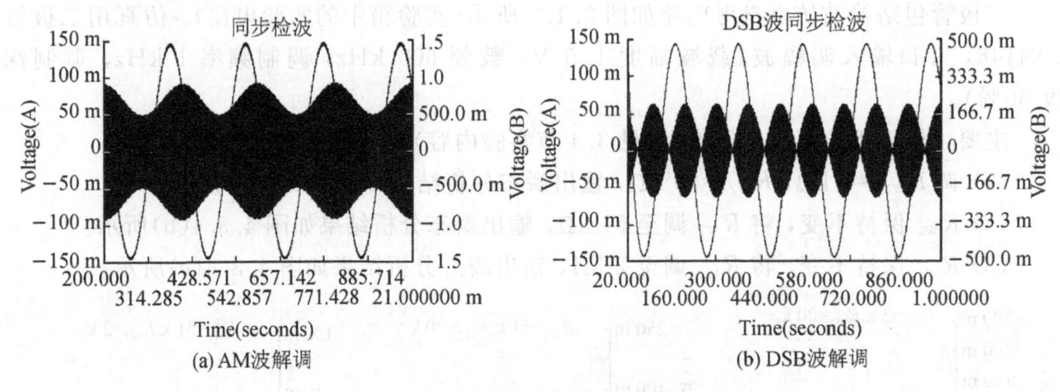

图 4.3.6　同步解调仿真结果图

4.4　数字调制解调电路设计与仿真

数字频带传输中，载波可以由正弦波振荡器产生，包括振幅、频率和相位三个基本参数。数字调制可以对这三个参数分别进行实现振幅键控(ASK)调制、频移键控(FSK)调制和相移键控(PSK)调制。数字基带信号的码元一般是二进制码元，对应的调制称为二进制调制，其生成的已调波有两种离散状态。这里，只介绍二进制的 ASK、FSK 和 PSK 的调制解调电路。

4.4.1　BASK 调制与解调

1. 任务分析、设计仿真

二进制数字振幅键控(BASK)调制电路除了采用电子开关实现的开关键控(OOK)外，还可用乘法器实现。其解调电路可采用乘积型同步检波的方式，还可采用包络检波的方式。

具体仿真分析任务如下。

(1) 根据 BASK 调制及其解调方式，设计电路并确定元器件参数；

(2) 绘制电路，虚拟仿真；

(3) 测量并记录输出信号波形和频谱，分析结果；

(4) 指标测量，研究减小失真的措施。

2. 参考仿真电路图

BASK 调制是一种简单的数字调制方式，它通过调制载波信号的幅度来编码信息。为演示 ASK 调制的原理，可使用 Multisim 软件(或其他软件环境)搭建 ASK 调制和解调电路进行仿真实验。

1) BASK 调制电路设计与仿真

BASK 调制电路主要由信号发生器和乘法器组成，如图 4.4.1 所示。信号发生器分别产生频率为 50 kHz、振幅为 0.1 V 的正弦波载波信号以及频率为 1 kHz、振幅为 2 V、偏置为 2 V 的方波数字基带信号，用高电平和低电平表示码字“1”和“0”。仿真后调制信号如图 4.4.2 所示。

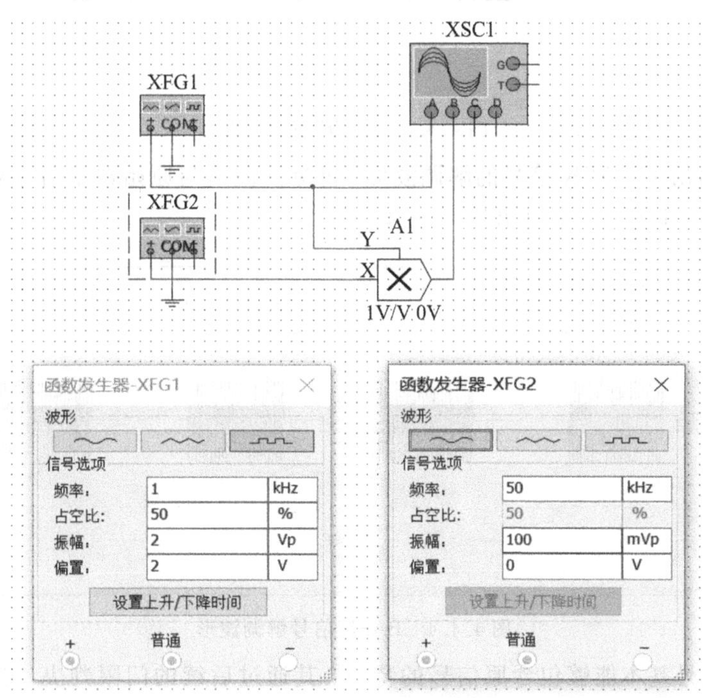

图 4.4.1　BASK 调制电路

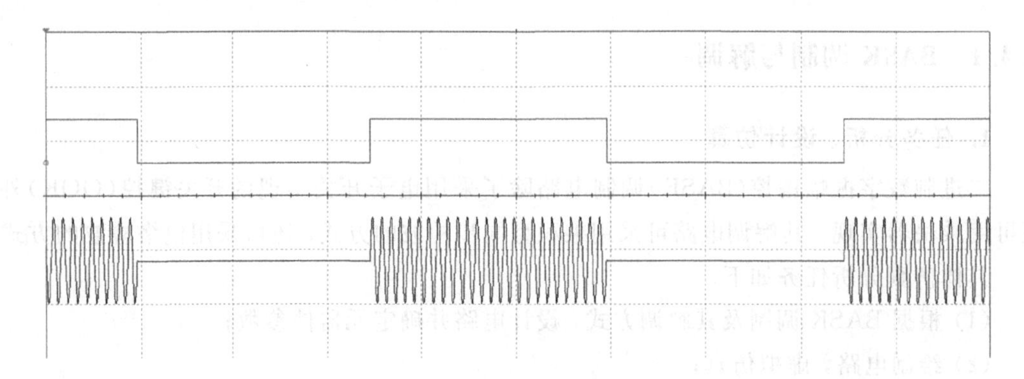

图 4.4.2 BASK 调制信号

(1) 测量分析输出信号波形和频谱，计算调制深度。对比 m_a=100%的 AM 信号。

(2) 若改变调制深度，使 m_a 不等于 100%，此时输出应为什么信号?

2) BASK 解调电路设计与仿真

由于解调方式采用的是相干解调，故 BASK 解调器电路由乘法器、信号发生器和低通滤波器组成。在 Multisim(或其他仿真环境)中构建图 4.4.3 所示的电路，信号发生器仍旧产生一个和载波信号同频同相的正弦波信号。

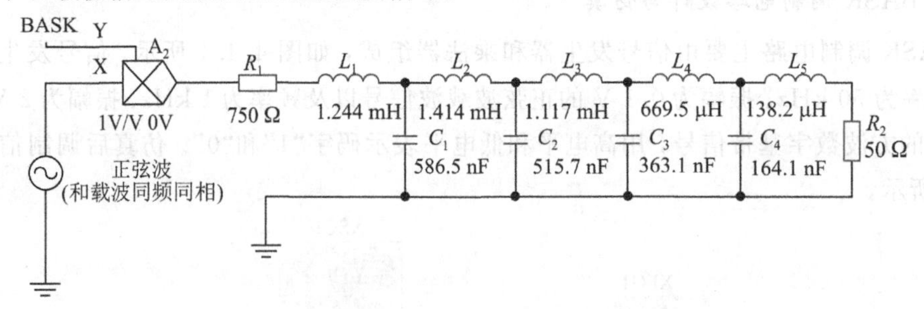

图 4.4.3 BASK 解调电路

图 4.4.4 给出了 BASK 信号的解调波形，可见其波形与原始数字信号对比，有一定的毛刺干扰。同时，上升沿、下降沿均有延迟。

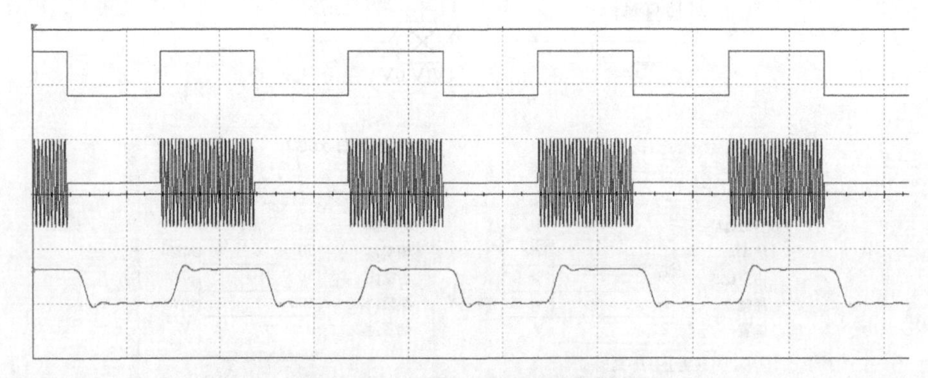

图 4.4.4 BASK 信号解调波形

(1) 解调信号基本能够包含原信号的特征，其通过后续的门限判决，能够以较低的误码率恢复出基带信号的码字。

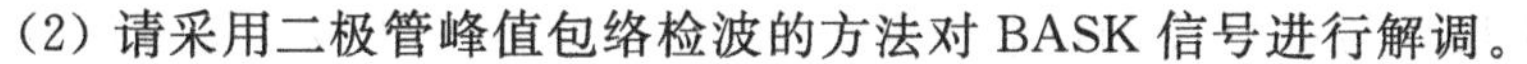

(2) 请采用二极管峰值包络检波的方法对 BASK 信号进行解调。

补充：以上 BASK 的解调实验采用的是相干解调的方式，同时还存在一种非相干解调的方法如图 4.4.5 所示。

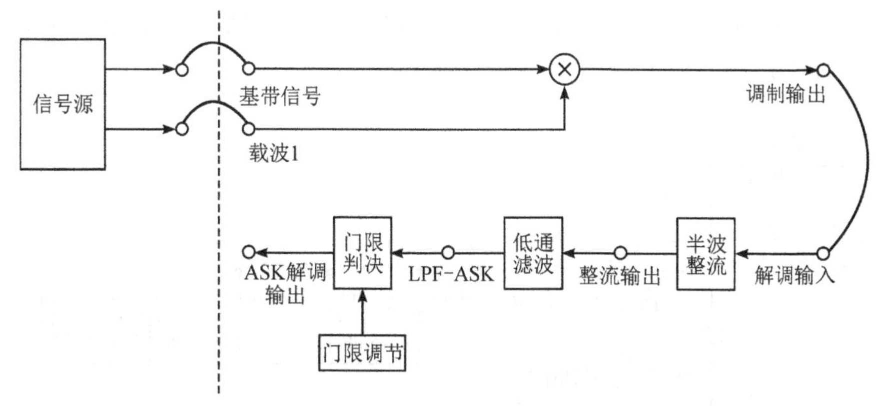

图 4.4.5　非相干解调

这种非相干解调的方式与相干解调同频同相的载波信号的要求相比，电路实现更为简单，但解调质量略有降低，可根据具体的实际情况去合理选择解调方式。

4.4.2　BPSK 调制与解调

BPSK(二进制相位键控)通过相对于载波的相位差表示码字“0”和“1”。若将双极性基带信号 u_B 与载波 u_C 相乘，则可得图 4.4.6 所示的 BPSK 调制信号，可见，其相位会随基带信号的变化实现 180 度的相移。

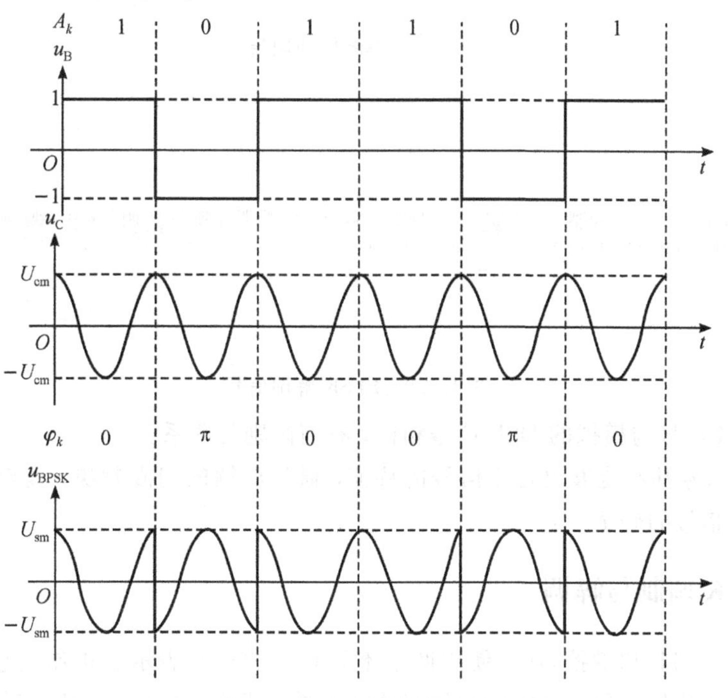

图 4.4.6　BPSK 调制信号

BPSK的调制电路设计与BASK的调制电路大致相同，区别在于数字基带信号的不同。为了使调制信号出现相位的反相，可将乘法器电路调节为平衡状态，同时采用乘积型同步检波的方式对其进行解调。具体电路如图4.4.7所示。得到的调制信号以及解调信号分别如图4.4.8和图4.4.9所示。不难看出，解调信号基本恢复了原信号的特征，可以得到基带信号的码字信息。

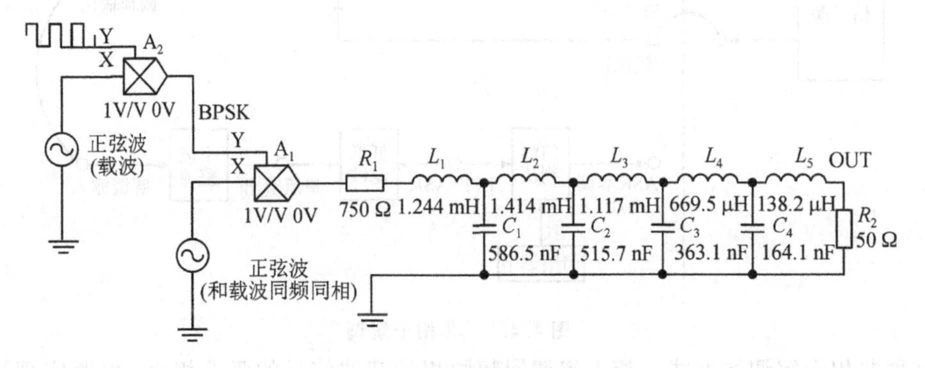

图4.4.7　BPSK调制解调电路

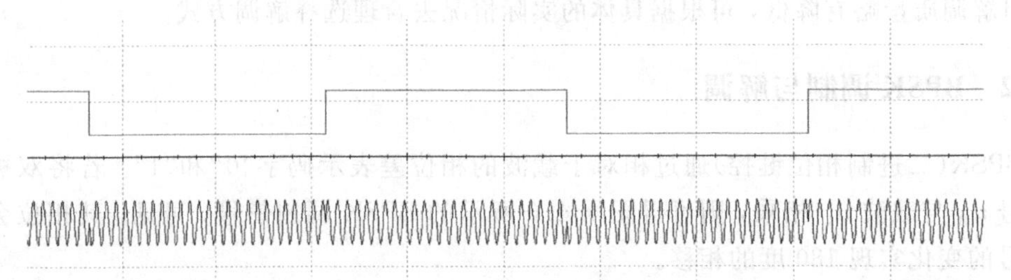

图4.4.8　BPSK调制信号

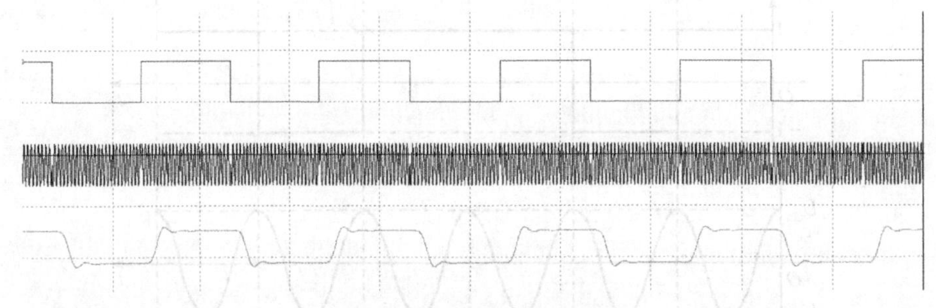

图4.4.9　BPSK解调信号

(1) BPSK信号与模拟的DSB信号相比，有何区别与联系。

(2) 解调信号基本能够包含原信号的特征，通过后续的门限判决，能够以较低的误码率恢复出基带信号的码字。

4.4.3　BFSK调制与解调

BFSK(二进制频移键控)通过使用两个不同频率的载波表示二进制信息，根据数字基带信号中二进制位的变化，选择相应频率的载波进行调制，生成BFSK信号。实现方式主要有BASK时域叠加和VCO直接调频的方式。

1. BASK 时域叠加实现 BFSK 调制电路设计与仿真

就 BFSK 信号的波形而言，可将其分解为 u_{BASK1} 和 u_{BASK2} 两个 BASK 信号的叠加，且 u_{BASK1} 和 u_{BASK2} 两个信号的基带信号互为取反。因此可以采用乘法器和加法器实现，BASK 时域叠加原理与实现如图 4.4.10 所示。

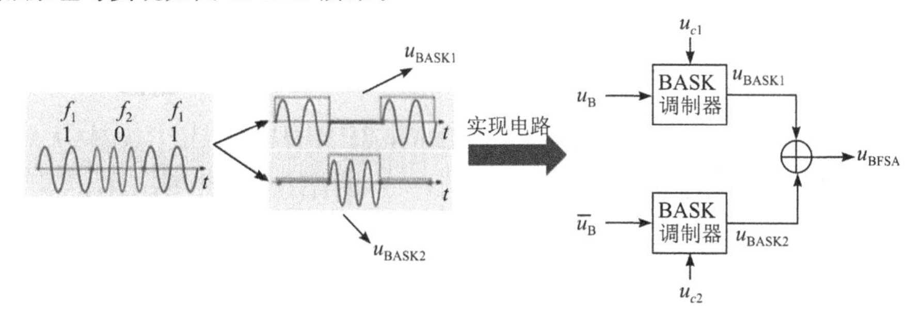

图 4.4.10　BASK 时域叠加原理与实现

BFSK 可以通过两路 BASK 叠加得到，分别选取 50 kHz 和 25 kHz 的正弦波作为两路 BASK 的载波信号，为了让叠加的信号在时域上不发生混叠，在电路上增加一个反相器，具体实现电路以及 BFSK 调制信号如图 4.4.11 和图 4.4.12 所示。

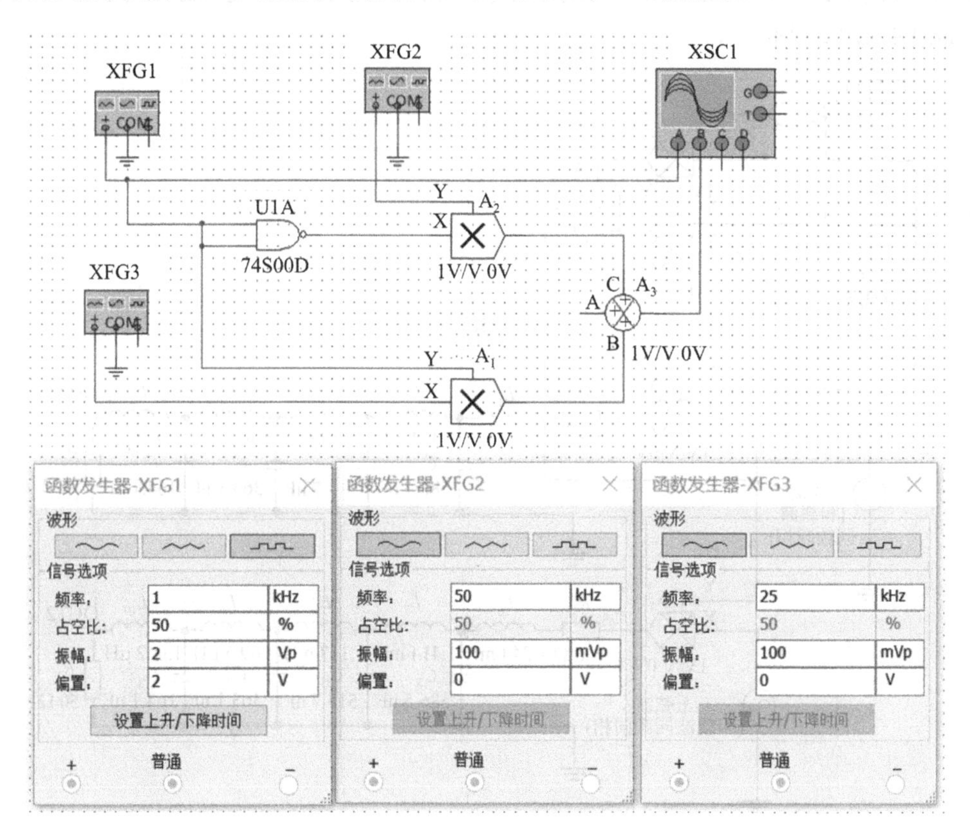

图 4.4.11　BFSK 调制电路

(1) 注意两路基带调制信号的码元时钟同步问题。

(2) 如果在码元跳变时不出现倒相现象，应如何调整载波的频率？

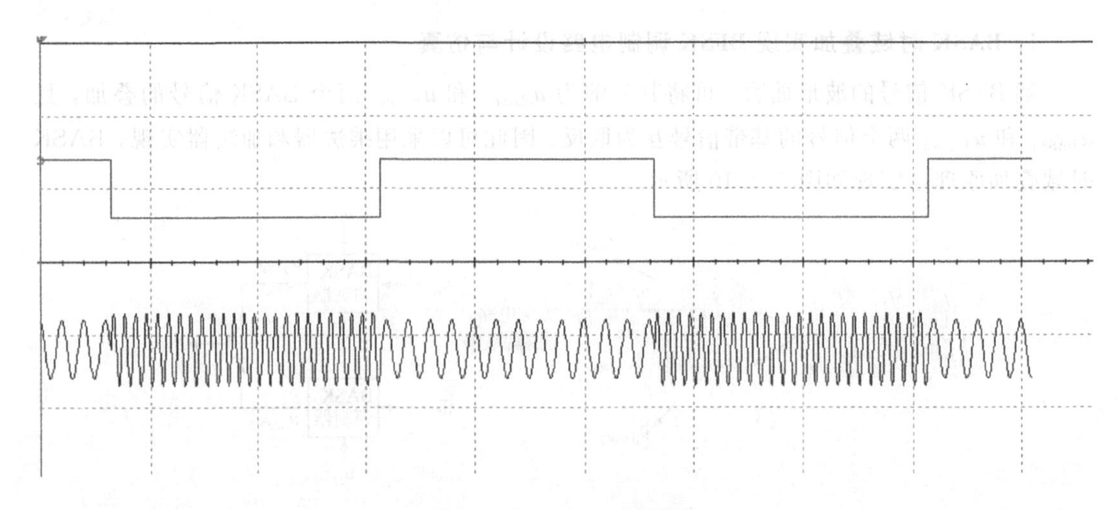

图 4.4.12　BFSK 调制信号

2. BFSK 解调系统仿真

根据 BFSK 的调制原理，可采用两路同步载波的乘积型同步检波的方式进行解调，BFSK 的调制解调电路如图 4.4.13 所示。根据两路解调信号可恢复出原信号的信息，解调波形如图 4.4.14 所示。

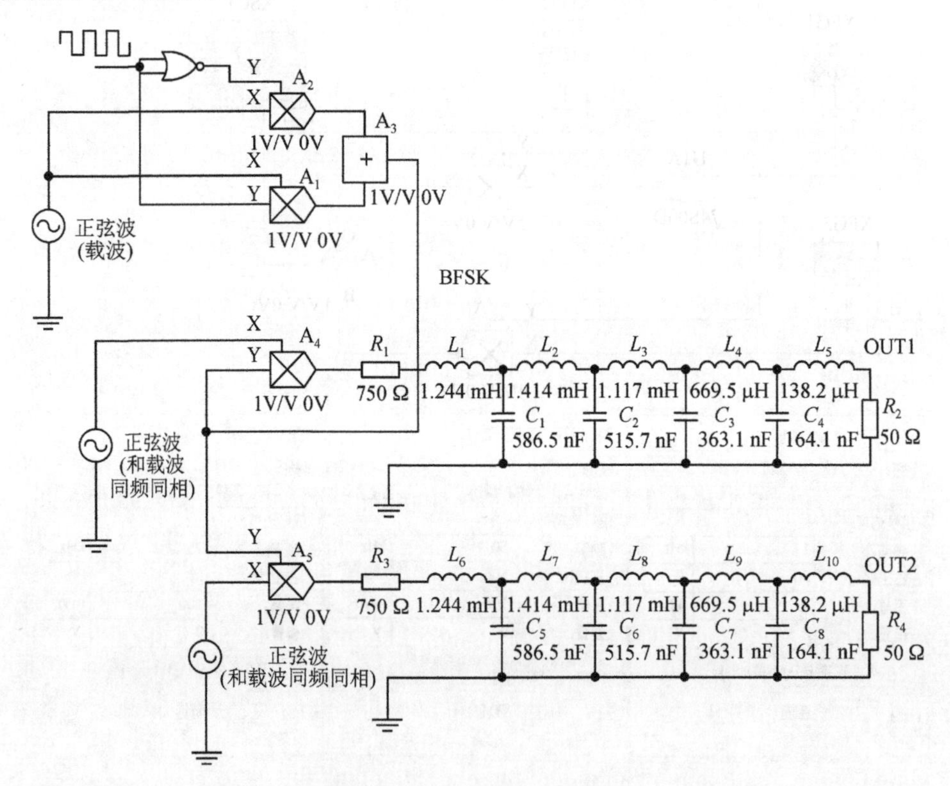

图 4.4.13　BFSK 调制解调电路

(1) 采用包络检波的解调方式对 BFSK 信号进行解调电路的设计与仿真。

(2) 解调信号基本能够包含原信号的特征，通过后续的门限判决，能够以较低的误码

率恢复出基带信号的码字。

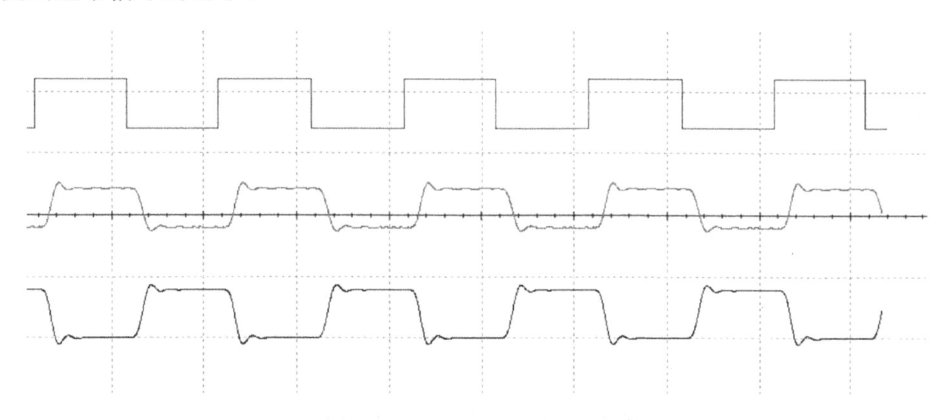

图 4.4.14　BFSK 解调信号波形

3. BFSK 直接调频法

BFSK 的调制方式除了上述的这种频移键控方法外，还有一种较为常见的直接调频法。BFSK 直接调频电路如图 4.4.15 所示，直接调频是利用调制信号直接控制振荡电路中振荡回路元件的参量 C，使振荡频率受到控制，并按调制信号的规律变化。主振电路采用常见的电容三点式振荡电路实现 LC 振荡，变容二极管作为组成 LC 振荡电路的一部分，电容值会随加在其两端的电压的变化而变化，从而达到了调频的目的。图 4.4.16 给出了采用变容二极管设计的 BFSK 直接调频电路图设计及调制后的信号波形。

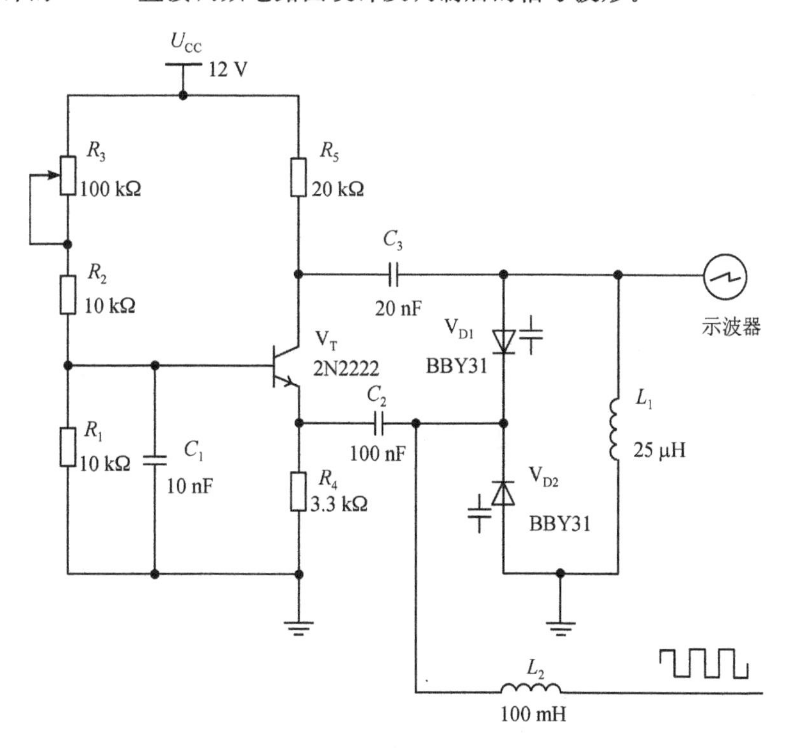

图 4.4.15　BFSK 直接调频电路

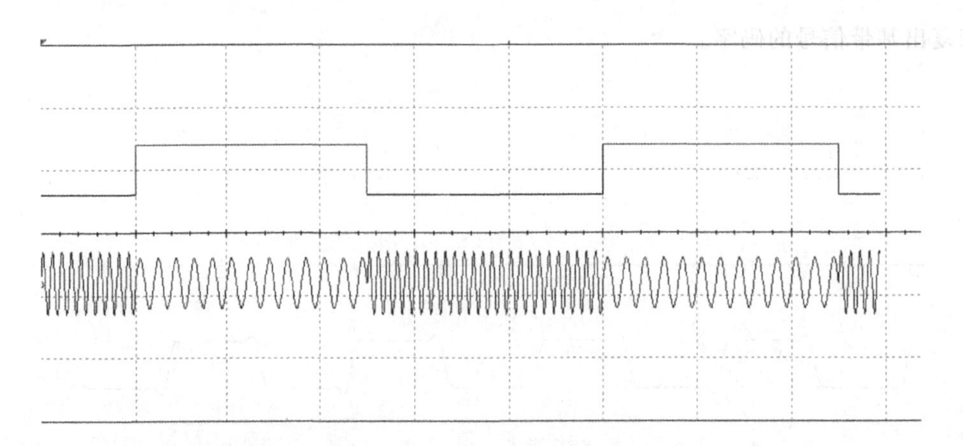

图 4.4.16 BFSK 调制信号波形

(1) 将 BFSK 调制信号与变容二极管实现的直接模拟 FM 信号进行对比，找出区别与联系。

(2) 变容二极管的参数对 BFSK 信号的影响如何？

第三篇　射频通信系统实验

本篇射频通信系统实验采用 XD-RF1.0 射频电子线路实验箱，XD-RF1.0 射频电子线路实验箱基于射频收发原理、按信号流程设计，具有单元级模块电路实验功能、链路实验功能、信号产生、调制、解调功能等。本篇将信号发生技术、信号发射与接收技术、调制解调技术贯穿于教学实验中，从最基本的部件实验自然过渡到信号发射与接收系统、信号幅频特性分析的深层次学习和理解。

实验系统包含的模块电路有，基带/调制解调模块、75 MHz 带通滤波器、混频器(2个)、压控衰减器、宽带放大器、低噪声放大器、耦合器、检波器、射频开关、自动增益(AGC)控制、集成锁相环。以上单元电路都是相互独立的，既可以单独做实验，也可以使用同轴电缆将不同单元电路连接成信号收/发实验、VGA 实验、AGC 实验等系统实验。

可完成的实验项目包括：功率衰减器实验、放大器实验、滤波器实验、混频器特性实验、定向耦合器实验、开关特性实验、集成锁相环实验、信号生成实验、检波器实验、ALC/AGC 环路实验。

第5章 射频通信系统

5.1 射频通信系统组成及原理

5.1.1 射频发射链路原理

发射链路的主要功能是将基带信号调制搬移到所需频段，按照要求的频谱模板以足够的功率发射。因此，其结构呈现以调制器、上变频、滤波和功率放大的链状形式。射频发射链路原理框图如图 5.1.1 所示。

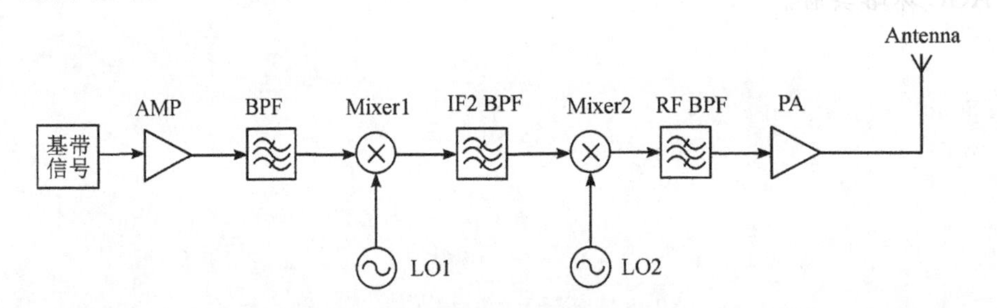

图 5.1.1 射频发射链路原理框图

基带信号就是所需发射的信号，基带信号与本振 LO1 进行第一次上变频得到中频 IF2 信号；进行滤波后，IF2 信号与本振 LO2 进行第二次上变频，得到最终的 RF 信号；这个信号杂波太多功率太小，还要进一步滤波放大，得到纯度较高的高功率射频信号；最后传输到天线，由天线将信号发射出去。

5.1.2 射频接收链路原理

射频接收链路是一种由混频器、低噪声放大器和带通滤波器，以及检波与信号处理电路组合而成的射频系统，接收系统原理框图如图 5.1.2 所示。

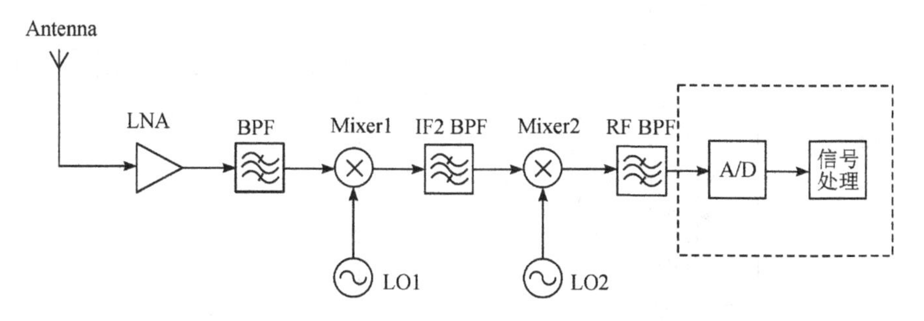

图 5.1.2　接收系统原理框图

超外差接收机包含有低噪声放大器、预选滤波器、混频器、中频声表滤波器、抗混叠滤波器、A/D 和数字信号处理部分，如有需要还可增加中频放大器电路。低噪声放大器的主要作用是放大输入的微弱信号，减小噪声干扰，提高系统接收灵敏度。预选滤波器用于对不同频段的信号进行选频，接收机在输入带宽较大的情况下需要多组预选滤波器进行选频。中频滤波器用于抑制镜像滤波器，通常采用声表面滤波器。抗混叠滤波器用于滤除采样带宽外的混叠信号。信号经过 A/D 数字化后，即可进行数字信号处理。

5.2　射频与通信系统实验箱

5.2.1　实验箱系统框图及功能单元

系统构建及功能单元分别如图 5.2.1(发射单元)和图 5.2.2(接收单元)所示。

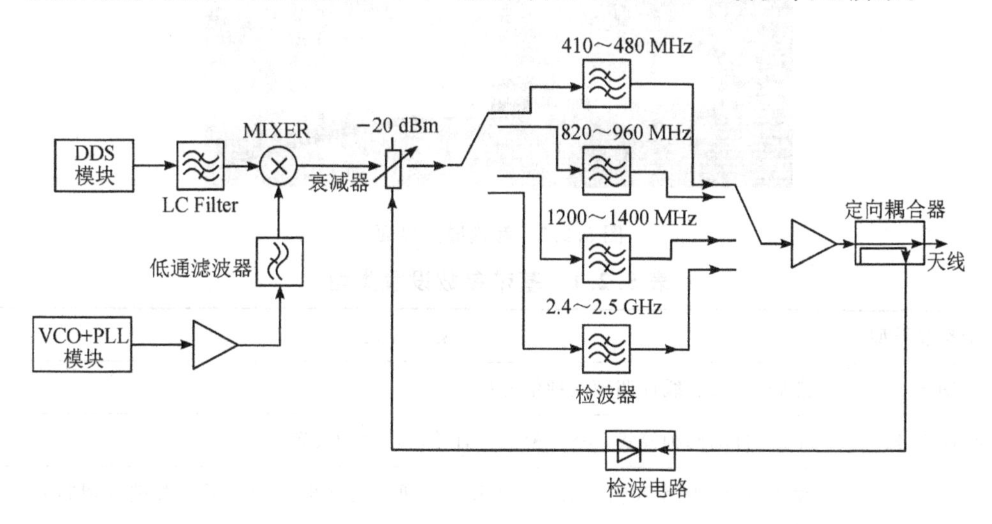

图 5.2.1　发射单元

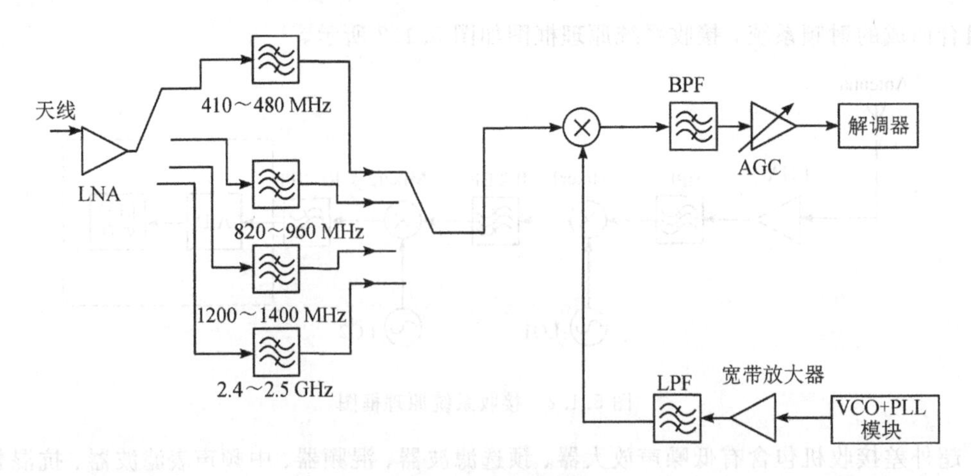

图 5.2.2 接收单元

5.2.2 组态屏(触摸屏)显示界面

组态屏(触摸屏)主界面显示如图 5.2.3 所示。触摸屏参数设计共分四大部分，即基带参数、解调参数、本振参数和通信实验设置。基带参数设置类型如表 5.2.1 所示，包含 DDS、ASK/FSK 和 AM/FM 设置。本振参数设置用于设置接收机和发射机本振频率，设置范围为 35 MHz～3.6 GHz。解调电路参数设置包括 AM、FM 和 FSK 解调电路接收和发射频率设置，FSK 解调中可供信道的选择范围为 1～20。通信实验除了发射/接收频率设置之外，界面显示有发送文字编辑区和接收文字显示区。

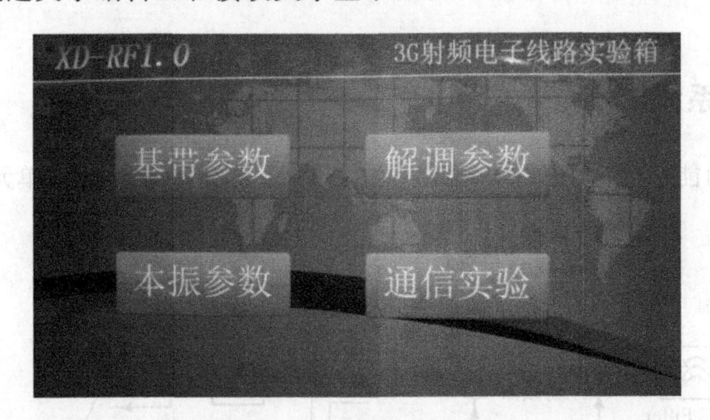

图 5.2.3 触摸屏主界面

表 5.2.1 基带参数设置类型

基带参数类型	模　式
DDS	点频连续波/线性调频两种信号模式
ASK/FSK	手动/自动两种模式，FSK 模式会有输出功率的设置
AM/FM	模拟电路，频率和输出功率不可设置，通过电路板上的钮子开关进行调制方式的选择

5.2.3 上位机界面

上位机登录界面如图 5.2.4 所示。指导老师及学生输入账号和登录密码即可参与实验系统相关工作。

图 5.2.4 上位机登录界面

第6章 射频与通信系统实验

6.1 射频功率衰减器设计与实验

1. 实验目的

(1) 掌握功率衰减器的基本原理及应用。

(2) 学会功率衰减器的计算及设计。

(3) 掌握功率衰减器的测试方法。

2. 实验仪器

实验仪器如表 6.1.1 所示。

表 6.1.1　实验仪器表

仪器名称	仪器型号	仪器数量
射频信号发生器	DSG3030(9 kHz～3.6 GHz)	1台
频谱分析仪	FSL6(9 kHz～6 GHz)	1台
示波器	SDS5104X(1 GHz)	1台
数字频率计	GFC-8207H(2.7 GHz)	1台
射频与通信系统实验箱	XD-RF 1.0	1套

3. 实验原理

功率衰减器是在指定的频率范围内，可实现某预定功率衰减量的电路。原理如图 6.1.1

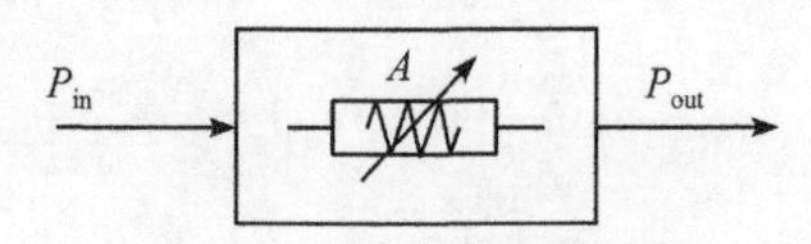

图 6.1.1　功率衰减器原理

所示，图中 P_{in}(dBm)表示输入功率，P_{out}(dBm)表示输出功率，功率衰减量 A(dB)可表示为式 6-1-1。

$$A(\text{dB}) = P_{in}(\text{dBm}) - P_{out}(\text{dBm}) \tag{6-1-1}$$

功率衰减器在高频电路中有固定和可变(可调)两种，常用电阻性网络、开关电路或 PIN 二极管等实现。

图 6.1.2 所示为常见两种形式衰减电路：T 型和 π 型。衰减电路根据前端和后端电路阻抗衰减电路又可分为同阻式、异阻式。T 型和 π 型衰减器网络电阻参数的确定如表 6.1.2 所示，其中 α 表示衰减系数，Z_0 表示特征阻抗。举例说明，在 50 Ω 同阻型系统中($Z_{in}=Z_{out}=Z_0=50$ Ω)设计 T 型网络，若衰减量等于 3 dB，则衰减系数 α 等于 2，由表 6.1.2 可算出 $R_p=142$ Ω，$R_{s1}=R_{s2}=8.55$ Ω。表 6.1.3 给出 T 型和 π 型网络固定衰减器的衰减量与电阻值，供设计参考。

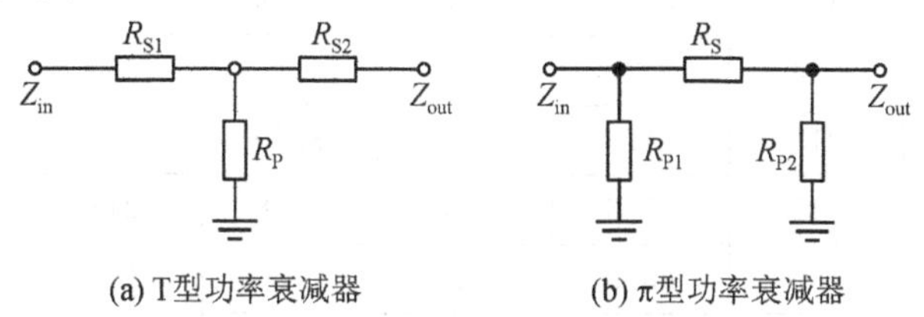

(a) T型功率衰减器　　(b) π型功率衰减器

图 6.1.2　常见功率衰减器电路图

表 6.1.2　网络类型和电阻确定公式

端匹配	网络类型	
	T 型	π 型
同阻式 ($Z_{in}=Z_{out}=Z_0$)	$A=10\lg\alpha$，$R_p=Z_0\cdot\frac{2\sqrt{\alpha}}{\lvert\alpha-1\rvert}$ $R_{s1}=R_{s2}=Z_0\cdot\frac{\lvert\sqrt{\alpha}-1\rvert}{\sqrt{\alpha}+1}$	$A=10\lg\alpha$，$R_s=Z_0\cdot\frac{\lvert\alpha-1\rvert}{2\sqrt{\alpha}}$ $R_{p1}=R_{p2}=Z_0\cdot\frac{\sqrt{\alpha}+1}{\lvert\sqrt{\alpha}-1\rvert}$
异阻式 ($Z_{in}\neq Z_{out}$)	$A=10\lg\alpha$，$R_P=Z_0\cdot\frac{2\sqrt{\alpha\cdot Z_{in}\cdot Z_{out}}}{\lvert\alpha-1\rvert}$ $R_{s1}=Z_1\cdot\frac{\alpha+1}{\lvert\alpha-1\rvert}-R_p$ $R_{s2}=Z_2\cdot\frac{\alpha+1}{\lvert\alpha-1\rvert}-R_p$	$A=10\lg\alpha$，$R_s=\frac{(\lvert\alpha-1\rvert)\cdot\sqrt{Z_{in}\cdot Z_{out}}}{2\sqrt{\alpha}}$ $R_{p1}=\left(\frac{1}{Z_1}\cdot\frac{\alpha+1}{\lvert\alpha-1\rvert}-\frac{1}{R_s}\right)^{-1}$ $R_{p2}=\left(\frac{1}{Z_2}\cdot\frac{\alpha+1}{\lvert\alpha-1\rvert}-\frac{1}{R_s}\right)^{-1}$

表 6.1.3　T 型和 π 型固定衰减器的衰减量和电阻值

衰减量 A/dB	50 Ω 同阻系统				75 Ω 同阻系统			
	T 型		π 型		T 型		π 型	
	R_s/Ω	R_p/Ω	R_s/Ω	R_p/Ω	R_s/Ω	R_p/Ω	R_s/Ω	R_p/Ω
0.1	0.289	4340	0.576	8690	0.432	6510	0.864	13 000
0.2	0.576	2170	1.15	4340	0.863	3260	1.73	6520
0.3	0.863	1450	1.73	2900	1.30	2170	2.59	4340

续表

衰减量 A/dB	50 Ω同阻系统				75 Ω同阻系统			
	T型		π型		T型		π型	
	R_s/Ω	R_p/Ω	R_s/Ω	R_p/Ω	R_s/Ω	R_p/Ω	R_s/Ω	R_p/Ω
0.4	1.15	1090	2.30	2170	1.73	1630	3.46	3260
0.5	1.44	868	2.88	1740	2.16	1300	4.32	2610
0.6	1.73	723	3.46	1450	2.59	1090	5.19	2170
0.7	2.01	620	4.03	1240	3.02	930	6.05	1860
0.8	2.30	542	4.61	1090	3.45	813	6.92	1630
0.9	2.59	482	5.19	966	3.88	723	7.79	1450
1.0	2.86	433	5.77	870	4.31	650	8.65	1300
2.0	5.73	215	11.6	436	8.60	323	17.4	654
3.0	8.55	142	17.6	291	12.8	213	26.4	439
4.0	11.3	105	23.9	221	17.0	157	35.8	332
5.0	14.0	82.2	30.4	179	21.0	123	45.6	268
6.0	16.6	66.9	37.4	151	24.9	100	56.0	226
7.0	19.1	55.8	44.8	131	28.7	83.7	67.2	196
8.0	21.5	47.3	52.8	116	32.3	71.0	79.3	174
9.0	23.8	40.6	61.6	105	35.7	60.9	92.4	158
10.0	26.0	35.1	71.2	96.3	38.7	52.7	107	144
20.0	40.9	10.1	248	61.1	61.4	15.2	371	91.7
30.0	46.9	3.17	790	53.3	70.4	4.75	1190	79.9
40.0	49.0	1.00	2500	51.0	73.5	1.50	3750	76.5

图 6.1.3 给出了一种电调衰减器电路，其原理是利用 PIN 二极管代替电阻型网络中的部分或全部电阻，因 PIN 管在不同正向电压下具有可变电阻特性，故可实现衰减器电调控制。电调衰减器被广泛应用在功率控制、自动电平控制(ALC)或自动增益控制(AGC)电路中。

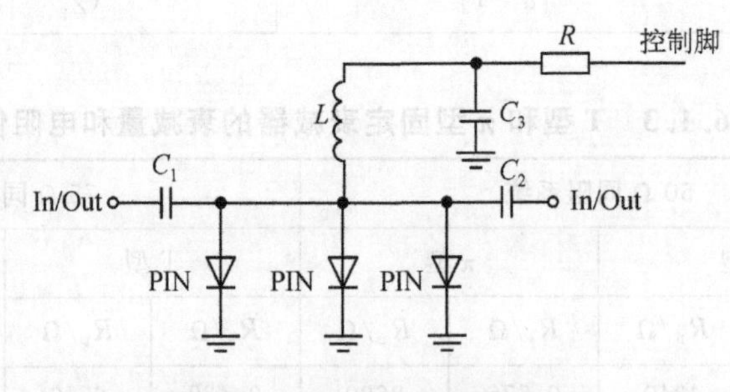

图 6.1.3 一种电调衰减器原理图

图 6.1.4 给出了一种程控步进衰减器原理。即其组成由不同固定衰减量单元构成，由程序控制按指定步进量实现衰减。程控步进衰减器通常用于发射/接收系统中，在发射端调

节发射功率，在接收端可用于调节系统的测量范围、减小系统的非线性失真及改善系统的输入匹配。

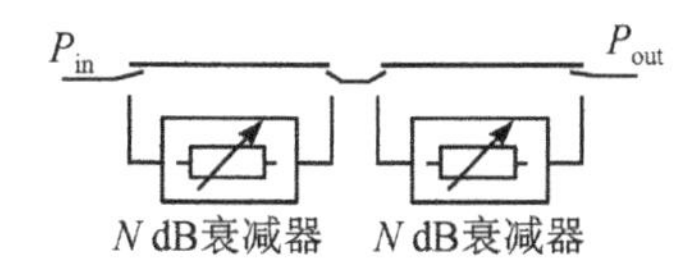

图 6.1.4　一种程控步进衰减器原理图

功率衰减器的主要技术指标包括：频率范围、衰减量、衰减准确度及端口驻波比等。

VGA 电路通过外部电压控制来改变通道的增益，其实质就是可调衰减器和固定增益放大器的组合电路。

功率衰减器广泛地应用于电子设备中，它的主要用途为调整电路中信号幅度的大小。在比较法测试电路中，可通过衰减量的变化直接读出被测网络的衰减值。功率衰减器是一种很好的匹配电路，在一些端口匹配较差的电路中插入衰减器，可极大减小由失配所引起的不确定因素。

4. 实验内容及步骤

1）压控衰减器实验

实验步骤如下：

① 用同轴电缆线按照图 6.1.5 连线，将信号源、频谱分析仪和压控衰减器模块相连。

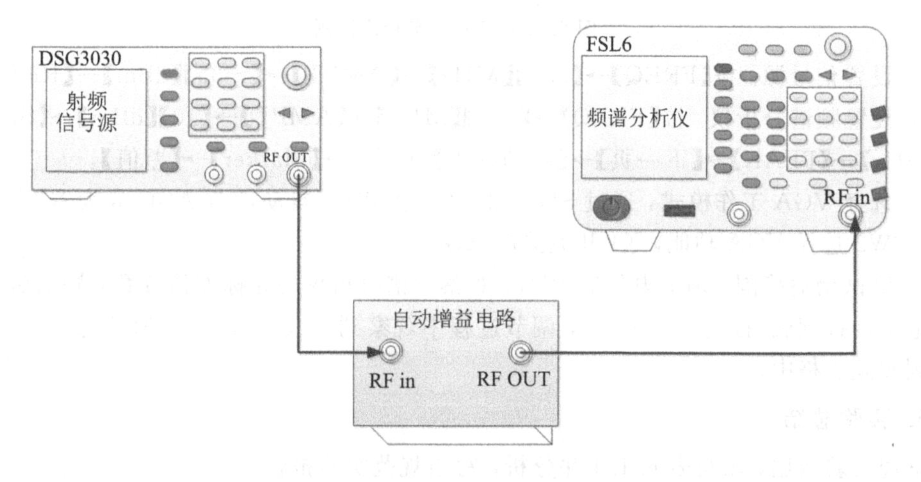

图 6.1.5　压控衰减器实验连接图

② 设置信号源。按【FREQ】→【465】【MHz】→【AMPT】→【0】【dBm】→【RF】→ON。

③ 设置频谱分析仪。按【FREQ】→【465】【MHz】→【AMPT】→【5】【dBm】→【SPAN】→【1】【MHz】→【PEAK】→【下一页】→【峰值搜索】→开启→【Marker】→【差值】。

④ 将压控衰减器上的钮子开关拨到 MLC，用手将衰减量控制的电位器按逆时针拧到底(拧到受阻即可)。

⑤ 设置频谱分析仪。按【Marker】→【差值】。

⑥ 用手将电位器按顺时针拧到底，直接读取频谱分析仪上的功率差值。衰减量就是所读差值的绝对值，将衰减量记录到实验表格中。

⑦ 按照实验测试表格中的频率点进行测试。设置信号发生器输出信号频率，按【FREQ】→【856】【MHz】。设置频谱分析仪中心频率，按【FREQ】→【856】【MHz】。重复步骤④、⑤、⑥即可。剩余频点依次测试。

2）自动增益放大器 VGA 实验

实验步骤如下。

① 使用同轴电缆将信号源的“RF OUT”端口与频谱分析仪的“RF in”端口连接起来，如图 6.1.6 所示。

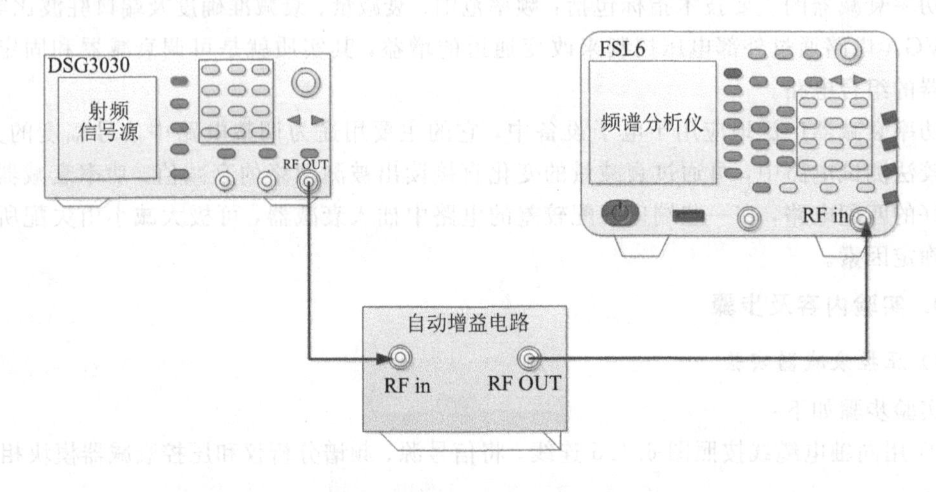

图 6.1.6　VGA 实验连接图

② 设置信号源。按【FREQ】→【395】【MHz】→【AMPT】→【－35】【dBm】→【RF】→ON。

③ 设置频谱分析仪。按【FREQ】→【395】【MHz】→【AMPT】→【10】【dBm】→【SPAN】→【1】【MHz】→【PEAK】→【下一页】→【峰值搜索】→开启→【Marker】→【差值】。

④ 选择 VGA 工作模式，通过 SW2 和 K1 开关切换“自动增益 AGC 放大器”电路工作模式。SW2 选择 VGA 功能，K1 开关拨向 AGC。

⑤ 测试增益范围。调节电位器 VR1，观察频谱分析仪的光标差值读数，顺时针或逆时针将电位器拧到底(拧到受阻位置)，调节过程中观察到的读数最大/小值即为增益范围值，记录到实验表格中。

5. 实验总结

整理实验数据，填写表 6.1.4 并分析，写出规范实验报告。

表 6.1.4　实验记录表

压控衰减器	频率/MHz	465	856	1228	2450
	插入损耗/dB				
	衰减量范围/dB				
自动增益 AGC 电路	输入信号	395 MHz@-30 dBm			
	增益范围/dB				

6.2　混频器设计与实验

1. 实验目的

(1) 熟悉混频器的基本原理及相关技术指标。

(2) 学会混频器技术指标的测试方法。

(3) 熟练使用相关射频仪器。

(4) 学会混频器电路设计及调试技巧。

2. 实验仪器

实验仪器如表 6.2.1 所示。

表 6.2.1　实验仪器表

仪器名称	仪器型号	仪器数量
射频信号发生器	DSG3030(9 kHz～3.6 GHz)	1 台
频谱分析仪	FSL6(9 kHz～6 GHz)	1 台
示波器	SDS5104X(1 GHz)	1 台
数字频率计	GFC-8207H(2.7 GHz)	1 台
射频与通信系统实验箱	XD-RF 1.0	1 套

3. 实验原理

混频是一种直接式频率合成方法，混频器又称变频器。混频器属于频谱的线性搬移电路，其电路符号及原理如图 6.2.1 所示。混频器将载频为 f_{RF} 的信号不失真地变换为载频为 f_{IF} 的信号，它的本质是用非线性器件实现频率变换，然后用滤波器获取有用的频率成分。混频器分为向上变频($f_{RF}<f_{IF}$)和向下变频($f_{RF}>f_{IF}$)两种。

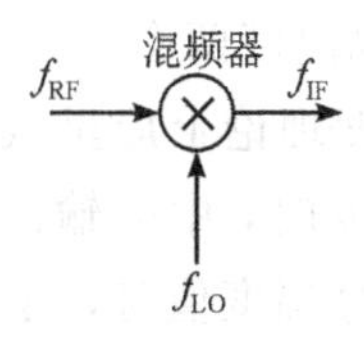

图 6.2.1　混频器电路符号及原理

常见构成混频电路的非线性器件有：二极管、晶体管(双极型 BJT 或单极型 FET)和乘法器等。二极管混频电路因具有动态范围大、噪声小、组合频率少、本振电压无反向辐射等优点获得广泛应用，其缺点是没有增益。模拟乘法器混频优点是两个输入端都是宽带，且输出分量少，其缺点是电路复杂，工作频段很难达到 GHz 级。

二极管混频器一般有平衡混频和环形混频两种形式。环形(双平衡)混频市场产品较多，有较广阔的应用领域，它除了实现混频功能，还可用于相位检波、振幅调制、衰减器等。

二极管环形混频器原理电路如图 6.2.2 所示。

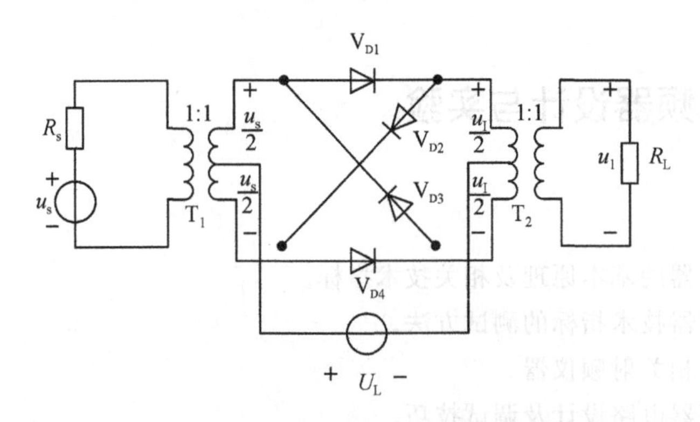

图 6.2.2　二极管环形混频器原理电路图

图中满足 $U_L \gg U_S$，四个二极管可看作受本振信号控制的开关，利用开关函数分析法进行分析，可得到环形混频器的输出电流式：

$$
\begin{aligned}
i_L &= g_D S'(\omega_L t) u_s = \frac{1}{r_d + R_L}[S(\omega_L t) - S(\omega_L t - \pi)] u_s \\
&= \frac{1}{r_d + R_L}\left[\left(\frac{1}{2} + \frac{2}{\pi}\cos\omega_L t - \frac{2}{3\pi}\cos 3\omega_L t + \cdots\right) - \right. \\
&\quad \left.\left(\frac{1}{2} - \frac{2}{\pi}\cos\omega_L t + \frac{2}{3\pi}\cos 3\omega_L t - \cdots\right)\right] u_s \\
&= \frac{1}{r_d + R_L}\left(\frac{4}{\pi}\cos\omega_L t - \frac{4}{3\pi}\cos 3\omega_L t + \cdots\right) U_s \cos\omega_s t
\end{aligned}
\tag{6-2-1}
$$

式中，$g_D = \frac{1}{r_d + R_L}$ 为电路电导，$S(\omega_L t)$、$S(\omega_L t - \pi)$ 和 $S'(\omega_L t)$ 分别是正向、负向和双向开关函数。

可见，二极管环形混频电路输出电流中，除了 $\omega_L \pm \omega_s$ 频率分量外，还有 $3\omega_L \pm \omega_s$、$5\omega_L \pm \omega_s$ 等频率分量，在电路后增加带通滤波网络即可取出 $\omega_L - \omega_s$ 中频信号。

混频器的主要技术指标有变频增益(插入损耗)、噪声系数、变频压缩、失真与干扰、隔离度等。下面，重点介绍变频压缩和隔离度两个指标。

在混频器中，输出与输入信号幅度理论上应呈线性关系。实际中，由于非线性器件的限制，当输入信号幅度增加到一定程度时，中频输出信号的幅度与输入不再呈线性关系。当实际输出信号幅度小于理想输出信号幅度值时，这个差值就是变频压缩值。

隔离度是指混频器的端口之间的信号泄露程度。混频器组件常有三个端口，分别以 LO(本振)、RF(射频)和 IF(中频)表示，各端口之间的信号衰减就称为隔离度。LO-IF 端口隔离度指本振端口到中频输出端口的本振信号衰减；LO-RF 端口隔离度指本振端口到射频端口的本振信号衰减；RF-IF 端口隔离度指射频输入端口到中频输出端口的射频信号衰减。本振泄露定义为泄露到中频输出端口和射频输入端口的本振信号，泄露到中频输出端口并对应于中频频率的本振信号称为本振馈通，又称零频响应。

混频技术应用非常广泛，混频器是超外差接收机以及一些测量设备(频率合成、频谱分析仪)中的关键部件，它采用超外差技术，将接收信号混频到一固定中频；系统在中频进行放大滤波处理(幅度控制)，使到达检波器的信号幅度稳定；当中频的频率较低时，检波效

果也会更好。采用这种方式后，接收机的灵敏度较高，接收频率也更宽。现在很多发射设备中也会使用混频器，首先将含有信息的“有用信号”(低频)通过混频器平移到高频信号，然后经功率放大器将信号幅度放大，最后通过天线发射出去。

实验系统配置的是无源混频器，其核心元器件是 ADE-30，技术指标见表 6.2.2。由于混频器端口驻波较差，混频模块中需辅以外围匹配电路设计。混频器在发射信号链路中作为上变频使用，在接收信号链路中作为下变频使用。

表 6.2.2 ADE-30 主要指标参数(典型值)

频率范围/MHz		变频损耗/dB	隔离度/dB		本振电平/dBm	1 dB 压缩电平/dBm
RF/LO	IF		RF-LO	LO-IF		
200～3000	DC～1000	4.5(此为最优值，变频损耗一般大于 8)	35	20	≥7	1

4. 实验内容及步骤

使用同轴电缆，按照图 6.2.3 所示进行实验连接。

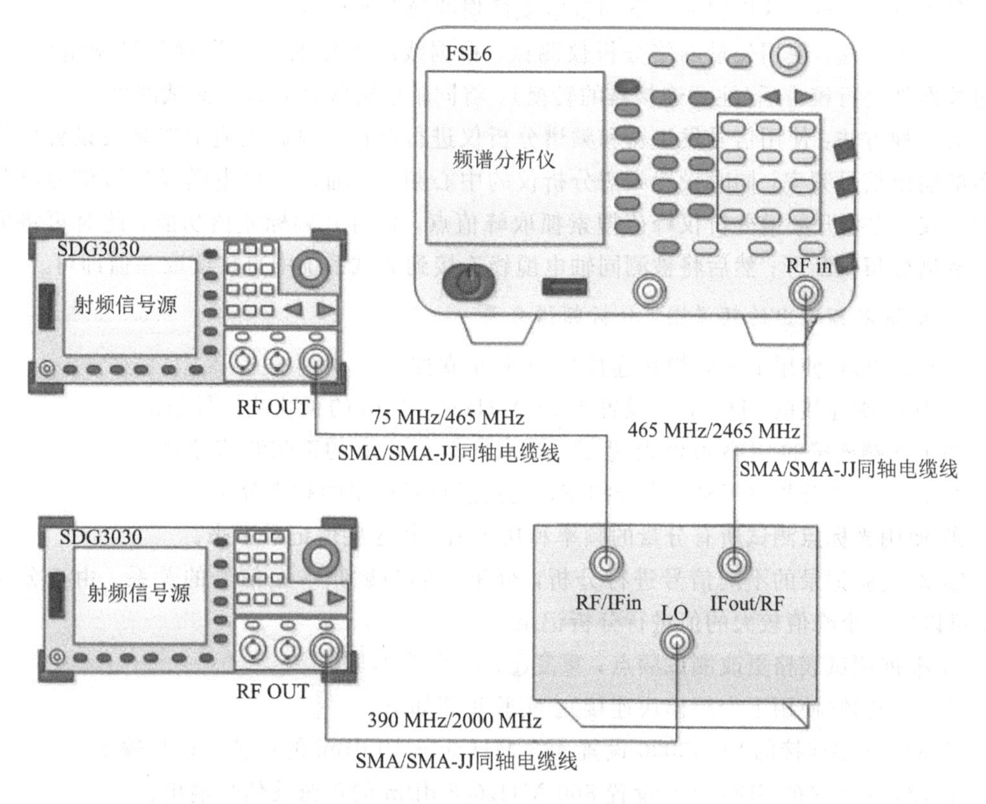

图 6.2.3 混频器测试连接图

1) 混频器变频损耗测试实验

(1) 上变频(使用上变频模块连接)。实验步骤如下。

① IFin 端连接的 SDG3030 设置 10.7 MHz@0 dBm 的正弦波信号输出。

② LO 端连接的 SDG3030 设置 454.3 MHz@8 dBm 的正弦波信号输出。

③ 设置频谱分析仪 FSL6。设置【FREQ】→中心频率→设置 465 MHz,【SPAN】→扫宽→设置 1 MHz,【AMPT】→参考电平→设置 0 dBm,打开光标峰值搜索【PEAK】→峰值搜索→打开。

④ 读取光标峰值功率,此功率值减去射频输入信号功率即为变频损耗值。

⑤ 根据测试表格更改测试频点,重复①②③④步骤。

(2) 下变频(使用下变频模块连接)。实验步骤如下。

① RF in 端连接的 SDG3030 设置 465 MHz@−10 dBm 的正弦波信号输出。

② LO 端连接的 SDG3030 设置 860 MHz@8 dBm 的正弦波信号输出。

③ 设置频谱分析仪 FSL6。设置【FREQ】→中心频率→设置 395 MHz,【SPAN】→扫宽→设置 1 MHz,【AMPT】→参考电平→设置 0 dBm,打开光标峰值搜索【PEAK】→峰值搜索→打开。

④ 读取光标峰值功率,此功率值减去射频输入信号功率即为变频损耗值。

⑤ 根据测试表格更改测试频点,重复①②③④步骤。

备注: 在上面的测试中并没有将同轴电缆的插损算进去。在工作频率较高时,线缆的损耗是不可忽略的。这里叙述一下同轴电缆插损的简单测试方法。

第一种方法:使用矢量网络分析仪测试。根据线缆工作的频段设置矢量网络分析仪,通过校准件进行校准后(注意连接器的转换),将同轴电缆线接入直接测试即可。

第二种方法:使用信号发生器和频谱分析仪进行测试。根据线缆工作频段设置信号发生器的输出信号频率,同时设置频谱分析仪的中心频率。通过一根电缆线连接信号源与频谱分析仪,先打开频谱分析仪峰值搜索抓取峰值点,再打开频标差值功能;此时再将电缆线与频谱分析仪断开;然后将被测同轴电缆线连接到测试系统中直接读取差值即可。

2) 观察混频输出的频谱图,分析频谱分量

(1) 上变频(使用上变频模块连接)。实验步骤如下。

① IFin 端连接的 SDG3030 设置 10.7 MHz@0 dBm 的正弦波信号输出。

② LO 端连接的 SDG3030 设置 454.3 MHz@8 dBm 的正弦波信号输出。

③ 设置频谱分析仪 FSL6 为全扫宽,观察混频器输出的频谱分量。

④ 使用光标点测试所有分量的频率和功率值,将这些值记录下来。

⑤ 对实验记录的不同信号进行分析,分析它们与射频本振信号的关系。由于分量众多,可以取几个峰值较大的值进行分析记录。

⑥ 根据测试表格更改测试频点,重复①②③④⑤步骤。

(2) 下变频(使用下变频模块连接)。实验步骤如下。

① RF in 端连接的 SDG3030 设置 465 MHz@−10 dBm 的正弦波信号输出。

② LO 端连接的 SDG3030 设置 860 MHz@8 dBm 的正弦波信号输出。

③ 设置频谱分析仪 FSL6 为全扫宽,观察混频器输出的频谱分量。

④ 通过使用光标点测试所有分量的频率和功率值,将这些值记录下来。

⑤ 对实验记录的不同信号进行分析,分析它们与射频本振信号的关系。由于分量众多,可以取几个峰值较大的值进行分析记录。

⑥ 根据测试表格更改测试频点,重复①②③④⑤步骤。

3）混频器 LO-RF、LO-IF 端口的隔离度测试实验

上/下变频。实验步骤如下。

① 测试 LO-RF 隔离时，频谱分析仪连接到 RF 端口，同时将 IF 端接 50 Ω 负载，LO 端接信号发生器。

② 设置信号发生器输出信号 454.3 MHz@8 dBm。设置频谱分析仪【FREQ】→中心频率→设置 390 MHz，【SPAN】→扫宽→设置 1 MHz，【AMPT】→参考电平→设置 8 dBm，打开峰值搜索【PEAK】→峰值搜索→打开。

③ 读取峰值，将峰值减去 8 dB，即为 LO-RF 隔离度。

④ 测试 LO-IF 隔离时，将频谱分析仪连接到 IF 端口，同时将 RF 端接 50 Ω 负载，LO 端接信号发生器。

⑤ 读取峰值，将峰值减去 8 dB，即为 LO-IF 隔离度。

⑥ 根据测试表格，重复②③④⑤步骤。

4）输出 1 dB 压缩点的测试实验(选做)

上变频(使用上变频模块连接)。实验步骤如下。

① IFin 端连接的 SDG3030 设置 10.7 MHz@－10 dBm 的正弦波信号输出。

② LO 端连接的 SDG3030 设置 454.3 MHz@8 dBm 的正弦波信号输出。

③ 设置频谱分析仪 FSL6。设置频谱分析仪【FREQ】→中心频率→设置 465 MHz，【SPAN】→扫宽→设置 1 MHz，【AMPT】→参考电平→设置 10 dBm，打开峰值搜索【PEAK】→峰值搜索→打开。

④ 读取光标峰值功率。根据 ADE-30 的输出 0 dB 压缩点指标，改变 10.7 MHz 输入信号的功率值，使光标峰值为 1 dBm。

⑤ 打开频谱仪光标差值功能【Marker】→差值。将 RF 端(75 MHz)信号幅度降 10 dB，观察频谱仪上光标差值是否等于－9 dB，若等于则输出 1 dB 压缩点就是 0 dBm。测量结果一般都存在误差。

⑥ 若差值大于－9 dB，则说明 RF 端输入信号幅度偏大。先将 RF 端信号幅度增加 10 dB，再进行适当的减小(减小量根据压缩情况而定，压缩多就多降一点)。然后在频谱仪上重新测量差值，再将 RF 端信号幅度降 10 dB，读取差值并判断其是否等于－9 dB。若差值还大于－9 dB，继续上面的操作，减小 RF 端功率值，直到差值等于－9 dB 为止。

⑦ 若差值小于－9 dB，则说明 RF 端输入信号幅度偏小。先将 RF 端信号幅度增加 10 dB，再进行适当的增加。然后在频谱仪上重新测量差值，再将 RF 端信号幅度降低 10 dB，读取差值并判断是否等于－9 dB；若差值还小于－9 dB，则继续上面操作，增加 RF 端功率值，直到差值等于－9 dB 为止。

备注：读取的是输出 1 dB 压缩点值，不是当 RF 减小 10 dB 后的频谱峰值。即读取的是当 RF 减小 10 dB 且差值等于－9 dB 时，将 RF 的信号幅度还原(将减小的 10 dB 再加上)后，频谱分析仪上峰值的读数(记得将差值功能关闭后读数)。

5. 实验总结

整理实验数据，填写表 6.2.3，写出规范实验报告。

表 6.2.3　实验记录表

<table>
<tr><td>测试项目</td><td>IFin/(MHz@0dBm)</td><td>LO/(MHz@8 dBm)</td><td>RF OUT/MHz</td><td>测试值/dBm</td></tr>
<tr><td rowspan="3">变频损耗 1</td><td>10.7</td><td>454.3</td><td>465</td><td></td></tr>
<tr><td>75</td><td>1153</td><td>1228</td><td></td></tr>
<tr><td>395</td><td>2055</td><td>2450</td><td></td></tr>
<tr><td rowspan="4">变频损耗 2</td><td>RF in/(MHz@−10 dBm)</td><td>LO/(MHz@8 dBm)</td><td>IFout/MHz</td><td></td></tr>
<tr><td>465</td><td>860</td><td>395</td><td></td></tr>
<tr><td>1228</td><td>833</td><td>395</td><td></td></tr>
<tr><td>2450</td><td>2055</td><td>395</td><td></td></tr>
<tr><td rowspan="5">隔离度</td><td colspan="2">Loin/(MHz@8 dBm)</td><td>LO-RF/dBm</td><td>LO-IF/dBm</td></tr>
<tr><td colspan="2">454.3</td><td></td><td></td></tr>
<tr><td colspan="2">860</td><td></td><td></td></tr>
<tr><td colspan="2">1153</td><td></td><td></td></tr>
<tr><td colspan="2">2055</td><td></td><td></td></tr>
<tr><td rowspan="2">输出 1 dB
压缩点 1</td><td>IFin/MHz</td><td>LO/(MHz@8 dBm)</td><td>RF OUT/MHz</td><td>测试值/dBm</td></tr>
<tr><td>10.7</td><td>454.3</td><td>465</td><td></td></tr>
<tr><td rowspan="2">输出 1 dB
压缩点 2</td><td>RF in/MHz</td><td>LO/(MHz@8 dBm)</td><td>IFout/MHz</td><td></td></tr>
<tr><td>1228</td><td>833</td><td>395</td><td></td></tr>
<tr><td>测试项目</td><td>IFin/(MHz@−10 dBm)</td><td>LO/(MHz@8 dBm)</td><td>输出频点/MHz</td><td>频点功率/dBm</td></tr>
<tr><td rowspan="4">频谱分量 1</td><td rowspan="4">10.7</td><td rowspan="4">454.3</td><td></td><td></td></tr>
<tr><td></td><td></td></tr>
<tr><td></td><td></td></tr>
<tr><td></td><td></td></tr>
<tr><td rowspan="5">频谱分量 2</td><td>RF in/(MHz@−10 dBm)</td><td>LO/ (MHz@8 dBm)</td><td>输出频点/MHz</td><td>频点功率/dBm</td></tr>
<tr><td rowspan="4">465</td><td rowspan="4">860</td><td></td><td></td></tr>
<tr><td></td><td></td></tr>
<tr><td></td><td></td></tr>
<tr><td></td><td></td></tr>
</table>

6.3 定向耦合器设计与实验

1. 实验目的

(1) 学习定向耦合器的基本概念、原理及应用。

(2) 掌握定向耦合器的测试方法。

2. 实验仪器

实验仪器如表6.3.1所示。

表6.3.1　实验仪器表

仪器名称	仪器型号	仪器数量
射频信号发生器	DSG3030(9 kHz～3.6 GHz)	1台
频谱分析仪	FSL6(9 kHz～6 GHz)	1台
示波器	SDS5104X(1 GHz)	1台
数字频率计	GFC-8207H(2.7 GHz)	1台
射频与通信系统实验箱	XD-RF 1.0	1套

3. 实验原理

定向耦合器是一种具有方向性的功率耦合(分配)元件。它是一种四端口元件，通常由直通线(主线)和耦合线(副线)的两段传输线组合而成，其原理如图6.3.1所示。直通线和耦合线之间通过一定的耦合机制(例如缝隙、孔、耦合线段等)，把直通线功率的一部分(或全部)耦合到耦合线中，并且要求功率在耦合线中只传向某一输出端口，另一端口则无功率输出。如果直通线中波的传播方向与原来的方向相反，则耦合线中功率的输出端口与无功率输出的端口也会随之改变，功率的耦合(分配)是有方向的，因此称为定向耦合器(方向性耦合器)。图6.3.1中，P_1 为输入信号端，P_2 为信号直通输出端，P_3 为信号耦合端，P_4 为隔离端。

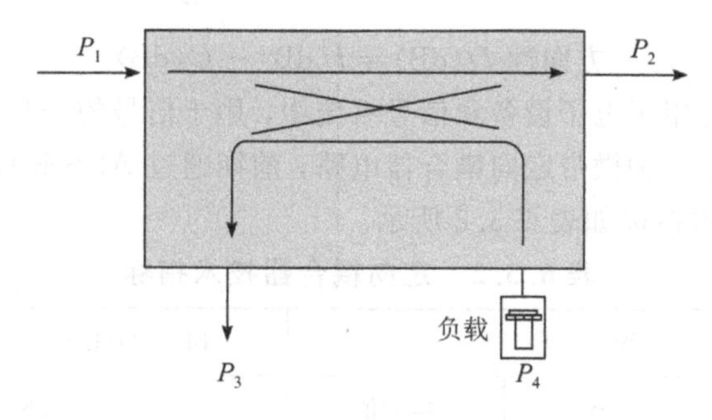

图6.3.1　定向耦合器原理图

常见的定向耦合器可分为支线型和平行线型两种。根据组成元件的不同，支线型定向耦合器电路可再分为低通 L-C 式、高通 L-C 式和传输线式。低通 L-C 式、高通 L-C 式支线型耦合器由 LC 元件组成，如图6.3.2(a)、(b)所示。传输线式支线型定向耦合器即微带分支线定向耦合器，由两根平行的导带组成，通过一些分支导带实现耦合。分支导带的长度及其间隔均为 1/4 线上波长，如图 6.3.2(c)所示，其分支数可为两分支或更多。我们常见的电桥其本质是一种将功率平分耦合的定向耦合器的特称，即 3 dB 定向耦合器。平行线型定向耦合器常用微带线来设计，电路结构如图 6.3.2(d)所示。

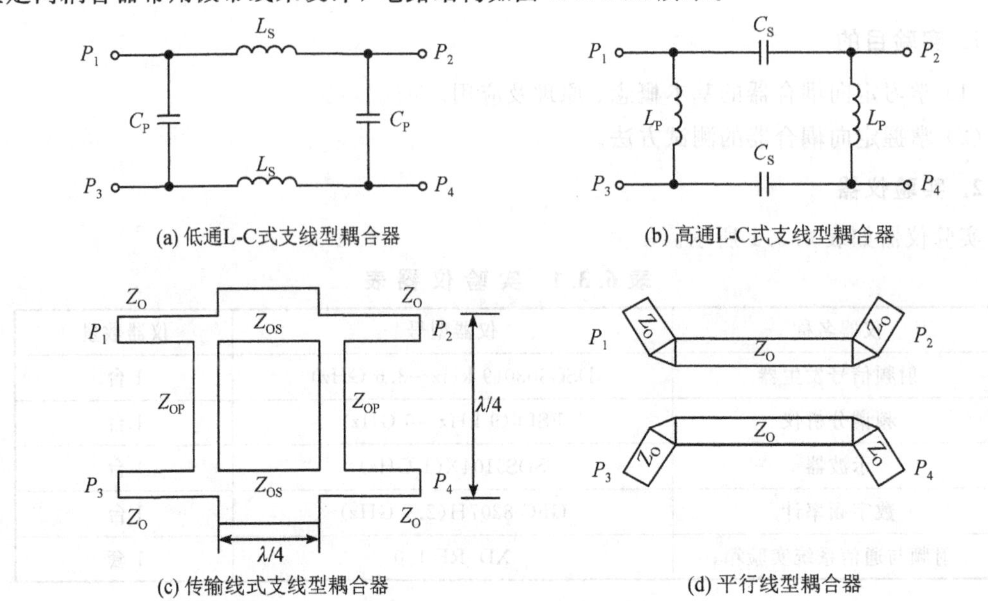

图 6.3.2　定向耦合器

一般用以下参数来表征定向耦合器的性能指标，若 P_1、P_2、P_3、P_4 皆用毫瓦(mW)来表示，则传输系数、耦合系数、隔离度及方向性分别定义为：

$$\text{传输系数 } T(\text{dB}) = -10\lg\frac{P_2}{P_1} \tag{6-3-1}$$

$$\text{耦合系数 } C(\text{dB}) = -10\lg\frac{P_1}{P_3} \tag{6-3-2}$$

$$\text{隔离度 } I(\text{dB}) = -10\lg\frac{P_1}{P_4} \tag{6-3-3}$$

$$\text{方向性 } D(\text{dB}) = I(\text{dB}) - C(\text{dB}) \tag{6-3-4}$$

定向耦合器广泛应用于电子设备和信号系统中，用于信号的分路与合成。

实验系统中提供了一种微带定向耦合器电路，前期通过 ADS 软件仿真得到版图，最后经 PCB 制板得到，技术指标如表 6.3.2 所示。

表 6.3.2　定向耦合器技术指标

频　段		1450 MHz～1650 MHz
传输系数 T/dB	参考值	1±0.5
耦合度 C/dB	参考值	14±1
隔离度 I/dB	参考值	≥20
方向性 D/dB	参考值	7±1

4. 实验内容及步骤

1) 传输系数测试

① 使用两根 N/SMA-JJ 射频电缆分别连接到矢量网络的两个端口，打开矢量网络分析仪，热机 15 分钟。

② 设置矢量网络分析仪参数，准备“全双端口 SOLT”校准。具体操作步骤如下。

a. 按【通道】→【通道 1】→【起始】→【1450】【M/u】→【终止】→【1650】【M/u】→【测量】→【S11】→【格式】→【驻波比】；

b. 按【通道】→【通道 2】→【起始】→【1450】【M/u】→【终止】→【1650】【M/u】→【测量】→【S21】→【格式】→【对数幅度】；

c. 按【通道】→【通道 3】→【起始】→【1450】【M/u】→【终止】→【1650】【M/u】→【测量】→【S22】→【格式】→【驻波比】。

其他默认设置。

③ 使用矢量网络分析仪自配的校准件进行“全双端口 SOLT”校准。具体操作步骤如下。

按【校准】→【机械校准】→【全双端口 SOLT】→【反射】→将“开路器”连接到端口 1 的电缆线上→【前向开路器】→将“开路器”更换成“短路器”→【前向短路器】→将“短路器”更换成“匹配负载”→【前向负载】→将“匹配负载”从端口 1 电缆上取下→将“开路器”连接到端口 2 的电缆上→【反向开路器】→将“开路器”更换成“短路器”→【反向短路器】→将“短路器”更换成“匹配负载”→【反向负载】→【完成反射测试】→将“匹配负载”从端口 2 电缆上取下→再使用“双阴”将两个电缆线短接→【传输】→【直通】→【完成传输测量】→【完成全双端口】。

④ 检查校准是否成功。

使用“双阴”将两根测试电缆短接起来，观察迹线；S11、S22 驻波比校准过后的值无限接近 1.0(最小值)，S21 传输对数幅度校准后的值无限接近 0 dB。

⑤ 校准结束后，将校准件移除，并且妥善放置(方便下次使用)。

⑥ 按照图 6.3.3 所示，将“定向耦合器”连接到矢量网络分析仪的测试电缆上。

⑦ 观察矢网的显示通道迹线。

通道 1、3 表示端口驻波比，通道 2 表示插入损耗。通过调节显示比例，让测试结果一目了然。具体操作步骤如下。

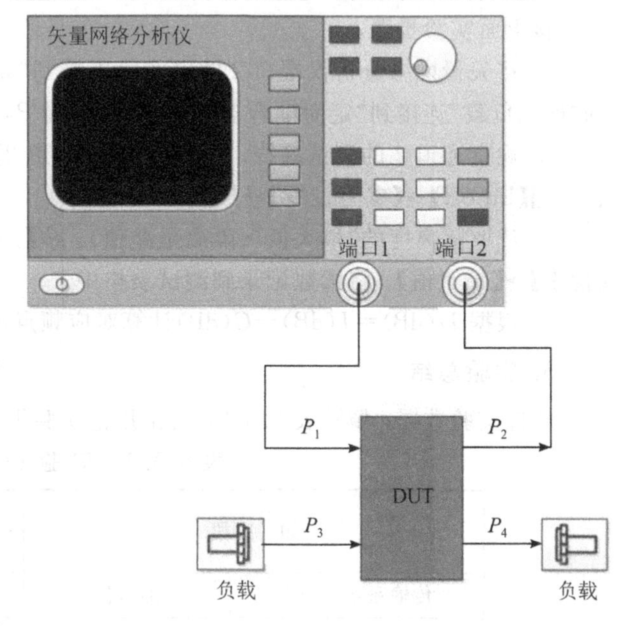

图 6.3.3 定向耦合器实验测试连接图

a. 按【通道】→【通道 2】→【比例】→【1】【En off】→【参考值】→【0】【En off】→【参考位置】→【5】【En off】；

b. 按【通道】→【通道 1】→【比例】→【1】【En off】→【参考值】→【1】【En off】→【参考位置】→【1】【En off】；

c. 按【通道】→【通道 3】→【比例】→【1】【En off】→【参考值】→【1】【En off】→【参考位置】→【1】【En off】。

⑧ 记录测试结果。

“端口驻波比”记录全段内最大值(驻波比越小，说明匹配越好)，“插入损耗”记录全段内最大/最小值(可以确定带内平坦度)。具体操作步骤如下。

a. 按【通道】→【通道 1】→【光标】→【光标 1】→【搜索】→【最大值】；

b. 按【通道】→【通道 2】→【光标】→【光标 1】→【搜索】→【最大值】→【光标】→【光标 2】→【搜索】→【最小值】；

c. 按【通道】→【通道 3】→【光标】→【光标 1】→【搜索】→【最大值】。

将光标值记录到相应的实验表格中。

2) 耦合度实验

接上面实验步骤。

⑨ 将矢量网络分析仪端口 2 的电缆线连接到“定向耦合器”的耦合端 P_3，再将耦合端的“匹配负载”连接到“定向耦合器”的信号输出端 P_2。

⑩ 观察通道 2 的测试迹线。按【通道】→【通道 2】→【比例】→【1】【En off】→【参考值】→【−20】【En off】→【参考位置】→【5】【En off】。

⑪ 直接读取通道 2 两个光标测得的耦合度值，记录在测试表格中。

3) 隔离度和方向性实验

接上面实验步骤。

⑫ 将矢量网络分析仪端口 2 的电缆线连接到“定向耦合器”的耦合端 P_4，再将耦合端的“匹配负载”连接到“定向耦合器”的信号输出端 P_3。

⑬ 观察通道 2 的测试迹线。按【通道】→【通道 2】→【比例】→【1】【En off】→【参考值】→【−50】【En off】→【参考位置】→【5】【En off】。

⑭ 读取隔离度的“最大值”(隔离最差值)。按【通道】→【通道 2】→【光标】→【光标 1】→【搜索】→【最大值】。将读数记录到测试表格中。

⑮ 根据 $D(\text{dB})=I(\text{dB})-C(\text{dB})$ 计算对应频点的方向性系数，记录在测试表格中。

5. 实验总结

整理实验数据，填写表 6.3.3，写出规范实验报告。

表 6.3.3 实验记录表

频　段		1450～1650 MHz	
		最大值	最小值
传输系数 T/dB	测试值		
耦合度 C/dB	测试值		
隔离度 I/dB	测试值		
方向性 D/dB	测试值		

6.4 射频开关设计与实验

1. 实验目的

(1) 学习射频开关的基本概念。

(2) 了解射频开关的基本原理及应用。

(3) 掌握射频开关的测试方法。

2. 实验仪器

实验仪器如表 6.4.1 所示。

表 6.4.1　实验仪器表

仪器名称	仪器型号	仪器数量
射频信号发生器	DSG3030(9 kHz～3.6 GHz)	1 台
频谱分析仪	FSL6(9 kHz～6 GHz)	1 台
示波器	SDS5104X(1 GHz)	1 台
数字频率计	GFC-8207H(2.7 GHz)	1 台
射频与通信系统实验箱	XD-RF1.0	1 套

3. 基本原理

射频开关又称为微波开关，实现了控制微波信号通道转换的作用。射频开关是射频通路的常用器件，只要涉及通路切换都需要用到。常见的射频开关有机械开关和固态开关两种。

机械开关类似于电磁继电器开关。这种开关的优点是插入损耗较小，频率可从直流覆盖到毫米波。缺点是使用寿命短(约 100 万次)，对环境振动敏感，体积相对于固态开关较大。

固态开关使用的开关元件为高速硅 PIN 二极管或场效应管 FET，电路体积较小。由于这种开关不包含活动部件，所以它的寿命是无限的，同时电路的耐冲击以及振动性更好、开关速度快、隔离度高。缺点是插入损耗较大，覆盖频段较小。

实验箱配置的射频开关是固态开关，固态开关分为两种：吸收式和反射式。

吸收式开关在关断状态时，通过 50 Ω 负载吸收反射信号。所以在其在关断状态时，驻波也较好。反射式开关在关断状态下，处于开路或短路状态，对信号全反射，所以在关断状态时，驻波较差。

射频开关广泛应用于各种通信系统中，如信号通道的通断以及信号通道的选择等。常见的开关有 SPST(单刀单掷)、SPDT(单刀双掷)、SPNT(单刀多掷)、DPDT(双刀双掷)等。一种工程中常用的单刀双掷开关原理图如图 6.4.1 所示。

射频开关的主要参数指标如下。

(1) 插入损耗：指开关在导通状态下的衰减量。

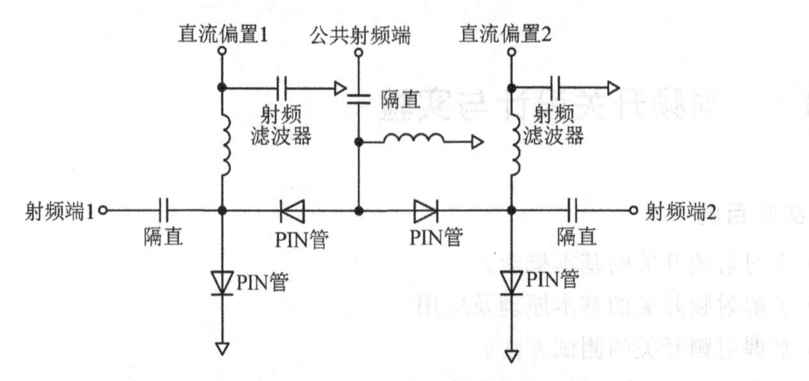

图 6.4.1 一种工程中常用的单刀双掷开关原理图

(2) 关断比：指开关在关断状态下的衰减量减去插入损耗值。

(3) 隔离度：指信号从一个输出端口到另一个输出端口的衰减量。(输出端口之间的隔离度，或者输入端口之间的隔离度。)

(4) 功率容量：指开关所能承受的最大功率。

(5) 开关时间：指自输入控制电压达到其 50% 至最终射频输出功率达到其 90% 所需的时间。用来表征开关通断转换速度。

实验系统设备配置的射频开关电路有射频双工开关和四选一开关两种，都是典型的固态单刀多掷开关。

4. 实验内容及步骤

1) 插入损耗、关断比测试(信号发生器加频谱分析仪实验)

实验步骤如下。

① 打开频谱分析仪和信号发生器，进行热机。

② 如图 6.4.2，使用同轴电缆线将“双工开关”连接到测试系统中。

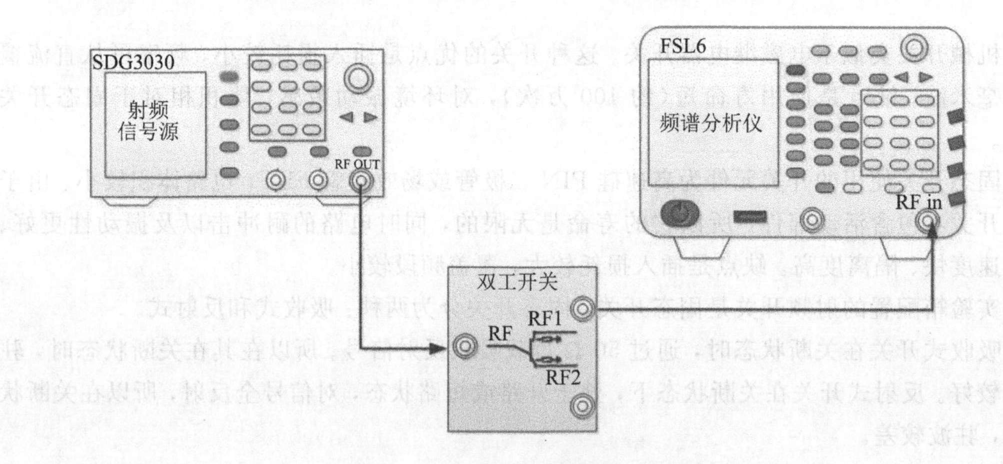

图 6.4.2 “双工开关”测试连接图 1

③ 设置信号发生器，按【FREQ】→【465】【MHz】→【AMPTD】→【0】【dBm】→【RF】→ON。

④ 设置频谱分析仪，按【FREQ】→【465】【MHz】→【AMPT】→【5】【dBm】→【SPAN】→

【1】【MHz】→【PEAK】→【下一页】→【峰值搜索】。

⑤ 打开“双工开关”的电源开关，通过 SW2 拨码开关选择“RF→RF1”。

⑥ 读取“RF→RF1”插入损耗值，插入损耗值等于频谱光标读值减去信号发生器输出信号功率值。

⑦ 设置频谱分析仪，按【Marker】→【差值】。

⑧ 读取“RF→RF1”关断比值，通过 SW2 开关选择“RF→RF2”，直接读取频谱分析仪显示的光标差值即为关断比。

⑨ 更改测试端口为 RF2，将频谱分析仪的“RF in 端”连接到电路的“RF2 端”。

⑩ 设置频谱分析仪，按【Marker】→【常态】。

⑪ 读取“RF→RF2”插入损耗值，插入损耗值等于频谱光标读值减去信号发生器输出信号功率值。

⑫ 重复⑦⑧步骤，读取“RF→RF2”关断比值，将以上实验数据记录到测试表格中。

⑬ 根据测试表格更改测试频点，重复③～⑫步骤。

2) 输出端口间隔离度(信号发生器加频谱分析仪实验)

实验步骤如下。

① 打开测试仪表进行热机。

② 使用同轴电缆线连接测试系统。信号发生器的“RF OUT 端”与双工开关电路的“RF1 端”相连，频谱分析仪的“RF in 端”与双工开关的“RF2 端”相连。

③ 设置信号发生器，按【FREQ】→【465】【MHz】→【AMPTD】→【0】【dBm】→【RF】→ON。

④ 设置频谱分析仪，按【FREQ】→【465】【MHz】→【AMPT】→【5】【dBm】→【SPAN】→【1】【MHz】→【PEAK】→【下一页】→【峰值搜索】。

⑤ 将“双工开关”的“RF in 端”连接 50 Ω 负载(实验中没有负载时，可以将此端口连接到任何 50 Ω 系统端口上)。

⑥ 读取隔离度值。打开“双工开关”电源开关，SW2 开关任意置数，读取此时频谱分析仪光标值，减去信号发生器的输出信号功率值即为隔离度值。将此值记录在测试表格中。

⑦ 根据测试表格更换测试频点实验，重复步骤③～⑥。

3) 测试插损、关断比、隔离度(矢量网络分析仪)

实验步骤如下。

① 使用两根 N/SMA-JJ 射频电缆分别连接到矢量网络的两个端口，打开矢量网络分析仪进行热机。

② 设置矢量网络分析仪参数，准备“全双端口 SOLT”校准。具体操作步骤如下。

a. 按【通道】→【通道 1】→【起始频率】→【300】【M/u】→【终止频率】→【2500】【M/u】→【测量】→【S11】→【格式】→【驻波比】;

b. 按【通道】→【通道 2】→【起始频率】→【300】【M/u】→【终止频率】→【2500】【M/u】→【测量】→【S21】→【格式】→【对数幅度】;

c. 按【通道】→【通道 3】→【起始频率】→【300】【M/u】→【终止频率】→【2500】【M/u】→【测量】→【S22】→【格式】→【驻波比】。

其他选项使用默认设置。

③ 使用矢量网络分析仪自配的校准件进行“全双端口 SOLT”校准，具体操作步骤如下。

按【校准】→【机械校准】→【全双端口 SOLT】→【反射】→将“开路器”连接到端口 1 的电缆线上→【前向开路器】→将“开路器”更换成“短路器”→【前向短路器】→将“短路器”更换成“匹配负载”→【前向负载】→将“匹配负载”从端口 1 电缆上取下→将“开路器”连接到端口 2 的电缆上→【反向开路器】→将“开路器”更换成“短路器”→【反向短路器】→将“短路器”更换成“匹配负载”→【“反向”负载】→【完成反射测试】→将“匹配负载”从端口 2 电缆上取下→再使用“双阴”将两个电缆线短接→【传输】→【直通】→【完成传输测量】→【完成全双端口校准】。

④ 检查校准是否成功。使用“双阴”将两根测试电缆短接起来，观察迹线。S11、S22 驻波比校准过后的值无限接近 1.0(最小值)，S21、S12 传输对数幅度校准后的值无限接近 0 dB。(S21 是指信号从端口 1 发出端口 2 接收，S12 的信号走向正好相反)

⑤ 校准结束后，将校准件移除并妥善放置(方便下次使用)。

⑥ 如图 6.4.3 所示，将“开关滤波器”连接到矢量网络分析仪的测试电缆上。

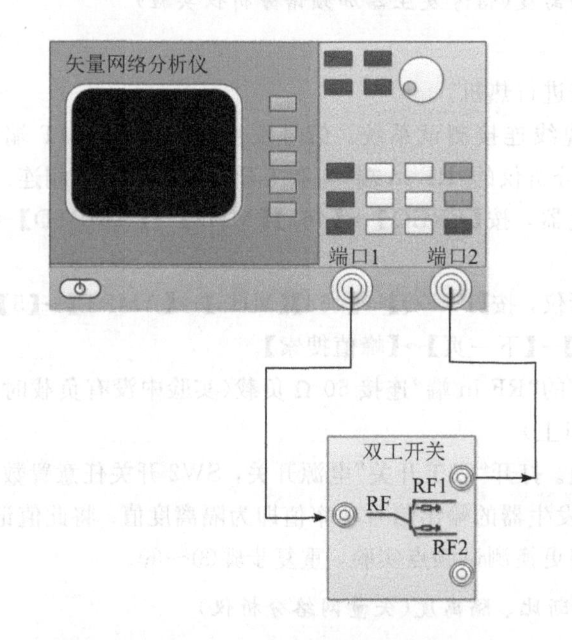

图 6.4.3 “双工开关”测试连接图 2

⑦ 选择 RF→RF1。通过 SW2 选择“RF→RF1”，打开电路电源。

⑧ 读取插入损耗参数，具体步骤如下。

按【通道】→【通道 2】→【光标】→【光标 1】→【465】【M/u】→【光标】→【光标 2】→【856】【M/u】→【光标】→【光标 3】→【1228】【M/u】→【光标】→【光标 4】→【2450】【M/u】。

直接读取光标值即为“RF→RF1”的插入损耗值，将实验数据记录在测试表格中。

⑨ 读取“RF→RF1”的关断比。通过 SW2 选择“RF→RF2”通道，直接读取上面光标的参数再减去相应点的插入损耗即为该点的关断比。

⑩ 测试“RF→RF2”通道的插入损耗、关断比。重复步骤⑦⑧⑨。

⑪ 测试隔离度需要更改连接。将矢量网络分析仪的两个端口分别连接“双工开关”的两

个输出端(RF1、RF2)，“RF in 端”接 50 Ω 负载。

⑫ 直接读取通道 2 的光标值即为隔离度值，并将实验数据记录到测试表格中。

4) “四选一开关”指标测试

“四选一开关”的测试方法和工作频段(频点)与“双工开关”完全一致。测试步骤参考上面的测试过程，这里不再赘述。测试完成后，将实验数据记录到测试表格中。

备注：在测试“四选一开关”关断比时，例如测试 RF→RF1 的隔离度，信号从 RF 端输入到 RF1 端输出，将开关任意设置到通道 RF→RF2、RF→RF3、RF→RF4 都可以进行测试。

5. 实验结论

整理实验数据，填写表 6.4.2，书写规范实验报告。

表 6.4.2　实验测试记录表

电路	测试项	信号频率/MHz	RF→RF1	RF→RF2	RF→RF3	RF→RF4
双工开关测试 1	插入损耗/dB	465			/	/
		856			/	/
		1228			/	/
		2450			/	/
	关断比	465			/	/
		856			/	/
		1228			/	/
		2450			/	/
	隔离度/dB RF1→RF2	465				
		856				
		1228				
		2450				
双工开关测试 2	插入损耗/dB	465				
		856				
		1228				
		2450				
	关断比	465				
		856				
		1228				
		2450				
	隔离度/dB RF1→RF2	465				
		856				
		1228				
		2450				

6.5 滤波器设计与实验

1. 实验目的

(1) 学习滤波器的基本概念。

(2) 了解滤波器的基本原理及应用。

(3) 掌握滤波器的测试方法。

2. 实验仪器

实验仪器如表 6.5.1 所示。

表 6.5.1 实验仪器表

仪器名称	仪器型号	仪器数量
射频信号发生器	DSG3030(9 kHz～3.6 GHz)	1 台
频谱分析仪	FSL6(9 kHz～6 GHz)	1 台
示波器	SDS5104X(1 GHz)	1 台
数字频率计	GFC-8207H(2.7 GHz)	1 台
射频与通信系统实验箱	XD-RF 1.0	1 套

3. 基本原理、分类、技术指标及应用

1) 滤波器的基本原理

滤波器的基础是谐振电路，它是一个二端口网络，对通带内频率信号呈现匹配传输，对阻带频率信号失配进行发射衰减，从而实现信号频谱过滤功能。典型的频率响应包括低通、高通、带通和带阻特性，如图 6.5.1 所示。镜像参量法和插入损耗法是设计集总元器件滤波器常用的方法。在微波应用中，这种设计通常必须变更到由传输线段组成的分布元器件。Richard 变换和 Kuroda 恒等关系提供了这个方法。

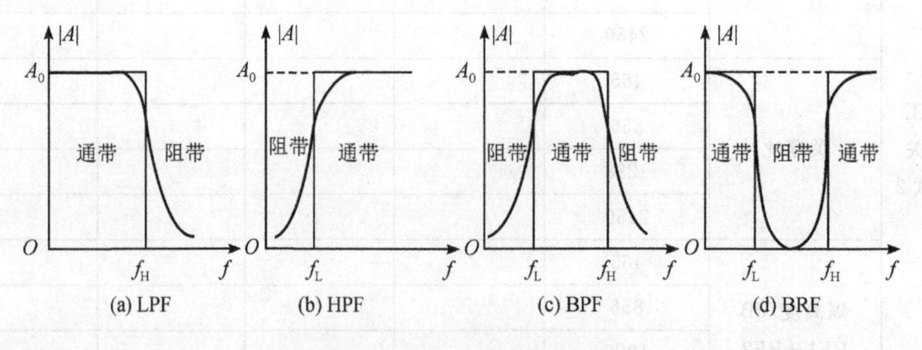

图 6.5.1 典型频率响应曲线

在滤波器中，通常采用工作衰减来描述滤波器的衰减特性，即

$$L_A = 10\lg \frac{P_{in}}{P_L} \quad (dB) \tag{6-5-1}$$

式中，P_{in} 和 P_L 分别为输出端匹配负载时的滤波器输入功率和负载吸收功率。为了描述衰减特性与频率的相关性，通常使用数学多项式逼近方法来描述滤波器特性，如巴特沃斯(Butterworth)、切比雪夫(Chebyshev)、椭圆函数型(Elliptic)、高斯多项式(Gaussian)等。这四种类型滤波器的基本特性如表 6.5.2 所示。

表 6.5.2　四种滤波器函数

类型	传输函数	频响曲线	滤波器特点
巴特沃斯	$\lvert S_{21}(j\Omega)\rvert^2=\dfrac{1}{1+\Omega^{2n}}$	$S_{21}(\Omega)$; O; Ω	结构简单，插入损耗最小，适用于窄带场合
切比雪夫	$\lvert S_{21}(j\Omega)\rvert^2=\dfrac{1}{1+e^2T_n^2(\Omega)}$	$S_{21}(\Omega)$; O; Ω	结构简单，频带宽，边沿陡峭，应用范围广
椭圆函数型	$\lvert S_{21}(j\Omega)\rvert^2=\dfrac{1}{1+\varepsilon^2F_n^2(\Omega)}$	$S_{21}(\Omega)$; O; Ω	结构复杂，边沿陡峭，适用于特殊场合
高斯多项式	$\lvert S_{21}(p)\rvert^2=\dfrac{a_0}{\sum\limits_{k=0}^{n}a_kp^k}$	$S_{21}(\Omega)$; O; Ω	结构简单，群延时好，适用于特殊场合

滤波器设计通常先需要由衰减特性综合出滤波器低通原型，再将原型低通滤波器转换到要求设计的低通、高通、带通、带阻滤波器，最后用集总参数或分布参数元器件实现所设计的滤波器。

2) 滤波器的种类

从滤波器实现方法来看，可以分为有源滤波器(晶体管和运算放大器等组成)和无源滤波器(电感、电容和传输线等组成)。

有源滤波器除了阻断不需要的频谱外，还可以放大信号，其缺点是结构复杂且消耗直流功率。

无源滤波器比较经济和容易设计，且无源滤波器在更高频率下仍然能表现出良好的性能。所以，在射频微波或毫米波通信系统中经常用到无源滤波器。

根据使用形式上的不同，滤波器又分为集总LC滤波器、介质滤波器、腔体滤波器、晶体滤波器、声表面滤波器和微带滤波器等。

(1) 集总LC滤波器：是由集总LC组成的滤波器，适于3 GHz以下的应用场合。它体积小、便于安装、无寄生通带、设计灵活，但由于电感元器件Q值较低，故不宜在高矩形度、低插入损耗、窄带情况下使用。

(2) 介质滤波器：介质滤波器的Q值一般为集总元器件的2～3倍，能够实现窄带滤波功能，但存在高次寄生通带。主要用于既要求通带近端杂波抑制同时又需有较小体积的场合。

(3) 腔体滤波器：腔体滤波器全部由机械结构组成，这使其具有相当高的Q值，非常适用于低插入损耗、窄带、大功率传输的应用场合。但它有较大体积和寄生通带，加工成本高。

(4) 晶体滤波器：晶体滤波器具有极高的品质因数，滤波选择极好，但价格较高。

(5) 声表面滤波器：其优点是体积小、重量轻、通频带宽、一致性好、适于批量生产，但延时较大。

(6) 微带滤波器：应用频率在3 GHz以上，总体性能优于LC滤波器，在宽带滤波、多工器中应用广泛。

3）滤波器的主要参数指标

(1) 中心频率f_0：一般$f_0=\frac{f_H+f_L}{2}$。其中，f_H、f_L为带通或带阻滤波器相对下降3 dB处对应的左右边频点。

(2) 截止频率$f_{上截频}$、$f_{下截频}$：低通滤波器的通带右边的边频点及高通滤波器的通带左边的边频点。

(3) 通带带宽BW_{3dB}：需要通过的频谱宽度，$BW_{3dB}=f_H-f_L$。其中，f_H、f_L是以中心频率f_0处插入损耗为基准，下降3 dB处对应的左右边频点。

(4) 相对带宽：用$\frac{BW_{3dB}}{f_0}\times100\%$表示，也常用来表征滤波器的通带带宽。

(5) 插入损耗IL：引入滤波器对输入信号带来的损耗。常以中心频率或截止频率处损耗来表征。

(6) 带内波动：通带内的插入损耗随频率变化的波动值。

(7) 带内驻波比VSWR：衡量滤波器通带内信号是否良好匹配传输的一项重要指标。理想匹配为VSWR＝1∶1，失配时大于1。对于实际的滤波器一般要求VSWR小于1.5∶1。

(8) 延迟TD：信号通过滤波器所需要的时间。

(9) 阻带抑制度R_f：衡量滤波器选择性能好坏的重要指标，指标越高说明滤波器对带外干扰信号抑制得越好。

(10) 矩形系数K：用来表征滤波器对频带外信号的衰减程度，带外衰减越大，选择性越好。矩形系数$K_{ndB}=\frac{BW_{ndB}}{BW_{3dB}}$，$n$的取值一般为40，60等。滤波器阶数越高，$K$越接近于1。过渡带越窄，对带外干扰信号抑制得越好，滤波器的制作难度也越大。

4）滤波器的应用

滤波器广泛应用于各种通信系统中，用来抑制信号系统的无用频率分量。在信号接收系统中，作为系统的前级进行信号筛选，提高接收机系统的接收质量；在发射系统中，将无用的谐波和杂散滤除以提高发射信号的纯度，便于接收机接收；在中频电路中，采用带通滤波器可以抑制混频电路的镜像响应、多重响应和其他非线性频率响应。

实验系统配置有"开关滤波器组"电路，包含四个不同频段的声表面滤波器，通过开关选择滤波器来确定实验信道频段。

4. 实验内容及步骤

1）矢量网络分析仪实验测试

实验步骤如下。

① 使用两根 N/SMA-JJ 射频电缆分别连接到矢量网络分析仪的两个端口，打开矢量网络分析仪进行热机。

② 设置矢量网络分析仪参数(准备"全双端口 SOLT"校准)，具体操作步骤如下。

a. 按【通道】→【通道 1】→【中心频率】→【465】【M/u】→【带宽】→【100】【M/u】→【测量】→【S11】→【格式】→【驻波比】；

b. 按【通道】→【通道 2】→【中心频率】→【465】【M/u】→【带宽】→【100】【M/u】→【测量】→【S21】→【格式】→【对数幅度】；

c. 按【通道】→【通道 3】→【中心频率】→【465】【M/u】→【带宽】→【100】【M/u】→【测量】→【S22】→【格式】→【驻波比】。

其他默认设置。

③ 使用矢量网络分析仪自配的校准件进行"全双端口 SOLT"校准，具体操作步骤如下。

按【校准】→【机械校准】→【全双端口 SOLT】→【反射】→将"开路器"连接到端口 1 的电缆线上→【前向开路器】→将"开路器"更换成"短路器"→【"前向"短路器】→将"短路器"更换成"匹配负载"→【"前向"负载】→将"匹配负载"从端口 1 电缆上取下→将"开路器"连接到端口 2 的电缆上→【反向开路器】→将"开路器"更换成"短路器"→【"反向"短路器】→将"短路器"更换成"匹配负载"→【"反向"负载】→【完成反射测试】→将"匹配负载"从端口 2 电缆上取下→再使用"双阴"将两个电缆线短接→【传输】→【直通】→【完成传输测量】→【完成全双端口】。

④ 检查校准是否成功。

使用"双阴"将两根测试电缆短接起来，观察迹线；S11、S22 驻波比校准过后的值无限接近 1.0(最小值)，S21、S12 传输对数幅度校准后的值无限接近 0 dB。(S21 是指信号从端口 1 发出端口 2 接收，S12 的信号走向正好相反)

⑤ 校准结束后，将校准件移除，并妥善放置。

⑥ 将"开关滤波器"连接到矢量网络分析仪的测试电缆上，如图 6.5.2 所示。

⑦ 滤波器选择。通过 SW2 选择"465 MHz 带通滤波器"，打开电路电源。

⑧ 读取传输参数。

按【通道】→【通道 2】→【光标】→【光标 1】→【搜索】→【带宽】直接可以读取中心频率、带

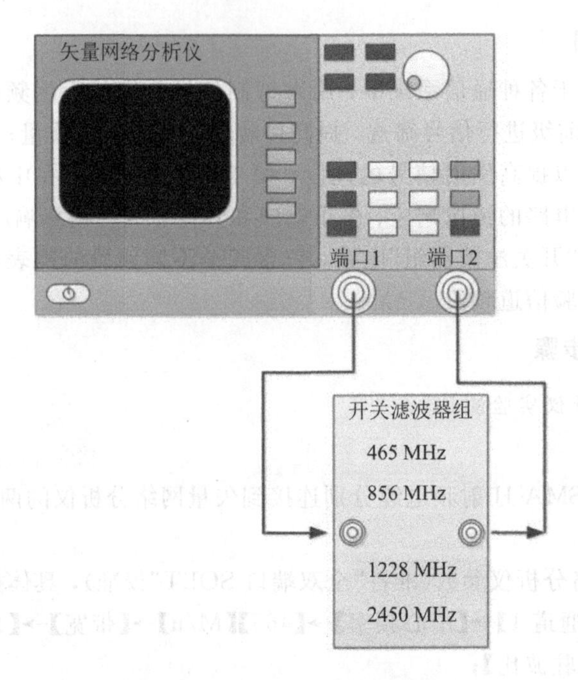

图 6.5.2　滤波器实验连接图 1

宽、插入损耗(f_0)、左/右截止频率。

⑨ 读取两个端口带内驻波。

按【通道】→【通道 1】→【光标】→【光标 1】→设置左截止频率点(上面测试的值)→【光标 2】→设置右截止频率点(上面测试的值)→【光标 3】→通过旋钮将光标 3 移动到左右截止频率之间驻波比最大点处。

按【通道】→【通道 2】→【光标】→【光标 1】→设置左截止频率点(上面测试的值)→【光标 2】→设置右截止频率点(上面测试的值)→【光标 3】→通过旋钮将光标 3 移动到左右截止频率之间驻波比最大点处。

⑩ 读取矩形系数。

按【通道】→【通道 2】→【光标】→【光标 5】→将光标 5 向左移动到抑制度 20 dB 的频率点→【光标 6】→将光标 6 向右移动到抑制度 20 dB 的频率点。(这里的 20 dB 抑制点，是中心频点插入损耗－20 dB)

⑪ 重置矢量网络分析仪的测试中心频率为 856 MHz、1228 MHz、2450 MHz，其他设置参数不变。重复步骤②③④⑤⑥⑦⑧⑨⑩。将测试的指标记录在测试表格中。

2) 频谱分析仪加信号发生器实验测试

① 将频谱分析仪、信号源和开关滤波器组实验连接使用同轴电缆连，如图 6.5.3 所示。

② 选择实验滤波器。通过电路上的 SW2 开关选择中心频率 465 MHz 的带通滤波器通道。

③ 设置信号发生器频率并扫描输出。按【LEVEL】→【0】【dBm】→【sweep】→【模式】→【频率】→【类型】→【步进】→【重复扫描】→【连续】→【步进设置】→【起始频率】→【400】【MHz】→【终止频率】→【500】【MHz】→【点数】→【500】→【确定】→【驻留时间】→【50】【ms】

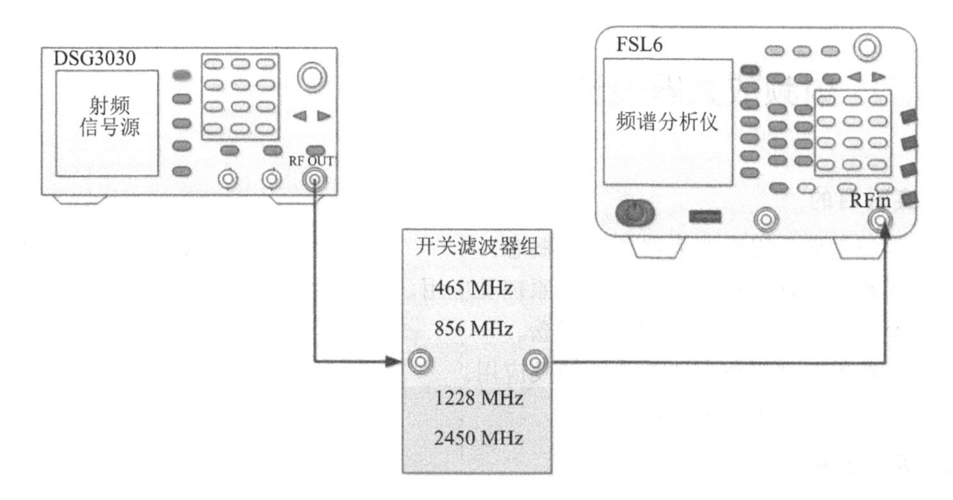

图 6.5.3 滤波器实验连接 2

→打开【RF】，输出。

④ 设置频谱分析仪测试迹线最大保持。按【FREQ】→【起始频率】→【400】【MHz】→【终止频率】→【500】【MHz】→【AMPT】→【0】【dBm】→【Trace】→打开开关滤波器电路电源开关→【最大保持】。

⑤ 使用光标读取测试值。等待频谱分析仪测试迹线稳定后，按【Peak】→观察插损最小点→【Marker】→【465】【MHz】→读取中心频点的插入损耗→【频标 1 2 3 4 5】→【常态】→使用旋钮找到 3 dB 带宽的上截止点→【频标 1 2 3 4 5】→【常态】→使用旋钮找到 3 dB 带宽的下截止点。上、下截止点频率的差值即为滤波器 3 dB 带宽。

⑥ 重复步骤⑤，测试出滤波器 20 dB 带宽。根据公式 $K_{n\text{dB}}=\dfrac{\text{BW}_{n\text{dB}}}{\text{BW}_{3\text{dB}}}$，计算 K_{20}。

⑦ 改变信号发生器和频谱分析仪频率，测试 856 MHz、1228 MHz、2450 MHz 时滤波器参数。信号发生器的扫描频率分别设置为：800～900 MHz，1178～1278 MHz，2400～2500 MHz；频谱分析仪的起始/终止频率按照信号发生器的扫描频率设置即可。重复步骤③④⑤⑥，将以上测试的数据记录在测试表格中。

5. 实验结论

整理实验数据，填写表 6.5.3，书写规范实验报告。

表 6.5.3 实验测试记录表

指标	465 MHz 声表带通滤波器	856 MHz 声表带通滤波器	1228 MHz 声表带通滤波器	2450 MHz 声表带通滤波器
输入驻波比				
输出驻波比				
3 dB 带宽/MHz				
插入损耗/dB				
$K_{20\text{dB}}$				

6.6 射频放大器设计与实验

1. 实验目的

(1) 学习射频低噪声放大器的基本概念。

(2) 了解射频低噪声放大器的基本原理及应用。

(3) 学习射频宽带放大器的基本概念。

(4) 了解射频宽带放大器基本原理及应用。

(5) 掌握射频放大器的测试方法。

2. 实验仪器

实验仪器如表 6.6.1 所示。

表 6.6.1 实验仪器表

仪器名称	仪器型号	仪器数量
射频信号发生器	DSG3030(9 kHz～3.6 GHz)	1台
频谱分析仪	FSL6(9 kHz～6 GHz)	1台
示波器	SDS5104X(1 GHz)	1台
数字频率计	GFC-8207H(2.7 GHz)	1台
射频与通信系统实验箱	XD-RF 1.0	1套

3. 基本原理

1) 低噪声放大器及其类型

低噪声放大器(Low-noise amplifier，简称 LNA)是信号接收系统中射频接收机前端的主要部分，是提高信号接收系统小信号接收能力的线性放大器。它位于接收机的前端，具有极低的噪声系数。同时为了抑制后面各级电路噪声对系统的影响，低噪声放大器应具有一定的增益，但其增益值需保证不使后级混频器电路过载而产生非线性失真。

低噪声放大器的工作原理源于晶体管的小信号模型，常见的有双极型晶体管小信号模型和场效应管小信号模型。其原理是在小的信号幅度下，设置合适的静态工作点，使晶体管工作于小信号线性放大状态。

晶体管电路的集成工艺包括砷化镓(GaAs)、双极(bipolar)和互补金属氧化物半导体(CMOS)工艺。GaAs 是一种化合半导体材料，性能稳定、工艺成熟，其最高频率可达几十甚至上百吉赫兹，在超高速微电子学和光电子学中占据了重要地位。

双极晶体管的优点是在相同偏置电流下，跨导大且增益带宽积较高。由于跨导与偏置电流成正比，这使得双极晶体管在较小的功耗下可获得大增益，而高的增益带宽积可以提高工作频率。CMOS 器件比双极器件的噪声低，线性度较好。

2）宽带放大器和窄带放大器

宽带放大器指放大器的上限工作频率与下限工作频率之比大于 1 的放大器。但是通常把相对频带宽度（BW/f_s）大于 20%以上的放大器也称为宽带放大器。

相对于窄带放大器，宽带放大器采用了一些扩展带宽措施。为了展宽带宽，除使其增益较低（宽带高功率放大器价格高昂的原因）以外，通常还需要采用高频和低频补偿措施，以使放大器的增益-频率特性曲线的平坦部分向两端延展。低频补偿的办法是在放大器负载中串接 RC 并联回路，当信号频率低时，RC 并联回路呈现较大的阻抗，使负载阻抗增大，从而使增益提高，补偿因级间耦合电容的影响而引起的增益下降；高频补偿的办法是在负载中串接电感线圈，由于感抗是随频率的增高而增大的，这使负载阻抗在高频时得以增加，从而补偿因旁路电容使负载阻抗减小的影响，使增益变化较小。此外，负反馈也是一种常用的加宽放大器通频带的办法。

3）低噪声放大器主要性能指标

放大器的主要性能指标包括增益、频带、噪声系数、驻波比、P1dB 压缩点和交调失真（三阶交调系数）等。

① 增益。指放大器的输出功率与输入功率的比值，是反映低噪声放大器对输入信号放大能力的参数。

② 频带。指放大器能对输入信号按增益值放大的工作频率范围。

③ 噪声系数（一般为低噪声放大器测试项）。低噪声放大器的输入信噪比与输出信噪比的比值，它反映低噪声放大器对信噪比的恶化程度。

④ 驻波比。低噪声放大器输入/输出端口的电压驻波比系数，是反映功率放大器输入/输出端口匹配程度的参数。

⑤ P1dB 压缩点（一般为功率放大器测试项）。放大器的输出功率范围是有限的，当放大器的输入功率达到一定程度后，输出功率将趋于饱和并出现功率压缩现象。输出功率比理想线性放大输出功率跌落 1 dB 点时的功率称为 1 分贝压缩功率，即 P1dB 压缩点，它反映了功率放大器的功率特性，单位为 dBm。

通常用输出功率 P1dB 压缩点表征功率放大器的功率特性，但有时也用输入功率 P1dB 压缩点表征功率放大器的功率特性。在对数标度下，放大器的输出功率 P1dB 压缩点等于输入功率 P1dB 压缩点加上功率放大器的增益。

⑥ 三阶交调系数。当放大特性出现非线性时，多个射频信号之间将出现交叉调制响应。当两个射频信号 ω_1 和 ω_2 加到放大器中时，将产生 $\pm|m\omega_1 \pm n\omega_2|$ 交调分量，其中最靠近有用信号且影响最大的两个交调分量是 $(2\omega_1 - \omega_2)$ 和 $(2\omega_2 - \omega_1)$，称之为三阶交调分量。三阶交调分量的存在会影响临近信道，增大数字通信误码率。三阶交调分量与有用信号的比值 M_3 称为三阶交调系数，定义为：

$$M_3 = 10\lg \frac{P_3}{P_S} \qquad (6-6-1)$$

式中，P_3 是三阶交调分量功率，P_S 是基波信号功率。

实验系统配置的射频放大器技术指标如表 6.6.2 所示。

表 6.6.2 射频放大器技术指标

实验电路	工作频段	300 MHz～2500 MHz			
低噪声放大器	增益	≤16 dB			
	驻波比	RF in	2.7	RF OUT	2.0
	P1dB 压缩点	1228 MHz 频点		11 dBm	
	噪声系数	1228 MHz@30 kHz		≤－80 dBc/Hz	
宽带放大器	增益	≥26 dB			
	驻波比	RF in	2.2	RF OUT	2.4
	P1dB 压缩点	1228 MHz 频点		22 dBm	
	噪声系数	1228 MHz@30 kHz		≤－80 dBc/Hz	

4) 放大器的应用

通信系统中，放大器是不可缺少的部件。低噪声放大器应用于接收机或信号接收系统中射频接收前端电路中，以抑制后级电路噪声对系统的影响，从而提高接收机或接收系统小信号接收能力(即灵敏度)，扩大测量动态范围；功率放大器应用于发射机的输出部分，使发射信号获得较高的功率，增加信号的辐射距离，提高通信质量；宽带放大器多用于发射接收链路的中间部分，用以控制整个系统信号功率的补偿，使发射机功率放大器获得足够的驱动功率，让接收机的中频信号功率满足检波器(信号功率)的要求。

4. 实验内容及步骤

1) 放大器增益测试(信号发生器加频谱分析仪测试)

实验步骤如下。

① 使用同轴电缆，按照图 6.6.1 所示将“低噪声放大器”进行实验连接。

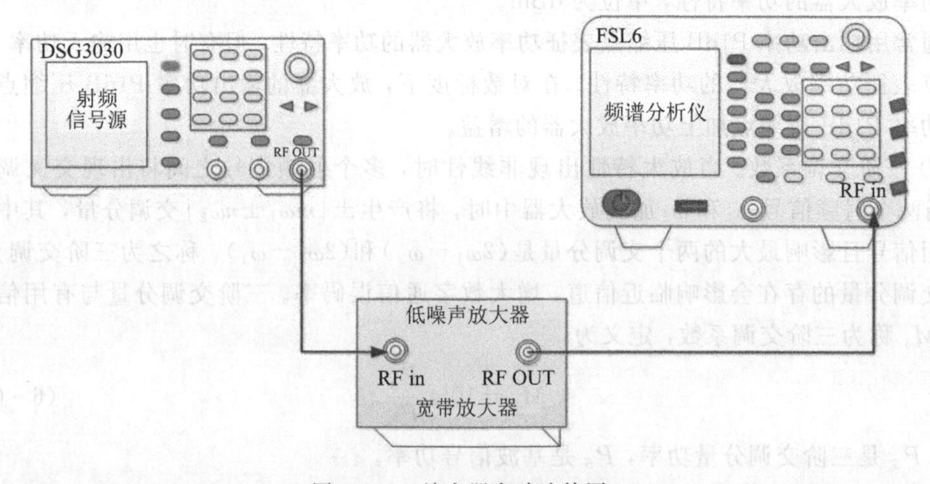

图 6.6.1 放大器实验连接图 1

② 设置信号发生器频率扫描输出。按【AMPT】→【−30】【dBm】→【Sweep】→【模式】→【频率】→【类型】→【步进】→【重复扫描】→【连续】→【步进设置】→【起始频率】→【300】【MHz】→【终止频率】→【2500】【MHz】→【点数】→【1000】→【确定】→【驻留时间】→【50】【ms】→打开【RF】，输出。

③ 设置频谱分析仪测试迹线最大保持。按【FREQ】→【起始频率】→【300】【MHz】→【终止频率】→【2500】【MHz】→【AMPT】→【10】【dBm】→【Trace】→打开“低噪声放大器”电路电源开关→【最大保持】。

④ 使用光标读取测试值。等待频谱分析仪测试迹线稳定后，按【Peak】→读取最大的信号电平→【Marker】→使用旋钮找到最小的信号电平(峰值)。将测试数据记录到测试表格中。

⑤ 更换实验电路。关闭“低噪声放大器”电源，按照图 6.6.1 将“宽带放大器”接入到测试系统中，打开电路电源。

⑥ 设置频谱分析仪。按【Trace】→【刷新】→【最大保持】→等待频谱测试迹线稳定。重复步骤④即可。

2) P1dB 测试

实验步骤如下。

① 使用同轴电缆，按照图 6.6.1 所示将“低噪声放大器”进行实验连接。

② 设置信号发生器。频率为 1228 MHz，幅度为−30 dBm，幅度步进为 10 dB，打开 RF 开关。

③ 设置频谱分析仪。中心频率为 1228 MHz，扫宽为 100 kHz，参考电平为 20 dBm。

④ 打开“低噪声放大器”电源开关。

⑤ 设置频谱分析仪。峰值→峰值搜索→频标功能→差值。

⑥ 将信号发生器输出功率增加 1 个步进(10 dB)，读取频谱分析仪测试的差值。观察差值是否等于 10 dB，若等于 10 dB，则放大器处于线性工作区；若小于 10 dB 且大于 9 dB，则说明放大器刚刚进入非线性区；若小于 9 dB，则说明放大器完全处于非线性区，且饱和深度很大。

⑦ 若频谱分析仪测试的差值等于 10 dB，说明输入信号较小，需要增加输入信号功率；若是小于 9 dB，说明输入信号偏大，需要减小输入信号功率。先用大步进(5 dB)增加或者减小输入信号功率，使放大器工作在刚刚进入非线性区的状态。

⑧ 若放大器工作在刚刚进入非线性区的状态。根据压缩量大于 1 dB 或者小于 1 dB，采用小步进(1 dB)进行减小或者增加输入信号功率的大小，直到测试的差值为 9 dB(误差不超过 0.2 dB)。

⑨ 设置频谱分析仪。关闭“差值”功能，此时频谱分析仪测试到的信号峰值功率就是放大器的输出 P1dB，将实验数据记录在测试表格中。

⑩ 更换实验电路。关闭“低噪声放大器”电源，按照图 6.6.1 将“宽带放大器”接入到测试系统中。打开电路电源，重复步骤②③④⑤⑥⑦⑧⑨。

3）相位噪声测试

① 使用同轴电缆，按照图 6.6.1 所示将“低噪声放大器”进行实验连接。

② 设置信号发生器。频率为 1228 MHz，幅度为－20 dBm，幅度步进为 10 dB，打开 RF 开关。

③ 设置频谱分析仪。中心频率为 1228 MHz，扫宽为 100 kHz，参考电平为 0 dBm。

④ 打开“低噪声放大器”电源开关。

⑤ 测试相位噪声。按【Peak】→【Marker】→【差值】→【30 kHz】→【Marker Fctn】→【频标噪声】→【开启】。直接读取该频点的相位噪声即可。

⑥ 将实验数据记录到测试表格中。

⑦ 更换测试电路。关闭“低噪声放大器”电源，将“宽带放大器”接入测试系统中。

⑧ 设置频谱分析仪。设置参考电平为 10 dBm。

⑨ 重复步骤⑤⑥。

4）驻波比和带内增益测试（矢量网络分析仪）

① 打开测试仪器仪表并进行热机。

② 设置矢量网络分析仪参数（准备“全双端口 SOLT”校准）。具体操作步骤如下。

a. 按【通道】→【通道 1】→【起始频率】→【300】【M/u】→【终止频率】→【2500】【G/n】→【扫描】→【功率】→【－30】【dBm】→【测量】→【S11】→【格式】→【驻波比】；

b. 按【通道】→【通道 2】→【起始频率】→【300】【M/u】→【终止频率】→【2500】【G/n】→【扫描】→【功率】→【－30】【dBm】→【测量】→【S21】→【格式】→【对数幅度】；

c. 按【通道】→【通道 3】→【起始频率】→【300】【M/u】→【终止频率】→【2500】【G/n】→【扫描】→【功率】→【－30】【dBm】→【测量】→【S22】→【格式】→【驻波比】。

其他默认设置。

③ 使用矢量网络分析仪自配的校准件进行“全双端口 SOLT”校准。

按【校准】→【机械校准】→【全双端口 SOLT】→【反射】→将“开路器”连接到端口 1 的电缆线上→【前向开路器】→将“开路器”更换成“短路器”→【前向短路器】→将“短路器”更换成“匹配负载”→【前向负载】→将“匹配负载”从端口 1 电缆上取下→将“开路器”连接到端口 2 的电缆上→【反向开路器】→将“开路器”更换成“短路器”→【反向短路器】→将“短路器”更换成“匹配负载”→【反向负载】→【完成反射测试】→将“匹配负载”从端口 2 电缆上取下→再使用“双阴”将两个电缆线短接→【传输】→【直通】→【完成传输测量】→【完成全双端口校准】。

④ 检查校准是否成功。使用“双阴”将两根测试电缆短接起来，观察迹线：S11、S22 驻波比校准过后的值无限接近 1.0（最小值），S21、S12 传输对数幅度校准后的值无限接近 0 dB。S21 是指信号从端口 1 发出端口 2 接收，S12 的信号走向正好相反。

⑤ 校准结束后，将校准件移除，并且妥善放置，方便下次使用。

⑥ 按图 6.6.2，将“低噪声/宽带放大器”连接到矢量网络分析仪的测试电缆上。

⑦ 读取放大器工作频段内增益范围。按【通道】→【通道 2】→【光标】→【光标 1】→【搜索】→【最大值】→【光标】→【光标 2】→【搜索】→【最小值】。将实验数据记录到测试表格中。

⑧ 读取放大器频段内端口驻波。按【通道】→【通道 1】→【光标】→【光标 1】→【搜索】→

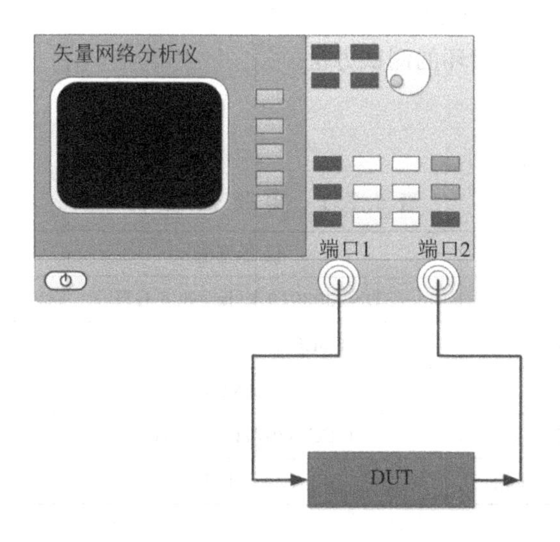

图 6.6.2　放大器实验连接图 2

【最大值】;【通道】→【通道 3】→【光标】→【光标 1】→【搜索】→【最大值】。将实验数据记录到测试表格中。

⑨ 测试结束，直接将下一个测试电路按照图 6.6.2 接入测试系统中，重复步骤⑦⑧。

5. 实验结论

整理实验数据，填表 6.6.3，书写规范实验报告。

表 6.6.3　实验记录表

实验电路	工作频段	300 MHz～2500 MHz	
低噪声放大器	增益		
	驻波比	RF in	RF OUT
	P1dB 压缩点	1228 MHz 频点	
	噪声系数	1228 MHz@30 kHz	
宽带放大器	增益		
	驻波比	RF in	RF OUT
	P1dB 压缩点	1228 MHz 频点	

6.7 集成锁相环设计与实验

1. 实验目的

(1) 学习集成 VCO 锁相环的基本概念。

(2)了解集成 VCO 锁相环的基本原理及应用。

(3) 掌握锁相环路低通滤波器的设计仿真。

(4) 掌握集成 VCO 锁相环的测试方法。

2. 实验仪器

实验仪器如表 6.7.1 所示。

表 6.7.1　实验仪器表

仪器名称	仪器型号	仪器数量
射频信号发生器	DSG3030(9 kHz～3.6 GHz)	1 台
频谱分析仪	FSL6(9kHz～6 GHz)	1 台
示波器	SDS5104X(1 GHz)	1 台
数字频率计	GFC-8207H(2.7 GHz)	1 台
射频与通信系统实验箱	XD-RF 1.0	1 套

3. 基本原理、技术指标、用途及实验配置

1) 集成 VCO 锁相环基本原理

集成 VCO 锁相环是一种将鉴相器、环路滤波器和压控振荡器(VCO)集成在一起的常用高集成度有源射频集成电路。其原理框图如图 6.7.1 所示，VCO 在控制电压的驱动下产生射频信号并分为两路：其中一路作为输出信号，另一路经分频后与来自参考振荡器的参考信号进行鉴相。差拍信号经低通滤波器后产生的鉴相电压反馈至 VCO，从而形成一个负反馈自动控制电路，最终实现 VCO 输出频率的锁定。

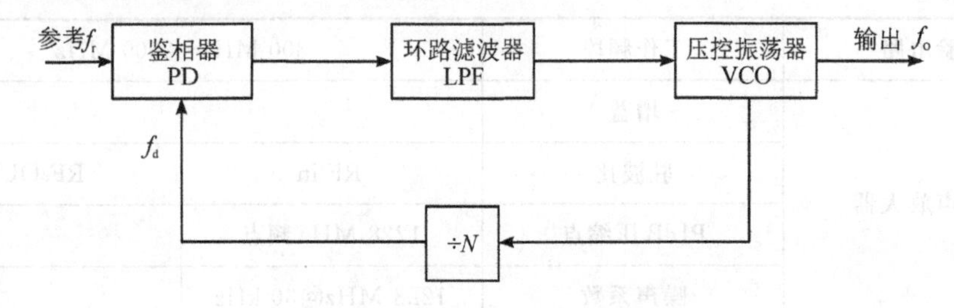

图 6.7.1　集成 VCO 锁相环原理框图

2) 集成 VCO 锁相环技术指标

(1) 输出频率范围。指集成 VCO 锁相环输出频率最小值至输出频率最大值之间的范围。

(2) 频率分辨率。频率合成器输出的频率是不连续的，两个相邻频率之间的最小间隔就是频率分辨率。

(3) 频率准确度和稳定度。频率准确度是指频率合成器工作频率偏离规定频率的数值；频率稳定度是指在规定时间间隔内，输出频率偏离规定频率相对变化的大小。

(4) 频率转换时间。指频率合成器从某一个频率转换到另一个频率并达到稳定所需要的时间。

(5) 输出功率。指在集成 VCO 锁相环输出频率范围内输出信号的功率。

(6) 相位噪声。相位噪声是衡量集成锁相 VCO 短期频率稳定度的参量。短期频率稳定度的频域表征法是用单边带(SSB)相位噪声，指偏离载频 f_c 一定频偏 Δf 处，单位频带内噪声功率 P_{SSB} 相对于平均载波功率 P_c 的相对值(分贝数)，即：

$$L(\Delta f)=10\lg\frac{P_{SSB}}{P_C} \tag{6-7-1}$$

相位噪声单位为 dBc/Hz，可以用频谱分析仪或相噪仪进行测试。相位噪声的主要来源有：参考振荡器、压控振荡器和环路参数(在实际设计中，环路滤波参数是最主要的设计和调试对象)。

(7) 谐波抑制。谐波抑制指集成锁相 VCO 输出谐波信号的功率与输出基波信号功率的差值，单位为 dBc。

3) 集成 VCO 锁相环用途

由于具有结构紧凑、占用物理空间小的特点，集成 VCO 锁相环特别适合于小型化仪器设备和信号系统，通常用于产生其中的时钟信号、频率参考信号以及本振信号。

4) 实验配置

(1) 电路核心芯片 ADF4351。系统电路中，集成锁相环频率合成器单元需要产生 300 MHz～2.5 GHz 频段的信号，作为发射/接收链路中的本振使用。考虑到输出频率范围，实验使用的核心器件是 ADF4351(输出频率范围 35 MHz～4 GHz)，辅以放大电路。芯片内部原理框图如图 6.7.2 所示。

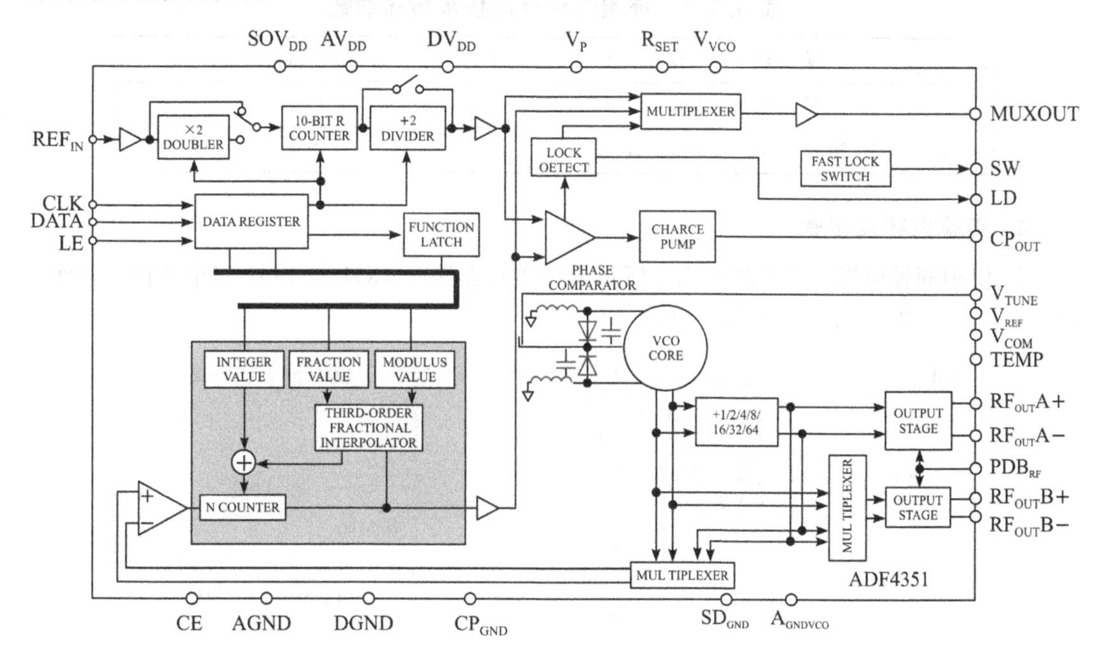

图 6.7.2　ADF4351 内部原理框图

ADF4351 是典型输出为输入 N/R 倍频方法的锁相环频率合成器，其内部工作流程如图6.7.3 所示。

$\mathrm{REF_{IN}}$ 是输入参考频率，参考频率经“R 计数器”进行分频处理，传输给鉴相器进行比

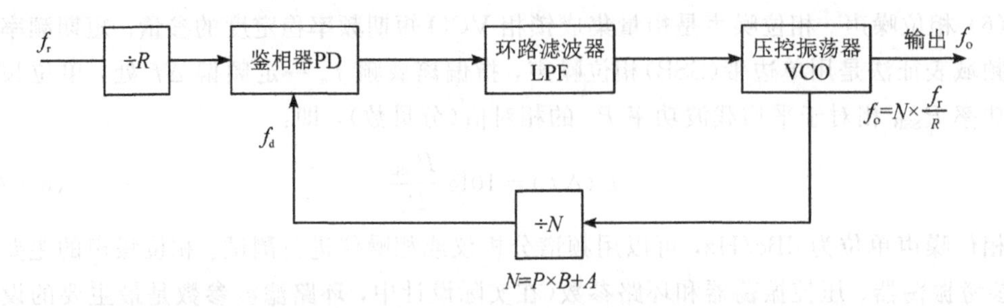

图 6.7.3　ADF4351 内部工作流程

较。f_r 与 f_d 有相位差，“PD”输出电压值，这个电压值通过电荷泵进行放大后输出到环路滤波器，环路滤波器是芯片的外围电路。泵电荷通过“CP 脚”输出到外部的环路滤波器，经滤波后的直流信号从“VTUNE 脚”输入，这个电压值用来对 VCO 进行控制。VCO 产生的信号一部分作为输出信号，一部分作为反馈信号。反馈的信号经分频后输入到“PD”的比较端，用来与 REF 进行比较，当两个比较信号的相位相同时，电荷泵输出的电压值保持不变，VCO 输出信号稳定，锁相环入锁，一个工作流程结束。当需要改变芯片输出信号频率时，MCU 下发新的参数，芯片根据设置的值重新进行一次上面的工作流程即可。

(2) 设计过程包括选择合适的集成锁相芯片、环路滤波器的设计及寄存器配置，详见附录 B。

(3) 系统锁相频率合成技术指标参数详见表 6.7.2。

表 6.7.2　锁相频率合成技术指标参数

输出频率/MHz	100～3000
输出功率/dBm	7±3
相位噪声/(dBc/Hz@10 kHz)	≥75

4. 实验内容及步骤

① 使用同轴电缆，按照图 6.7.4 所示进行实验连接。(LO1 与 LO2 完全相同，后面实验步骤只以 LO2 端口为例进行介绍。)

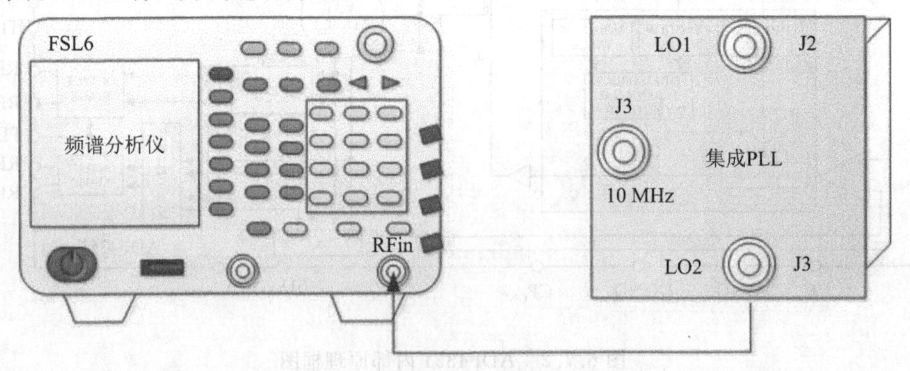

图 6.7.4　集成锁相实验连接图

② 设置频谱分析仪，中心频率为 300 MHz，扫宽为 1 MHz，参考电平为 10 dBm。

③ 打开“集成锁相电路”单元电路的电源开关。

④ 通过“人机界面”进行输出频率设置，设置接收 LO2 输出频率为 300 MHz。

⑤ 打开频谱分析仪光标峰值，测试主峰值的频率以及功率。频率值等于 300 MHz (1 MHz 以下的偏差属正常)。

⑥ 测量相位噪声。按【Marker】→【频标】→【中心频率】→【SPAN】→【30 kHz】→【Peak】→【Marker】→【差值】→【10 kHz】→【Marker Fctn】→【频标噪声】→【开启】。直接读取该频点的相位噪声即可。

⑦ 按照测试表格，测试下一个频点。通过“人机界面”设置输出信号频率为 390 MHz。

⑧ 设置频谱分析仪。中心频率 100 MHz，扫宽 1 MHz，参考电平 10 dBm。

⑨ 读取频率功率值。按【Marker】→【常态】→【Peak】，直接读取光标的频率和功率值即可。

⑩ 测量该峰值的相位噪声。按【Marker】→【频标】→【中心频率】→【SPAN】→【30 kHz】→【Peak】→【Marker】→【差值】→【10 kHz】→【Marker Fctn】→【频标噪声】→【开启】。直接读取该频点的相位噪声即可。

⑪ 重复⑦⑧⑨⑩步骤，测试 454.3 MHz，860 MHz，1153 MHz，2055 MHz，3000 MHz 频点的频率、功率、相位噪声，并记录在测试表格中。

5. 实验结论

整理实验数据，填表 6.7.3，书写规范实验报告。

表 6.7.3　实验记录表

设置频点/MHz		100	454.3	860	1153	2055	3000
LO1	输出频率/MHz						
	输出功率/dBm						
	相位噪声/(dbc/Hz)						
LO2	输出频率/MHz						
	输出功率/dBm						
	相位噪声/(dbc/Hz)						

6.8 信号生成设计与实验

1. 实验目的

(1) 学习基带信号、调制信号的基本概念。

(2) 了解基带信号、数字调制信号、AM/FM 信号产生的基本原理。

(3) 掌握 AM/FM 产生的模拟电路。

(4) 了解调制信号在通信系统的地位和作用。

2. 实验仪器

实验仪器如表 6.8.1 所示。

表 6.8.1　实验仪器表

仪器名称	仪器型号	仪器数量
射频信号发生器	DSG3030(9 kHz～3.6 GHz)	1台
频谱分析仪	FSL6(9 kHz～6 GHz)	1台
示波器	SDS5104X(1 GHz)	1台
数字频率计	GFC-8207H(2.7 GHz)	1台
射频与通信系统实验箱	XD-RF 1.0	1套

3. 基本原理

1) 基带信号

基带信号指发出的没有经过调制(进行频谱搬移和变换)的原始电信号，其特点是频率较低，信号频谱从零频附近开始，具有低通形式。根据原始电信号的特征，基带信号可分为数字基带信号和模拟基带信号。

2) 调制信号

调制信号是由原始信息变换而来的高频信号。调制本身是一个电信号变换的过程，是按A信号的特征去改变B信号的某些特征值(如振幅、频率、相位等)，使得B信号的这个特征值发生有规律的变化的过程。这个规律是由A信号本身的规律决定的，由此，B信号就携带了A信号的相关信息。在某种场合下，可以把B信号上携带的A信号信息释放出来，从而实现A信号的再生，这就是调制的作用。常见的调制信号分为数字调制和模拟调制。数字调制的三种基本方式是：ASK、FSK、PSK，模拟调制三种基本方式是：AM、FM、PM。

3) DDS生成数字基带的原理

实验系统采用的是"直接数字式频率合成器"(又称DDS)生成数字基带信号。DDS是按一定的时钟节拍从存放有离散函数表的ROM中读出这些代表信号幅值的二进制数，然后经过D/A变换并滤波得到模拟信号，而改变时钟频率或频率控制字，实现改变信号频率的一种数字频率合成器。

一个输出信号为正弦波的DDS原理框图如图6.8.1所示，由相位累加器A、寄存器R、波形存储ROM、D/A转换器(DAC)和低通滤波器(LPF)构成。

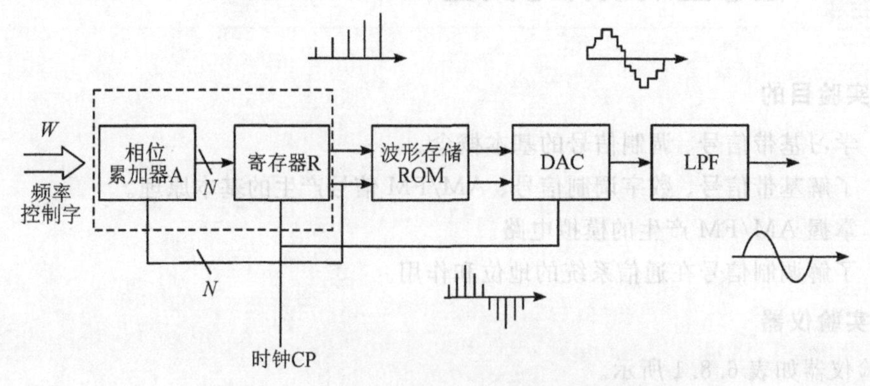

图 6.8.1　直接数字式频率合成器原理框图

相位累加器 A 和寄存器 R 组成 ROM 地址计数器，相位累加器的 N 位输入称为频率控制字 W。寄存器 R 每接收一个时钟 CP，它所存的数就增加 W，即每接收一个 CP，地址计数器就增加了频率控制字 W 所代表的相位值 $\Delta\varphi$。频率变化规律如图 6.8.2 所示，通过查 ROM 表可得出对应此相位值 φ 的正弦波幅度值。当累加器溢出时，下一个正弦取样重新开始。

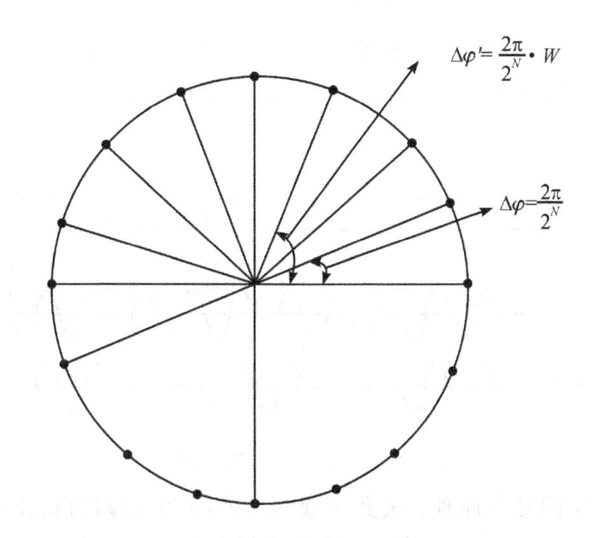

图 6.8.2　直接数字式频率合成器频率变化规律

当 W 取最小值 $W=1$ 时，由于 W 是 N 位，则下一个正弦周期的 2π 相角被分成 2^N 等份，即 $\Delta\varphi=\frac{2\pi}{2^N}$。当取样周期为 T_{CP} 时，输出信号的周期为：

$$T_{\text{out}}=T_{\text{CP}}\times\frac{2\pi}{\Delta\varphi}=T_{\text{CP}}\times 2^N \tag{6-8-1}$$

对应的输出频率为：

$$f_{\text{out}}=f_{\min}=\frac{f_{\text{CP}}}{2^N} \tag{6-8-2}$$

这就是 DDS 频率合成器的最低输出频率(当 $N=1$ 时，输出频率最高，效率为 50%；实际中效率最大为 40%)。

而对应任意一个频率字 W，由于每来一个 CP，寄存器的相角是：

$$\Delta\varphi'=\frac{2\pi}{2^N}\times W \tag{6-8-3}$$

因此，对应的输出频率是：

$$f_{\text{out}}=\frac{f_{\text{CP}}}{2^N}\times W \tag{6-8-4}$$

当时钟频率不变时，改变频率字 $W(W>1)$，表示在正弦一周内，随着取点间隔 $\Delta\varphi$ 的改变，DDS 频率合成器输出信号的频率也相应变化。

4) AM/FM 模拟调制信号生成基本原理

系统使用的是变容二极管调频的方式生成 FM。变容二极管调频就是利用变容二极管结电容随外加反偏电压变化而变化实现的，变容二极管调频电路实际上就是一个频率随调制信号变化的压控振荡器(VCO)。模拟调频原理详见第二篇 3.6 节。

系统使用三极管基极调幅的方式生成 AM。使三极管放大电路工作于高频谐振状态下，由三极管基极接入低频调制信号，基极偏置电压即可随低频调制信号的变化规律而变化，从而使高频信号的振幅随之变化，实现基极调幅。

5) ASK/FSK 数字调制信号生成基本原理

(1) ASK 信号产生的基本原理：按载波的幅度受到数字数据的调制而取不同的值。例如对应二进制 0，载波振幅为 0；对应二进制 1，载波振幅为 1。ASK 信号时间波形如图 6.8.3 所示。

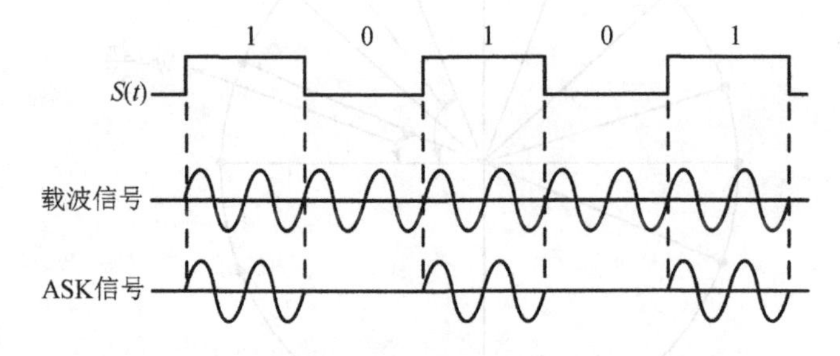

图 6.8.3 ASK 信号时间波形

(2) FSK 信号产生的基本原理：按数字数据的值(0 或 1)调制载波的频率。例如对应二进制 0 的载波频率为 F1，而对应二进制 1 的载波频率为 F2。该方式抗干扰能力强。FSK 信号时间波形如图 6.8.4 所示。

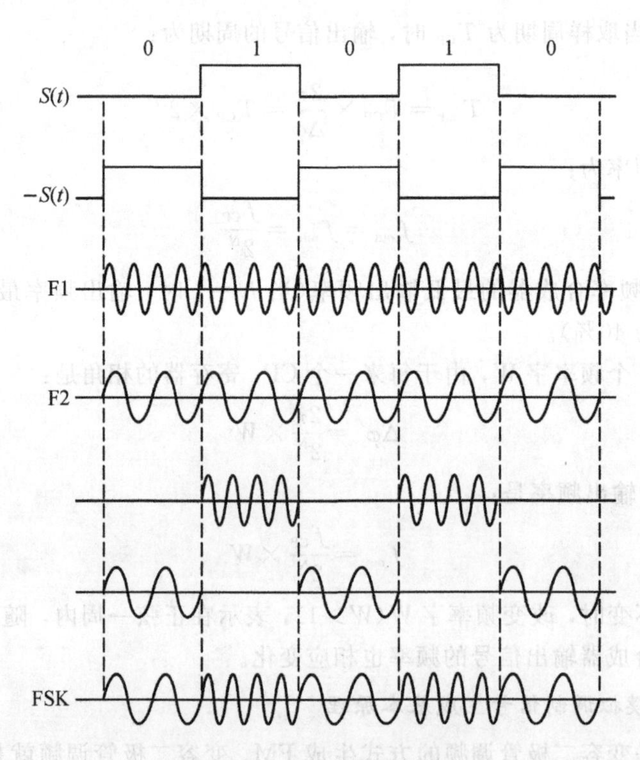

图 6.8.4 FSK 信号时间波形

6）技术指标

（1）DDS 输出信号的主要技术指标：时钟速率、频率范围、相位噪声、杂散抑制等。

① 时钟速率。DDS 时钟速率指允许输入的最大参考时钟频率。在相位累加器的 N（频率控制字 W）确定的情况下，时钟速率决定了 DDS 的最大输出频率和最小频率步进。

② 输出频率范围。时钟速率确定时，DDS 的最大输出频率和最小频率步进。

③ 相位噪声。与 VCO 一样，相位噪声是衡量 DDS 的短期频率稳定度的参量。短期频率稳定度的频域表征法是用单边带(SSB)相位噪声，指偏离载频 f_C 一定频偏 Δf 处，单位频带内噪声功率 P_{SSB} 相对于平均载波功率 P_C 的相对值(分贝数)，即：

$$L(\Delta f)=10\lg\frac{P_{SSB}}{P_C} \tag{6-8-5}$$

相位噪声单位为 dBc/Hz，可以用频谱分析仪或相噪仪进行测试。DDS 的相位噪声取决于参考信号的相位噪声。

④ 杂散抑制。输出信号功率相对于杂散信号的功率差值，单位为 dBc。

（2）AM 调制主要测试指标：调制深度、调制率。

① 调制深度也叫调制度。指的是调制波的幅度与载波幅度的比值，常用百分数表示。

② 调制率也叫调制速率，反映信号波形变换的频繁程度。在 AM 信号中，就是低频调制信号的频率。

（3）FM 调制主要测试指标：频偏、调制率。

① 频偏是指固定的调频波频率向两侧的偏移，一般指单边的最大频偏，它影响调频波的频谱宽度。

② 调制率也叫调制速率，反映信号波形变换的频繁程度。在 FM 信号中，调制率就是低频调制信号的频率。

7）信号调制的应用

通信的目的就是将信息传送出去，并且接收方可以完整无误地接收到信息。信号的调制就是将需要发送出去的信息“放置”到信号中，通信双方通过天线进行收发。信号调制非常广泛地应用于实际生活中，例如广播、手机、电视等。

8）实验配置及指标

实验箱配置有“基带/调制电路”单板，此单板包含基带信号(连续波 SW)、模拟调制 AM/FM 等功能。相关指标见表 6.8.2～6.8.4。

表 6.8.2　DDS(基带)信号实验指标

测试频点/MHz	25	75	95
输出频率/MHz	25	75	95
输出功率/dBm	1.0	0.3	−1.0
相位噪声/(dBc/Hz@30 kHz)	−81	−80	−80
线性扫描功能	正常		

表 6.8.3　AM 实验指标

调制信号频率/kHz		1	1	1
调制信号幅度/mV$_{pp}$		2	5	8
调幅输出 u_o/V	U_{cmax}	1.08	1.28	1.73
	U_{cmin}	0.46	0.32	0.21
调制度 m		40%	60%	78%
调制信号幅度/mV$_{pp}$		5	5	5
调制信号频率/Hz		500	1000	2000
调幅输出 u_o/V	U_{cmax}	1.28	1.28	1.28
	U_{cmin}	0.32	0.32	0.32
调制度 m		60%	60%	60%

表 6.8.4　FM 实验指标

调制信号频率/Hz	100	100	100	100
调制信号幅度/mV$_{pp}$	3	5	8	10
频偏/kHz	10	17	28	40

4. 实验内容及步骤

1) 基带信号测试

使用同轴电缆，按照图 6.8.5 所示进行实验连接。

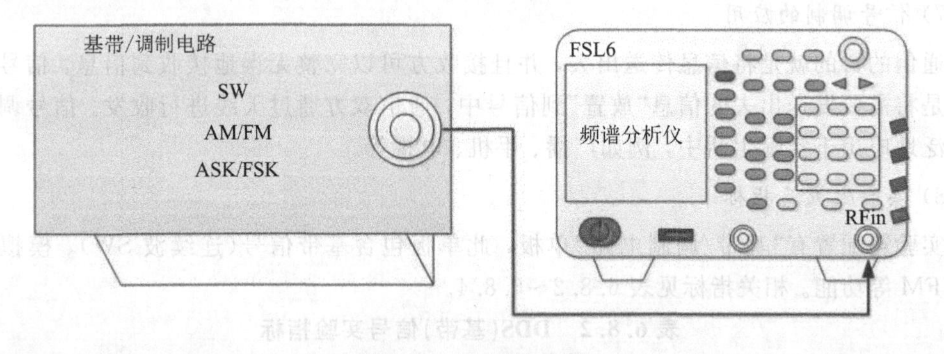

图 6.8.5　测试连接图

(1) 点频测试实验。

实验步骤如下。

① 设置频谱分析仪。按【FREQ】→【25】【MHz】→【SPAN】→【1】【MHz】→【AMPT】→【10】【dBm】。

② 打开“基带/调制电路”电源开关。

③ 通过“人机界面”(触摸屏)设置点频输出。按【基带参数】→【DDS】→【模式】→【点频】→【频率】→【25】【MHz】。

④ 读取信号频率、功率值。设置频谱分析仪：【Peak】，直接读取光标值即为 25 MHz（仪器与电路不是同一个参考，1 MHz 以下的偏差属正常）。

⑤ 测试相位噪声。按【Marker→】→【频标】→【中心频率】→【SPAN】→【100 kHz】→【Peak】→【Marker】→【差值】→【30 kHz】→【Marker Fctn】→【频标噪声】→【开启】。直接读取该频点的相位噪声即可。将实验数据记录到测试表格中。

⑥ 根据测试表格更改测试频点，重复上述步骤②～⑤。

（2）线性扫描测试。

实验步骤如下。

① 通过“人机界面”（触摸屏）设置线性扫描输出。按【基带参数】→【DDS】→【模式】→【线性调频】→【起始频率】→【74】【确定】→【终止频率】→【76】【确定】→【步进】→【100】【确定】→【间隔】→【100】【确定】。

② 设置频谱分析仪。按【FREQ】→【起始频率】→按【74】【MHz】→【终止频率】→【76】【MHz】→【AMPT】→【10】【dBm】，观察“线性扫描”输出。按【Trace】→【最大保持】，再观察迹线图。

③ 改变线性扫描的起止频率（小于 100 MHz）、步进、间隔时间，观察测试频谱图。

2）AM 调制度测试（示波器测试）

按照图 6.8.6 进行实验系统连接。实验步骤如下。

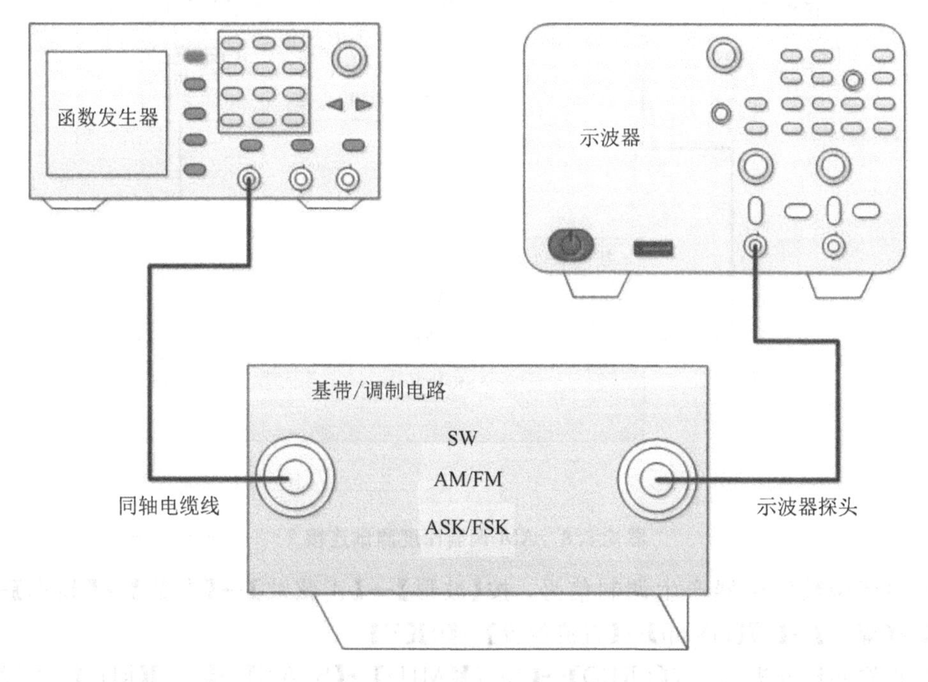

图 6.8.6　AM 调制深度测试连接 1

① 设置函数发生器产生调制信号。按【波形】→【正弦波】→【参数】→【频率】→【1】【kHz】→【幅度】→【5】【mVpp】→【直流偏置】→【0】【V】。

② 打开“基带/调制电路”电源开关，根据电路上丝印指示，通过开关 SW2、K1、K2 设置输出信号为 AM 信号。

③ 示波器测试波形。点击示波器【Auto Scale】键。

④ 测试调制度数据。使用示波器按【Cursors】→【光标】→【Y1 Y2 锁定】→【Cursors 旋钮】，进行测试读数，并计算出调制度 $m=\frac{U_{\max}-U_{\min}}{U_{\max}+U_{\min}}$。如图 6.8.7 所示。

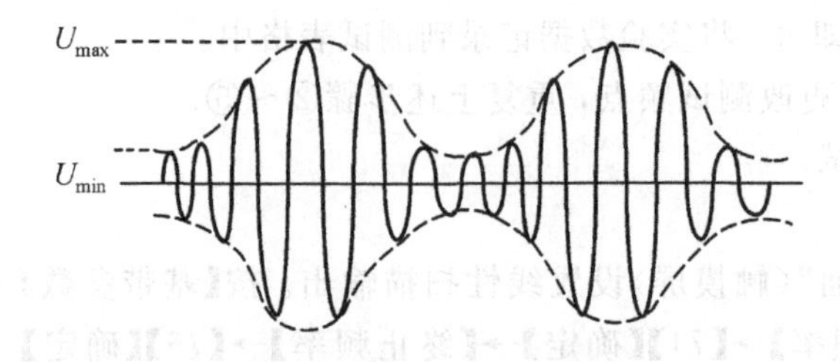

图 6.8.7　调制度的测量

⑤ 改变调制信号的幅度，并将实验数据记录到测试表格中。

3）AM 调制度测试（频谱分析仪测试）

按照图 6.8.8 进行连接。实验步骤如下。

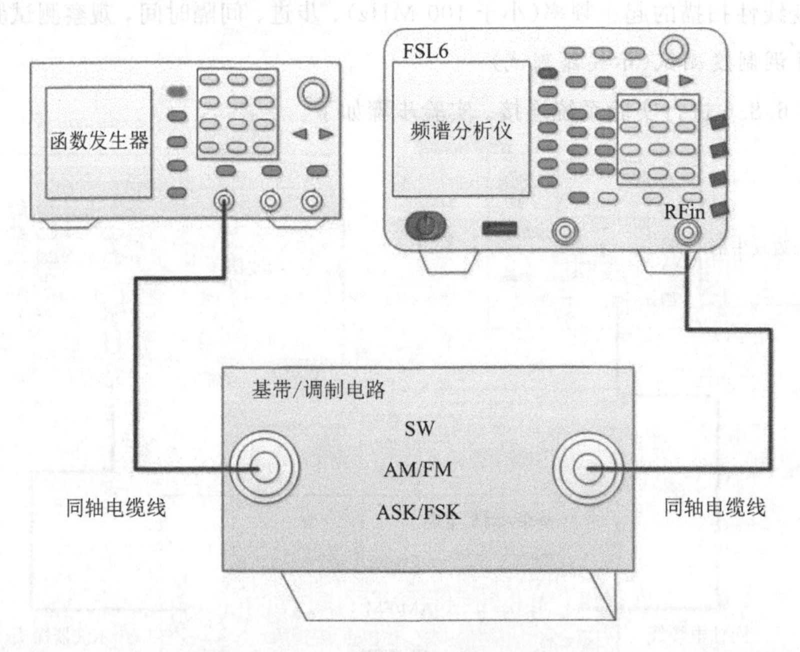

图 6.8.8　AM 调制深度测试连接 2

① 设置函数发生器产生调制信号。按【波形】→【正弦波】→【参数】→【频率】→【1】【kHz】→【幅度】→【5】【mVpp】→【直流偏置】→【0】【V】。

② 设置频谱分析仪。按【FREQ】→【10.7】【MHz】→【SPAN】→【100】【kHz】→【AMPT】→【10】【dBm】→【Peak】→【Marker→】→【频标】→【中心频率】→【SPAN】→【30】【kHz】→【Marker→】→【频标】→【中心频率】→【SPAN】→【10】【kHz】→【Marker】→【差值】→【PEAK】→【下一个峰值】→读取差值。

③ 计算调制深度 m，将实验数据记录到测试表格中。

④ 改变函数发生器的信号输出幅度，读取差值计算调制深度值并记录。

4) FM 频偏测试(频谱分析仪测试)

按照图 6.8.9 进行连接。实验步骤如下。

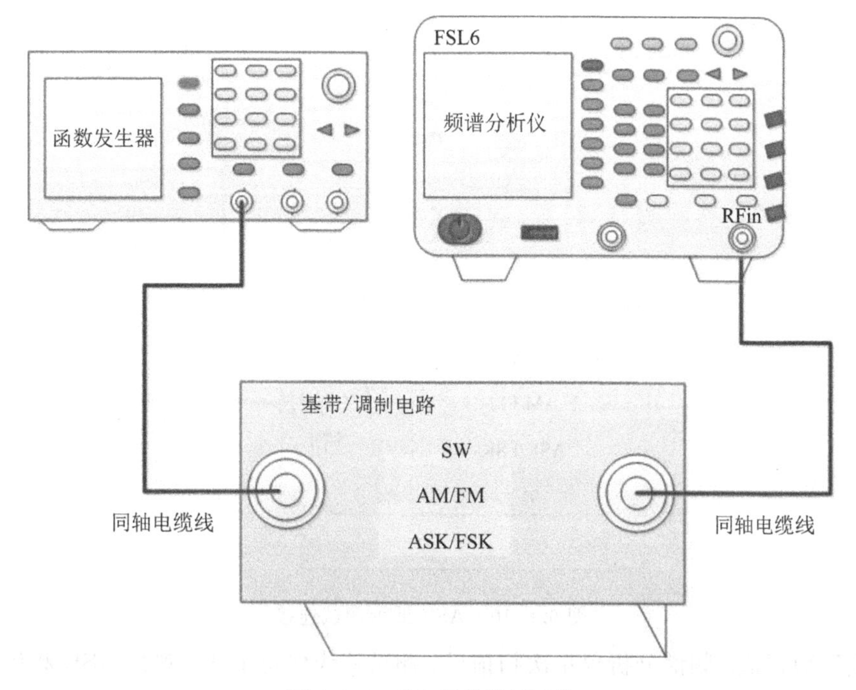

图 6.8.9　FM 频偏测试连接

① 设置函数发生器产生调制信号。按【波形】→【正弦波】→【参数】→【频率】→【100】【Hz】→【幅度】→【5】【mVpp】→【直流偏置】→【0】【V】→“信号输出开关先关闭”。

② 打开“基带/调制电路”电源开关，根据电路上丝印指示，通过开关 SW2、K1、K2 设置输出信号为 FM 信号。

③ 设置频谱分析仪。按【FREQ】→【10.7】【MHz】→【SPAN】→【1】【MHz】→【AMPT】→【5】【dBm】→【Peak】→【Marker】→【差值】。

④ 先打开函数发生器“信号输出开关”，再设置频谱分析仪。按【Peak】→【下一个峰值】，频谱分析仪的光标差值读数就是 FM 的频偏值。

⑤ 改变函数发生器的信号输出幅度，读取差值(频偏值)，并将实验数据记录在测试表格中。

5) FM 信号波形(示波器测试)

使用示波器观察 FM 信号在时域的波形，操作过程详见第二篇 3.6 节。

6) ASK 波形测试(频谱分析仪)

按照图 6.8.10 进行连接，并打开“基带/调制电路”电源开关。实验步骤如下。

① 设置 ASK 输出。通过“触摸屏”进行输出信号设置，按【基带参数】→【ASK】→【频率】→【400 确定】→【模式自动】→【功率】不更改设置。

② 设置频谱分析仪。按【FREQ】→【395】【MHz】→【SPAN】→【零扫宽】→【AMPT】→【5】【dBm】→【Sweep】→【扫描时间】→【500 ms】→【单次扫描】。

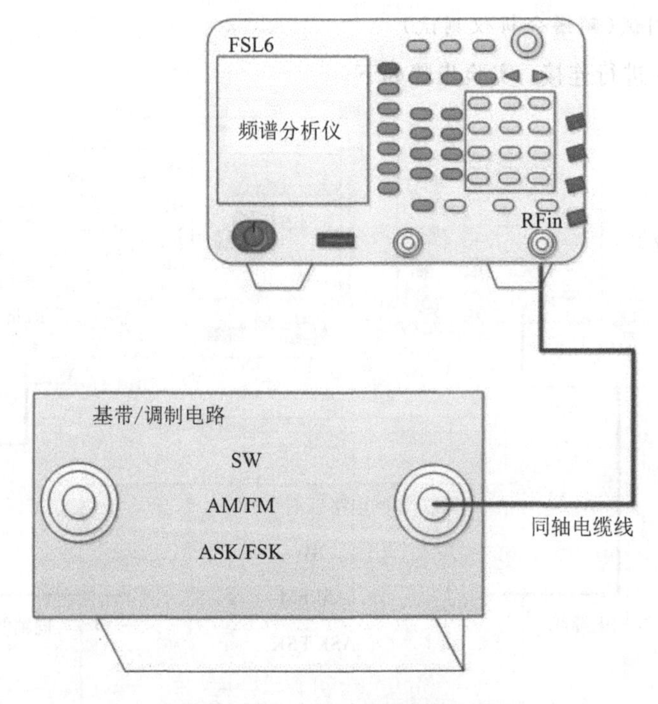

图 6.8.10 ASK 波形测试连接

③ 读取数据值。频谱分析仪单次扫描后，测试迹线保持不变。观察 ASK 频谱波形，在此状态下读取 ASK 的数据值，并记录在测试表格中。

7）FSK 实验

实验步骤如下：

① 设置 FSK 输出。通过"触摸屏"进行输出信号设置，按【基带参数】→【FSK】→【频率】→【400 确定】→【频偏 20 kHz】→【模式自动】→【功率】→设为 5。

② 设置频谱分析仪。按【FREQ】→【395】【MHz】→【SPAN】→【200】【kHz】→【AMPT】→【0】【dBm】→【Trace】→【最大保持】。

③ 观察 FSK 频谱波形，对比 FM 频谱波形观察并记录在测试表格中。

5. 实验结论

列表、记录并整理分析实验数据，书写规范实验报告。

6.9 功率检波器设计与实验

1. 实验目的

(1) 学习检波器的分类和基本原理。

(2) 了解功率检波器的参数指标。

(3) 掌握功率检波器的测试方法。

2. 实验仪器

实验仪器如表 6.9.1 所示。

表 6.9.1　实验仪器表

仪器名称	仪器型号	仪器数量
射频信号发生器	DSG3030(9 kHz～3.6 GHz)	1 台
频谱分析仪	FSL6(9 kHz～6 GHz)	1 台
示波器	SDS5104X(1 GHz)	1 台
数字频率计	GFC-8207H(2.7 GHz)	1 台
射频与通信系统实验箱	XD-RF 1.0	1 套

3. 基本原理

检波器是检出波动信号中某种有用信息的装置，是用于识别波、振荡或信号存在或变化的器件。检波器就是调幅信号的逆过程解调器。从频谱上看，检波将幅度调制波中的边带信号不失真地从载波频率附近搬移到零频率附近，因此，检波器也是一种频谱搬移电路。振幅解调方法可分为包络检波和同步检波两大类。

在无线信号传输系统中，接收机的信号强度对于维持通信的稳定性是一个关键的因素。因此，发射机的发射功率至关重要，准确的功率检测可以让用户了解设备的当前工作状态。功率的重要性毋庸置疑，那么功率的检测对于信号收发链路来说就是一个必须解决的问题。功率检波器又称射频检波器，用于检测射频输入信号的功率，输出一个电压值，这个电压值正(反)比于输入信号的功率；根据这个输出的电压值，可以对应到输入的功率值，起到检测功率的作用。常见的功率检波方式有三种：二极管分立元件检波方式、对数放大器检波方式、RMS-DC 变换器检波方式。

1) *功率检波器及分类*

功率检波器是指能将射频信号强度成比例地转化为直流电压输出的检波器。常用于监视和测量射频信号发生器的信号强度。

在信号发射链路中，发射系统要保证最终输出的信号强度稳定，就需要通过功率检波器的输出电压与信号强度的比例关系，构成一种“反馈环路 ALC”。通过这种 ALC 反馈环路达到输出信号幅度自动控制的目的。

常见的功率检测方法有三种：二极管分立元件检波法、对数放大器检波法和 RMS-DC 变换器检波法。

① 采用二极管分立元件的检波方法。二极管分立元件检波电路如图 6.9.1 所示。输入

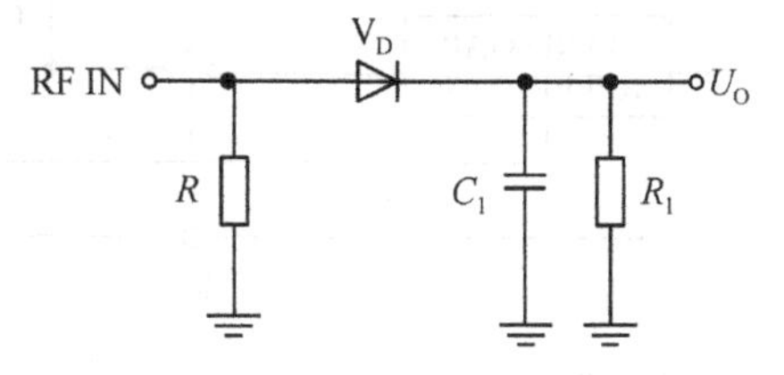

图 6.9.1　二极管分立元件检波电路

端的对地电阻起到输入阻抗匹配的作用，二极管输出端的电容为充放电电容，R_1 为有效负载。

采用二极管检波器的功率检测电路输出线性度差，且受温度变化影响较大；同时在进行多载波的功率检测时与单载波相比变化量大。此类检波器的优势在于电路简单且价格低廉。

② 采用对数放大器的检波方法。使用对数放大器构成的对数检波器原理框图如图 6.9.2 所示。采用级联的放大器并且在每级放大器的输出均采用全波整流电路，各级输出的全波整流电路的输出经加法器相加后再经低通滤波器滤波后输出较为平滑的直流电压。

采用对数检波器件的功率检测电路只能用于恒包络调制信号的功率检测(如 GMSK 调制的 GSM 信号)，不能用于峰均比不断变化的信号(如 CDMA 信号的功率检测)。此类检波的优点是动态范围大，且有良好的温度稳定性能。

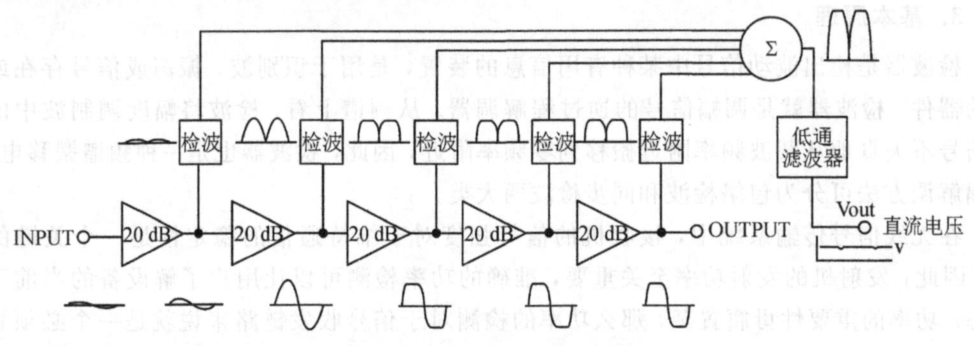

图 6.9.2　对数检波器原理框图

③ 采用 RMS-DC 变化器的检波方法。图 6.9.3 为 ADI 公司的 AD8361 芯片的内部电路原理框图，输入的信号经平方律检波后经过以平方律电路作为反馈的放大器放大，再经过缓冲放大后输出与输入信号有效值对应的电压 U_{rms}。

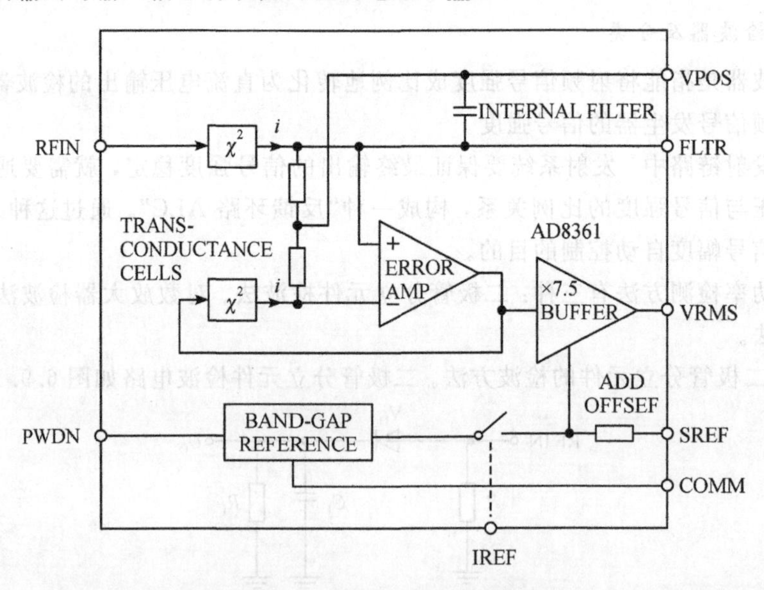

图 6.9.3　AD8361 芯片内部原理框图

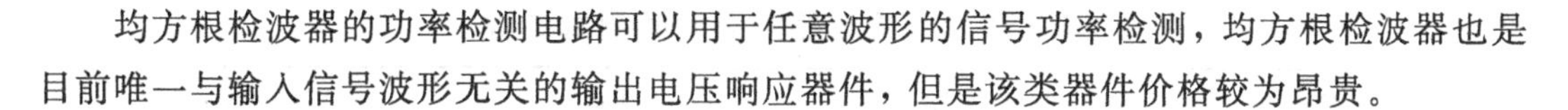

均方根检波器的功率检测电路可以用于任意波形的信号功率检测，均方根检波器也是目前唯一与输入信号波形无关的输出电压响应器件，但是该类器件价格较为昂贵。

2）功率检波器的主要技术指标

① 频率范围。检波器的频率范围又称为检波器的工作带宽，定义为检波器满足检波灵敏度的工作频率范围。其值取决于检波晶体管的截止频率。

② 检波动态范围。指检波器能检测到的信号幅度范围。检波器的输出电压与输入信号的幅度呈一个线性的关系，若输入信号的大小超出一定的范围值，检波器就不能输出对应的电压值。

③ 响应时间。输入端信号输入到检波器转化成电压输出的时间。对数检波器的响应时间极短，可以高达 7 ns；RMS-DC 检波方式的响应时间较长。

实验系统配备的检波器可对频率范围在 100 MHz～10 GHz、功率范围在－50 dBm～＋10 dBm 射频信号进行检波。

3）检波器的应用

检波器一般具有体积小、重量轻、使用方便等特点，常用于通信、雷达、电子对抗、导航、微波测试等各种军用和民用电子设备中，完成射频调制信号中含有信息的基带信号的解调以及信号链路输出功率大小的检测等工作。

4. 实验内容及步骤

1）检波输出曲线及频率曲线测试

① 通过同轴电缆将信号发生器的 RF OUT 端连接到检波器模块 RF in 端。按照表 6.9.3 相关参数设定设置信号源输出频点及功率。

② 通过 K1 钮子开关选择检波输出，使用示波器探头检测检波输出端口电压值。

③ 示波器设置。示波器选择×10 档，设置耦合方式为“直流 DC”，触发模式为“自动”，Y 轴为 200 mV/格，添加“最大电平”测试；调整基准线，使信号显示在屏幕内。

④ 打开电路电源开关，读取示波器电平值。

⑤ 按照附表调整信号源功率，读取电平值，并记录在表中。

⑥ 把测试结果绘制成幅度-检波电压曲线、频率-检波电压曲线。

⑦ 将测试结果记入实验报告。

2）响应时间测试

① 连接信号源 RF OUT 与检波模块 IF1 IN。

② 使用示波器探头检测检波输出端口。

③ 示波器设置。设置 Y 轴为 500 mV/格，调整基准线，使信号显示在屏幕内。

④ 示波器设置。设置触发模式“正常”“下降沿”，触发电平为 2 V 左右。

⑤ 设置信号为脉冲调制，RF 信号频率为 500 MHz，功率为－10 dBm。

⑥ 按照表 6.9.2 中的参数设置信号源与示波器。

⑦ 每次测试后把测试图形截图并贴在实验报告中，并对测试结果进行分析。

表 6.9.2 检波器响应时间测试参数

序号	脉冲周期/μs	脉宽	X 轴/格 ns
1	1 000 000	10%	100 000 000
2	1000	10%	100 000
3	1000	1%	20 000
4	10	10%	1000
5	10	1%	200
6	1	10%	50
7	1	1%	20

5. 实验总结

整理实验数据，填表 6.9.3，书写规范实验报告。

表 6.9.3 实验记录表

功率/dBm	频率/MHz								
	100	400	600	800	1000	1500	2000	2500	3000
5									
4									
3									
2									
1									
0									
−1									
−2									
−3									
−4									
−5									
−10									
−20									
−30									
−40									
−50									

6.10　反馈控制电路设计与实验

1. 实验目的

(1) 学习反馈控制电路的基本概念以及电路组成。

(2) 了解 ALC 电路与 AGC 电路的区别。

(3) 掌握 ALC 电路和 AGC 电路实验测试方法。

2. 实验仪器

实验仪器如表 6.10.1 所示。

表 6.10.1　实验仪器表

仪器名称	仪器型号	仪器数量
射频信号发生器	DSG3030(9 kHz～3.6 GHz)	1 台
频谱分析仪	FSL6(9 kHz～6 GHz)	1 台
示波器	SDS5104X(1 GHz)	1 台
数字频率计	GFC-8207H(2.7 GHz)	1 台
射频与通信系统实验箱	XD-RF 1.0	1 套

3. 实验原理

1) 反馈控制电路原理

反馈控制，就是在系统受到扰动的情况下，通过反馈控制作用，使系统的某个参数达到所需的精度或者按照一定的规律变化。作为非线性环路，反馈系统是现代系统工程中的一种重要技术手段。

反馈控制电路是由比较器、控制信号发生器、可控器件和反馈网络四部分组成的一个负反馈闭合环路，如图 6.10.1 所示。

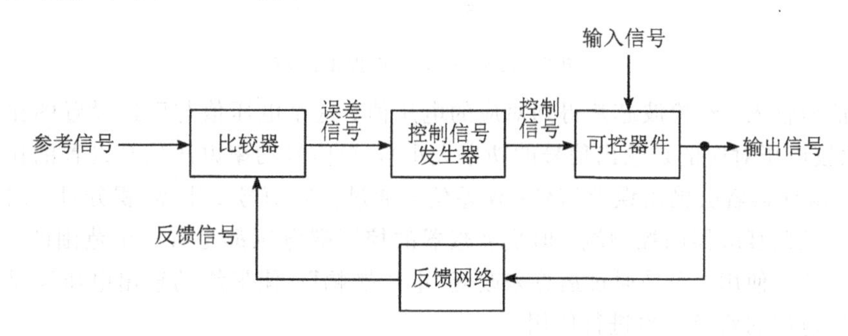

图 6.10.1　反馈控制电路的组成

根据控制对象参量的不同，可将反馈控制电路分为自动增益控制 AGC、自动频率控制 AFC、自动相位控制 APC 三类。

① 自动增益控制 AGC 电路。通过 AGC 电路，使输出的电压或功率(电平)维持恒定或减小变动范围。因此，在某些电路中也称为自动电平控制 ALC。AGC 电路中的比较器通常是电压比较器。在发射机信号链路中，一般称这种自动稳定输出信号功率的电路称为 ALC；在接收机中，通常称为 AGC 电路；二者本质上是相同的电路。

② 自动频率控制 AFC 电路。通过自动频率控制电路，使输出的频率稳定地维持在所需要的频率上。在 AFC 电路中，比较器通常是鉴频器。

③ 自动相位控制 APC 电路。通过自动相位控制电路，使输出信号的频率和相位稳定地锁定在所需要的参考信号上，因此又被称为锁相环路 PLL。

2) 自动电平控制 ALC 环路组成及工作过程

自动电平控制 ALC 环路组成如图 6.10.2 所示。

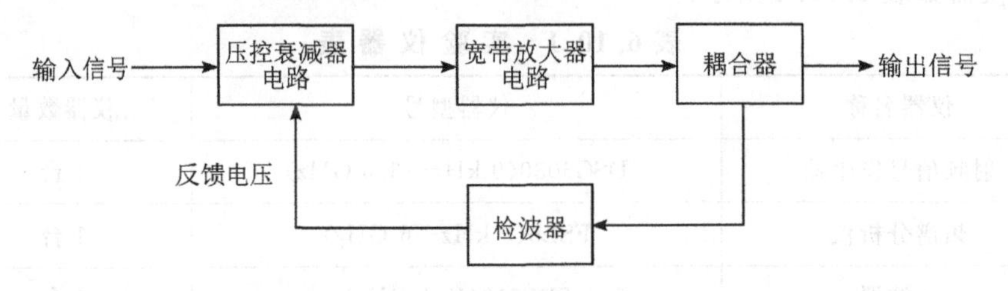

图 6.10.2 自动电平控制 ALC 环路组成

输入信号先经过压控衰减器衰减(衰减量可控)，然后传输到固定增益放大器放大；再传输到耦合器模块，耦合器将信号输出，并且将一部分的输出信号耦合输出到检波器输入端，信号在检波器内部进行对数检波、比较、积分、运算后得到直流电压输出。这个直流电压反馈给压控衰减器电路，控制衰减器衰减量的大小。例如，基于对数检波器 AD8319 和放大器 AD8676 设计的检波器电路的组成如图 6.10.3 所示。(芯片功能可参考 LTspice 软件)

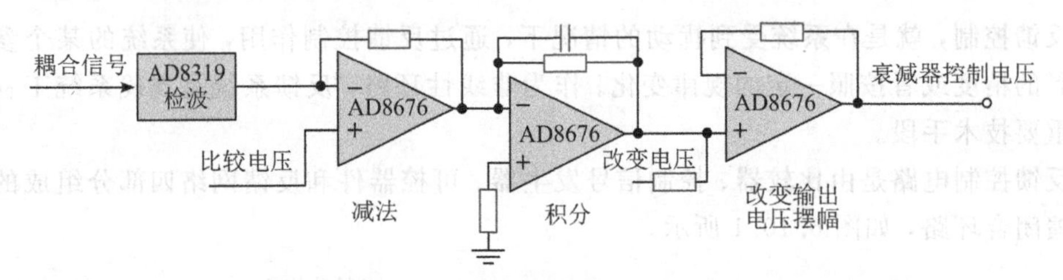

图 6.10.3 检波器电路的组成

耦合信号输入，经检波芯片得到对应的电压值；这个电压值与已经设置的比较电压进行比较(比较电压对应的是输出信号的功率大小)，当信号功率电压值与设置的比较电压值不相等时，减法器就会输出误差信号；误差信号通过控制信号发生器(积分)形成控制电压；该电压用于控制衰减器的控制端。但是衰减器的控制端电压都是有一个范围的，所以一般这个电压不直接使用，而是通过运算来改变“电压摆幅”，使最终的输出电压满足衰减器控制端对电压范围的要求后再进行使用。

3) 自动增益控制 AGC 电路组成及工作流程

实验中设置的 AGC 电路方案有两种，单板 AGC 电路和 AGC_Loop 环。其核心电路模块是“自动增益控制 AGC 电路”单元，本单元电路可以通过开关进行模式选择，共有三种工

作模式：VGA、AGC、AGC_Loop。

“自动增益控制 AGC 电路”单元的核心元器件是 AD8367 芯片，其原理框图如图 6.10.4 所示。其工作流程如下。

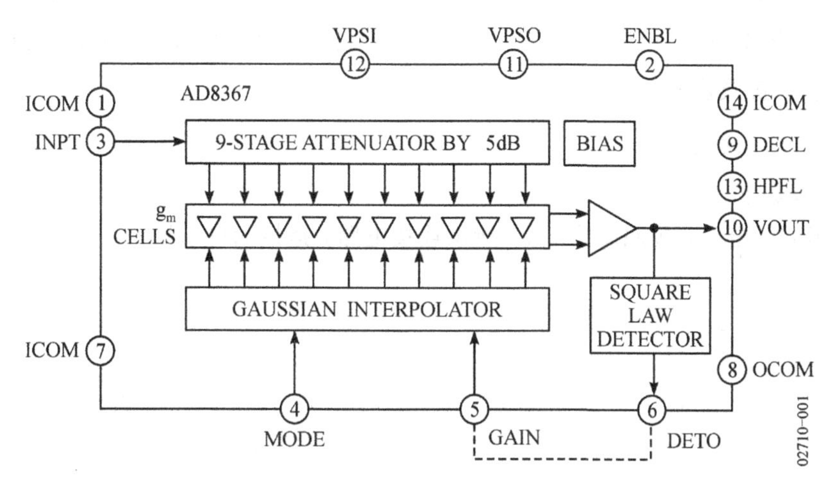

图 6.10.4　AD8367 芯片原理框图

信号从 3 脚输入，先经过最大衰减量 35 dB 的可调衰减器衰减，再到后级固定增益的放大器放大，最后到 10 脚输出。信号输出的同时，主路部分信号功率被传输到检波器单元，检波电压从 6 脚输出。5 脚作为增益控制脚，实际控制的是衰减器衰减量的变化，达到控制整个芯片增益的目的。将 5 脚、6 脚短接，就构成了单板(单芯片)的 AGC 电路；在 5 脚外接一个手动可调的直流电压，就构成了 VGA 电路；若 5 脚连接的是外部检波电路输出端，即构成了 AGC_Loop 电路。AGC_Loop 电路构成，如图 6.10.5 所示。

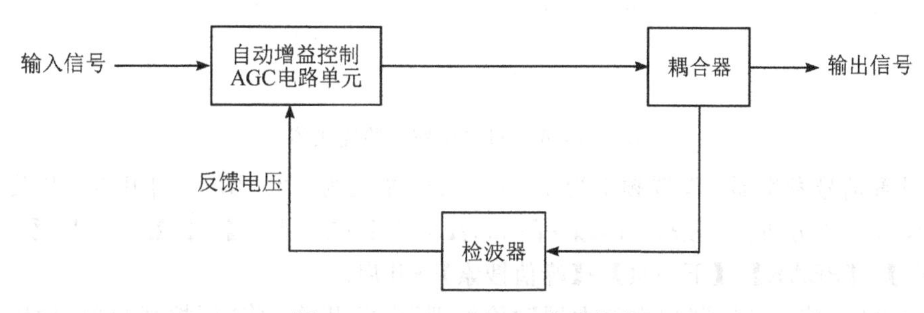

图 6.10.5　AGC_Loop 电路构成

从电路构成可以看出，AGC 电路和 ALC 电路基本是一致的，其区别在于使用的环境不同。一般在信号发射机链路中的稳幅环称为 ALC 电路，在信号接收机链路中的稳幅环称为 AGC 电路。

4) 自动增益控制 AGC 电路的主要指标

① 动态范围。在给定输出信号振幅变化范围内，容许输入信号振幅的变化范围。这里的输入信号振幅变化范围就是 AGC 电路的动态范围。

② 响应时间。AGC 电路对其输入变化的响应有一个时间延迟，这就是响应时间。

③ 稳定性。AGC 属于闭环控制系统，电路设置存在问题，可能会产生自激振荡等不稳定情况。

实验箱在发射链路中配置 ALC 系统电路，接收链路中配置 AGC 系统电路。ALC 电路的动态范围≥20 dB，AGC 电路(单板)动态范围≥20 dB。

5) 自动增益控制 AGC 电路的应用

自动增益控制 AGC 电路在通信、导航、遥测遥控等无线电系统中都有广泛的应用。

4. 实验内容及步骤

1) ALC 电路实验

实验步骤如下。

① 使用同轴电缆，按照图 6.10.6 所示连接电路，搭接测试系统。

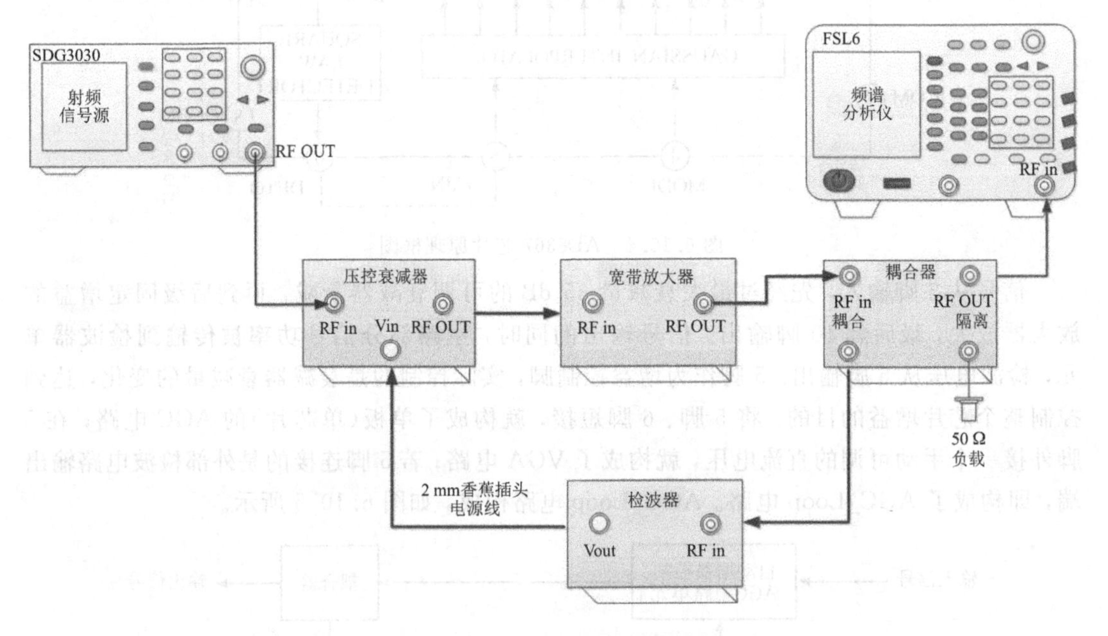

图 6.10.6 ALC 电路实验连接图

② 设置信号发生器。设置频率为 1228 MHz，幅度为－20 dBm，打开 RF 开关。

③ 设置频谱分析仪。按【FREQ】→【1228】【MHz】→【AMPT】→【5】【dBm】→【SPAN】→【1】【MHz】→【PEAK】→【下一页】→【峰值搜索】→开启。

④ 打开“压控衰减器”“功率放大器”“检波器”电源开关，将“压控衰减器”设置为 ALC 模式，“检波器”设置为 ALC_Loop 模式。

⑤ 通过调节“检波器”电路上的可调电位器，观察频谱分析仪上的峰值功率是否可以改变。若可以改变，则说明 ALC 环路功能实现。

⑥ 固定“检波器”上的可调电位器，稳定输出峰值。此时改变信号发生器的输出信号功率(增大或减小)，观察频谱分析仪上的频谱峰值功率变化。峰值功率变化量若远小于信号发生器输出信号功率变化量，再次证明 ALC 电路功能无误。

⑦ 保持以上系统不变，测试 ALC 电路的动态范围。将信号发生器的输出信号功率持续增加，直到频谱分析仪的信号峰值功率随信号发生器的输出信号功率变化而变化(呈线性关系)。找到变化的输入信号功率点，该点即为动态范围的一个极值点。

⑧ 重复步骤⑦，将信号发生器的输出信号功率持续减小，直到信号发生器的输出功率

与频谱分析仪测试的峰值功率呈线性关系。找到这个变化的输入信号功率点，该点即为动态范围的另一个极值点。

⑨ 以上测得的极值点的差值即为 ALC 电路的动态范围。改变频点重复测试并将测试值记录在表格中。

2) 单板 AGC 电路实验

实验箱配置的 AGC 电路，既可以完成单板 AGC 实验(使用芯片自身的检波器作为反馈环路)，也可以完成 AGC_Loop(多板)实验。其实验连接图与图 6.10.6 基本一致，将“压控衰减器”和“宽带放大器”更换为“自动增益 AGC 放大器”即可。实验步骤如下。

① 使用同轴电缆，按照图 6.10.7 连接电路，搭接测试系统。

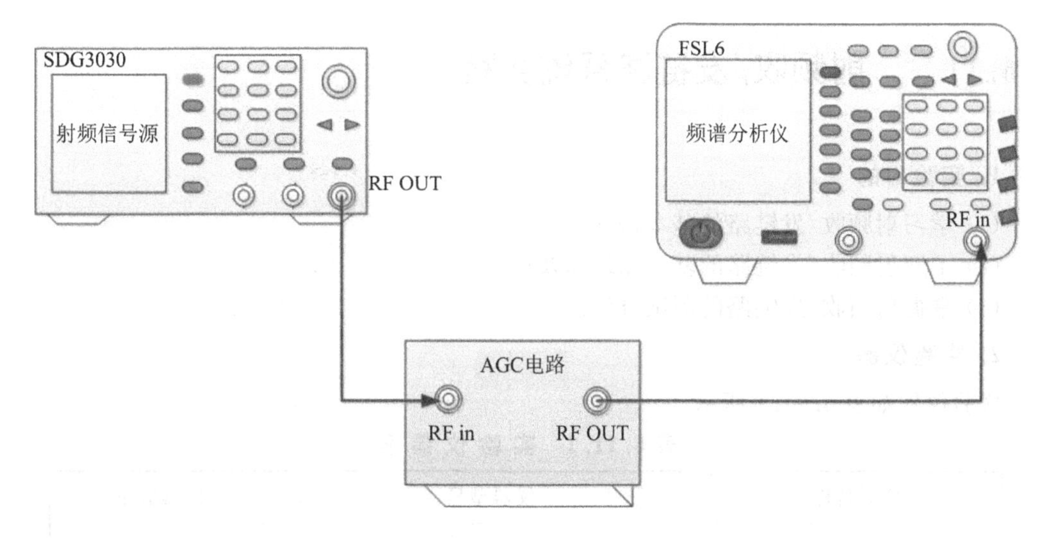

图 6.10.7　单板 AGC 电路实验连接图

② 设置信号源。设置频率为 395 MHz，幅度为－25 dBm，打开 RF 开关。

③ 设置频谱分析仪。设置中心频率为 395 MHz，扫宽为 1 MHz，参考电平为 10 dBm，打开光标，设置“峰值搜索”。

④ 设置工作模式。打开“自动增益 AGC 放大器”电源开关，通过 K1 和 SW2 选择“AGC”工作模式。

⑤ 改变信号源的输出信号功率，观察频谱分析仪测试的峰值信号功率变化。峰值信号功率基本保持不变。

⑥ 保持以上系统不变，测试 AGC 的动态范围。将信号发生器的输出信号功率持续增加，直到频谱分析仪的信号峰值功率随信号发生器的输出信号功率变化而变化(线性关系)。找到变化的输入信号功率点，该点即为动态范围的一个极值点。

⑦ 重复步骤⑥，将信号源的输出信号功率持续减小，直到信号源的输出功率与频谱分析仪测试的峰值功率呈线性关系。找到这个变化的输入信号功率点，该点即为动态范围的另一个极值点。

⑧ 以上测得的极值点的差值即为 AGC 电路的动态范围。改变频点重复测试并将测试值记录在表格中。

5. 实验总结

整理实验数据，填表6.10.2书写规范实验报告。

表6.10.2　实验记录表

电路类型	动态范围/dB
ALC电路	
AGC(单板)	

思考题：使用设备上的"检波器""耦合器"和"AGC电路"构成AGC_Loop实验，能否实现自动增益控制的功能？动手试一试。

6.11　射频收/发链路系统实验

1. 实验目的

(1) 学习射频收/发链路的基本概念。

(2) 了解射频收/发链路的基本原理以及应用。

(3) 掌握射频收/发链路的测试方法。

2. 实验仪器

实验仪器如表6.11.1所示。

表6.11.1　实验仪器表

仪器名称	仪器型号	仪器数量
射频信号发生器	DSG3030(9 kHz～3.6 GHz)	1台
频谱分析仪	FSL6(9 kHz～6 GHz)	1台
示波器	SDS5104X(1 GHz)	1台
数字频率计	GFC-8207H(2.7 GHz)	1台
射频与通信系统实验箱	XD-RF 1.0	1套

3. 基本原理

1) *射频发射链路原理*

原理框图如第三篇图5.1.1所示。

2) *射频接收链路原理*

原理框图如第三篇图5.1.2所示。

3) *射频收/发链路的应用*

射频收/发链路的用途非常广泛，例如广播、手机、电视、雷达等典型应用场景。

4) *实验配置*

实验箱配置的射频收/发链路系统实验是一种超外差式收/发通道。发射机和接收机原理框图如图 6.11.1 和图 6.11.2 所示。

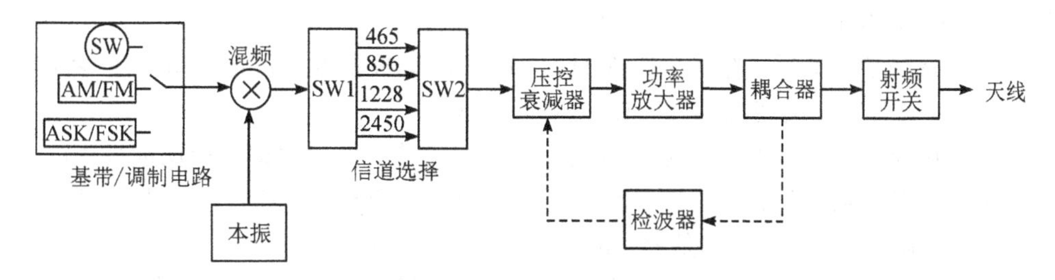

图 6.11.1　超外差式发射机原理框图

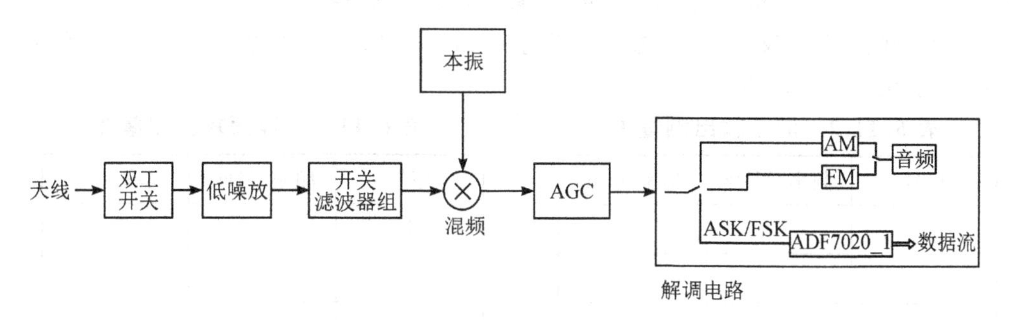

图 6.11.2　超外差式接收机原理框图

4. 实验内容及步骤

1) 发射机系统实验

实验步骤如下。

① 使用同轴电缆，按照图 6.11.3 所示连接电路，搭接测试系统。(虚线可不接)

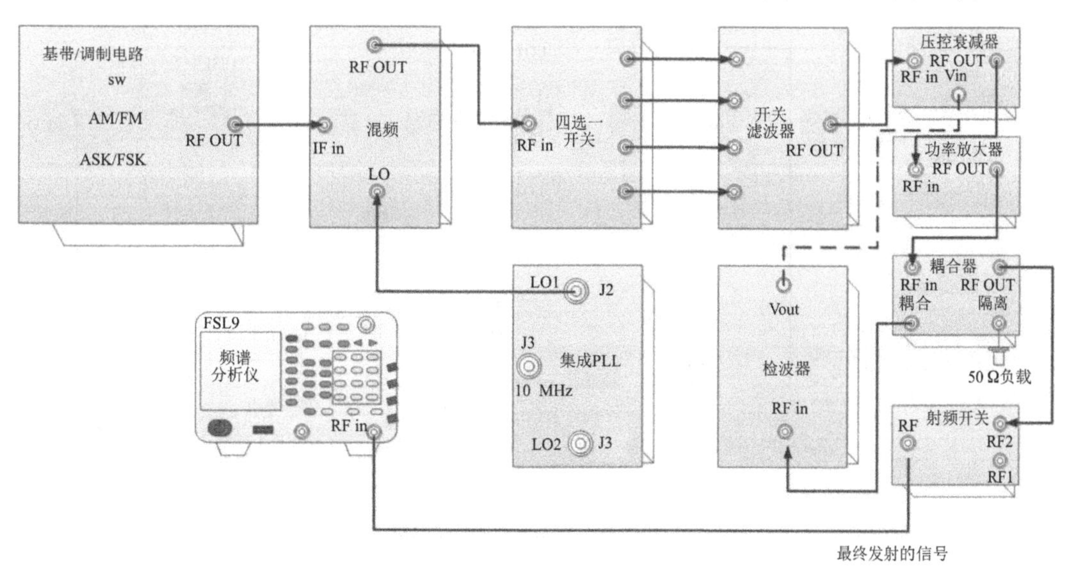

图 6.11.3　发射机系统实验

② 打开所有使用到的单元电路的电源开关。

③ 通过“人机界面(触摸屏)”设置发射机参数。设置“基带/调制电路”输出 75 MHz 点频连续波(SW)，本振 1 输出 390 MHz 信号。

④ 手动选择信号通道。选择“465 MHz 信号通道”，根据以上信息手动切换“基带/调制电路”“四选一开关”“开关滤波器”的(蓝色)拨码开关。

⑤ 电路中所有的“RF OUT 端口”都是信号测试节点。使用频谱分析仪进行测试。

⑥ 测试混频器输出端信号。设置频谱分析仪扫宽为全扫宽，参考电平为 0 dBm，打开光标功能。分别找到功率前五的信号，记录在表 6.11.2 中。

⑦ 再使用频谱分析仪测试发射链路最终的输出信号频谱。使用同轴电缆将“射频开关”的 RF 端连接到频谱分析仪的 RF in 端。将整个射频链路连接完整。

⑧ 设置频谱分析仪全扫宽，参考电平为 15 dBm，打开光标功能。分别找到功率前五的信号，记录在表 6.11.3 中。

表 6.11.2 混频输出测量 1

序号	频率/MHz	功率/dBm
1		
2		
3		
4		
5		

表 6.11.3 混频输出测量 2

序号	频率/MHz	功率/dBm
1		
2		
3		
4		
5		

2) 接收机系统实验

使用同轴电缆，按照图 6.11.4 所示连接电路，搭接测试系统。

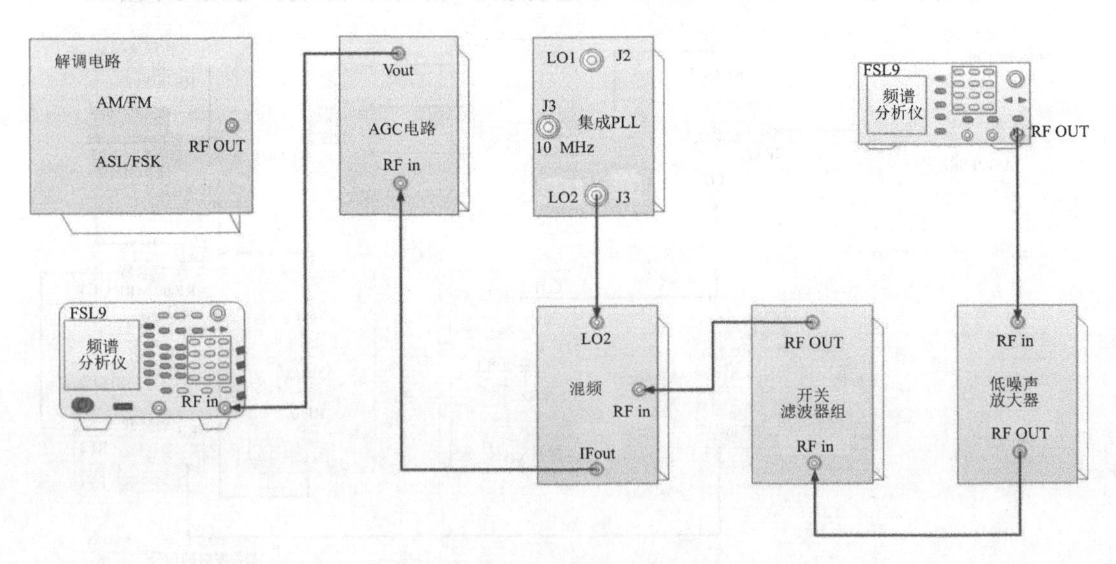

图 6.11.4 射频接收链路搭建图

(1) 接收机信号选择性测试。实验步骤如下。

① 打开所有使用到的单元电路的电源开关。

② 通过“触摸屏”设置“本振电路”接收通道本振 LO2 的输出为 860 MHz。

③ 设置信号发生器中心频率为 465 MHz，幅度为－30 dBm，打开 RF 开关。

④ 设置频谱分析仪。中心频率为 395 MHz，参考电平为 10 dBm，扫宽为 1 MHz，分辨带宽“自动”。记录峰值功率。

⑤ 设置“开关滤波器组”的选通频率为 465 MHz，“自动增益 AGC 电路”设置为 VGA 或者 AGC 模式均可。

⑥ 将频谱分析仪扫宽设置为全扫宽。观察频谱图，将功率前五的信号记录在表 6.11.4 中。理想状态下，频谱图中只有 395 MHz 的通频带信号，其他信号越多功率越大，接收机的选择性越差。

表 6.11.4　混频输出测量 3

序号	频率/MHz	功率/dBm
1		
2		
3		
4		
5		

(2) 接收机噪声系数测试。实验步骤如下。

① 设置频谱分析仪。频率为 395 MHz，参考电平为－10 dBm，扫宽为 10 MHz，分辨带宽为 10 kHz。

② 设置信号发生器。将 RF 输出开关关闭。

③ 设置频谱分析仪。扫描→迹线平均→开启，等待几秒。

④ 打开频谱分析仪峰值，记录此时峰值 P_{max}。

⑤ 计算 NF：$S_{min}=-114$ (dBm/Hz) + NF + 10lgBW(MHz) + S/N (dB)。

式中：NF 是系统噪声系数；S_{min} 用测得的 P_{max}；BW 代表频谱分析仪的分辨带宽，换算为 MHz；S/N 信噪比认为等于 3 dB。

(3) 增益和动态范围测试。

① 设置频谱分析仪。将“迹线平均”关闭。

② 设置信号发生器。中心频率为 395 MHz，幅度为 P_{max}(上面测试的值)，打开 RF 开关。

③ 向上调整信号发生器输出信号功率，并记录频谱仪上的功率。

④ 直至频谱分析仪上读取的功率不再呈线性变化，读取的功率压缩至 1 dB 时结束，并单独记录测试的输入/出功率。该输入功率值相当于输入信号的上限值(仅考虑了信号压缩失真的情况)，接收机的接收动态范围不超过上限值和 P_{max}。

⑤ 根据增益计算平均值，得出平均增益，记录并填表 6.11.5。

表 6.11.5 混频输出测量 4

信号源输出功率/dBm	频谱仪读取功率/dBm	增益/dB

5. 实验总结

整理实验数据，分享心得，书写规范实验报告。

6. 实验思考与讨论

(1) 超外差式发射机载波和本振信号频率如何选择？有哪些方法可以优化最终输出信号频谱纯度？

(2) 接收机噪声系数的改善有哪些方法？

6.12 语音通话实验

1. 实验目的

(1) 掌握语音无线传输系统的原理及组成。

(2) 搭接电路及调试，实现无线对讲功能实验。

2. 实验仪器

实验仪器如表 6.12.1 所示。

表 6.12.1 实 验 仪 器 表

仪器名称	仪器型号	仪器数量
射频信号发生器	DSG3030(9 kHz～3.6 GHz)	1 台
频谱分析仪	FSL6(9 kHz～6 GHz)	1 台
示波器	SDS5104X(1 GHz)	1 台
数字频率计	GFC-8207H(2.7 GHz)	1 台
射频与通信系统实验箱	XD-RF 1.0	1 套

3. 基本原理

1) 语音信号发射/接收的基本原理

音频信号发射和接收的典型案例就是广播。语音信号经过调制处理(AM/FM)后通过天线发射到空间中，所有的广播都是接收机，广播通过天线接收到含有语音信息的AM/FM 信号，再通过解调处理得到语音信号，喇叭将语音信号转换成声音进行播放。这就是整个语音的发射和接收过程。

2）对讲机功能基本原理

广播是典型的单向通信方式，一方只发不收，另一方只收不发。对讲机则是收/发双向通信方式，既可以接收到对方的信息，也可以向对方发送信息，也就是说一台对讲机同时拥有信号的调制、解调功能，通过“双工开关”进行发射、接收功能的转换，实现“对讲”功能。

3）AM/FM 解调原理

AM 信号的解调方法是采用二极管峰值检波。相关知识点和原理参见第二篇 3.4 节。

FM 信号解调过程称为鉴频，实现鉴频功能的电路称为鉴频器。常见的鉴频方法有两种：一种是借助于谐振电路将等幅调频波转换成幅度随瞬时频率变化的调幅调频波(FM-AM)，然后用二极管检波器进行幅度检波，还原出调制信号；另一种是将等幅调频波通过线性频率-相位变换网络，变成其附加相移随 FM 信号瞬时频率变化的调相波，然后由相位检波器将它与调频波的瞬时相位进行比较，检出反映附加相移变化的解调电压(调制信号)。实验箱鉴频器采用的是第二种鉴频方法。

4）语音通话的应用

语音通话就是信息的交流，其用途极其广泛，这里不再赘述。

5）实验配置

实验箱有完整的信号收/发链路以及模拟信号调制/解调电路，信号发射机与接收机的搭建可以参考上一节实验。

4. 实验内容及步骤

1）语音信号发射/接收实验(AM)

实验步骤如下。

① 使用同轴电缆，按照图 6.12.1 所示连接电路，搭接测试系统。(虚线可不接)

② 打开所有电路电源开关。将所有拨码开关(蓝色开关)设置为软件控制，“基带/调制电路”钮子开关(红色)设置为 AM，“压控衰减器”设置 ALC 模式，“自动增益 AGC 放大器”设置为 VGA 模式。

③ 通过“触摸屏”设置实验内容。按【解调参数】→【模式 AM】→【发射频率】→“465”“确定”→【接收频率】→“465”“确定”。

④ 测试信号链路是否搭建成功。使用频谱分析仪测试“自动增益 AGC 放大器”输出信号，输出信号为 390 MHz，功率可以通过“自动增益 AGC 放大器”和“检波器”两个电路上的电位器进行调整。

⑤ 设置函数发生器。按【波形】→【正弦波】→【参数】→【频率】→【1】【kHz】→【幅度】→【5】【mVpp】→“打开信号输出”。

⑥ 测试解调出来的调制信号。将“自动增益 AGC 放大器”RF OUT 端连接到“解调电路”的 RF in 端。使用音频延长线将解调出来的调制信号引出来，方便使用示波器进行测试。

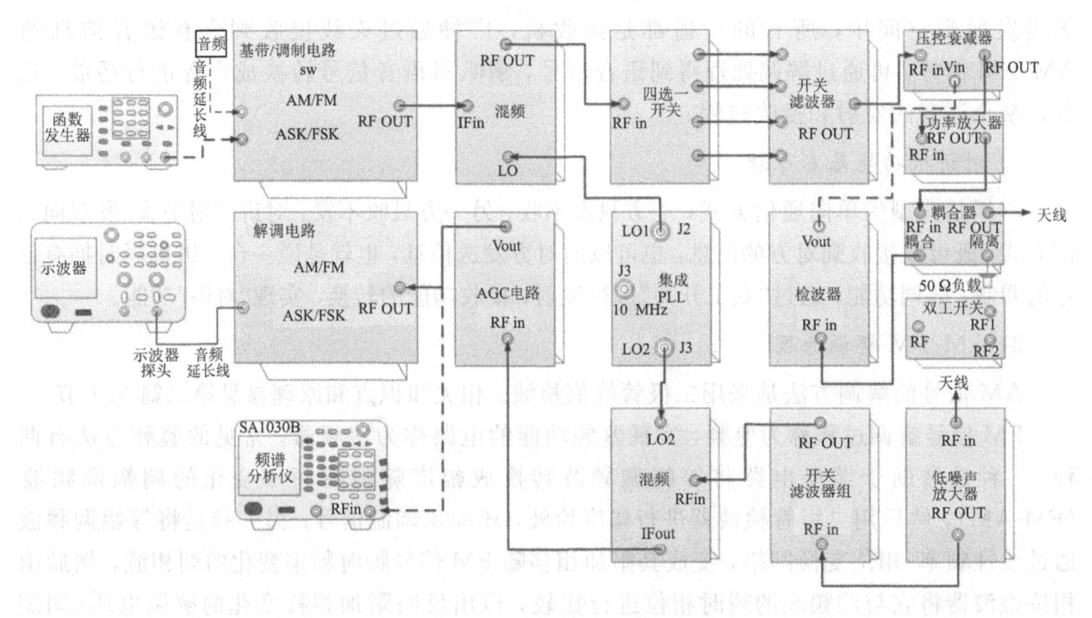

图 6.12.1 语音信号发射/接收实验

⑦ 观察解调信号是否失真。调制输入是一个正弦波信号，解调出来的信号应该也是一个正弦波信号。使用示波器【AUTO】找到解调出来的调制信号。若正弦波信号失真，调整“自动增益 AGC 放大器”“检波器”和“解调电路”的电位器，直到示波器捕捉到不失真的调制信号。

⑧ 输入语音信号。将函数发生器换为音频输出设备(手机、MP3 等)，示波器换为音频播放设备(耳机)。测试耳机播放的是“基带/调制电路”输入端的音频信号。注意：可以通过调节电路中的电位器进行调节耳机播放的音频质量(音量的大小、声音是否失真)。

⑨ 通话。将“基带/调制电路”的调制信号输入方式改为“声音输入”(钮子开关选择)。直接对驻极体话筒说话，通过耳机进行接收，完成通话实验。

2) 对讲机实验(FM)

本实验是在两台设备间完成“对讲机”实验。每一台设备均能成功完成实验 1“语音通话”。

① 更改“通话方式”。“触摸屏”设置：【解调参数】→【模式 FM】→【发射频率】→“856”“确定”→【接收频率】→“856”“确定”；将“基带/调制电路”钮子开关 K1 拨到 FM 工作模式。

② 完成 FM 工作模式下的单台“语音通话实验”，即耳机能听到输入的音频。(实验方法与“AM 语音通话实验”完全一致。)

③ 两台设备都按照图 6.12.2 进行连接(将“双工开关”接入信号链路)。

④ 发射/接收切换。天线连接在“双工开关”的公共端，通过“双工开关”电路中 SW2 拨码开关选择“RF→RF1”“RF→RF2”导通通道。当“RF→RF1”导通时，设备此时作为发射机；当“RF→RF2”导通时，设备此时作为接收机。

⑤ 对讲。音频(声音)信号从发射机“基带/调制电路”输入，在接收机的“解调电路”的输出端(耳机)接收。完成一次通话后，同时将两个设备的工作状态进行切换(发射/接收互换)，完成“回应”通话。这样来回切换通话就实现了对讲功能。

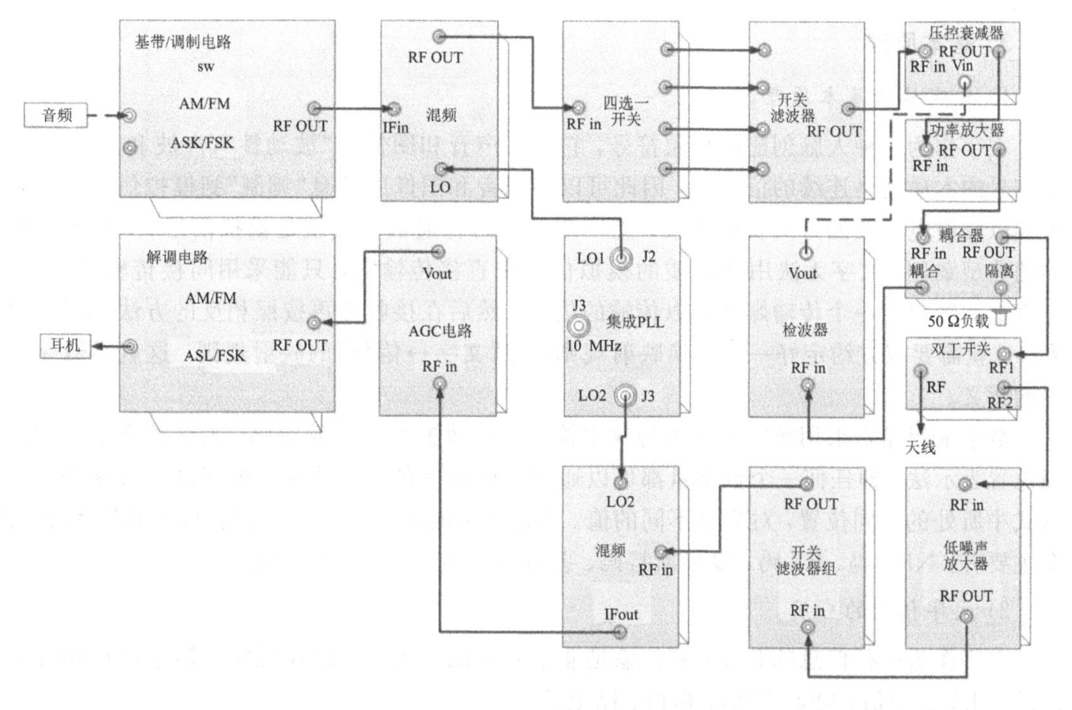

图 6.12.2　对讲机实验连接

5. 实验总结

整理实验数据，分享心得，书写规范实验报告。

6.13　文字聊天实验

1. 实验目的

(1) 掌握文字传输系统原理及组成。

(2) 搭建可靠系统并调试，实现文字传输。

2. 实验仪器

实验仪器如表 6.13.1 所示。

表 6.13.1　实验仪器表

仪器名称	仪器型号	仪器数量
射频信号发生器	DSG3030(9 kHz～3.6 GHz)	1 台
频谱分析仪	FSL6(9 kHz～6 GHz)	1 台
示波器	SDS5104X(1 GHz)	1 台
数字频率计	GFC-8207H(2.7 GHz)	1 台
射频与通信系统实验箱	XD-RF 1.0	2 套

3. 基本原理

1) 文字传输基本原理

文字作为一种人脑创建的抽象符号，它没有声音和图像的“波动性”(声波和光波)。模拟信号的本质就是连续的信号波，因此可以将声音和图像的信息“调制”到模拟信号上通过天线以发射电磁波的方式发射出去，上一节课的语音通话实验就是模拟信号(AM/FM)传输的典型案例。文字无法用波性质的模拟信号来直接传输它，只能采用间接传输的方法：先将文字转化为一个传输媒介可以传输的信号，然后在接收方再按照相反的方法“翻译”过来。这就需要双方约定好一个转换映射规则，即“文字↔信号”的映射规则，这就是数字编码的意义。

数字编码是指采用数字和有关特殊字符来表示数据和指令的编码。大多数数字编码采用位置表示法，即任何一个数字量都可以通过一些数字的和来表示。根据这些数字码在表示式中所处的不同位置，对应有不同的值。即每个不同的位置，都具有自己的“权”。编码方案主要有：NRZ 码、RZ 码、曼彻斯特码、差分曼特斯特码、AMI 码等。

2) 文字传输的应用

文字作为一种信息的载体，其传输是非常必要的。文字传输在现实生活中的应用非常广泛，比如：短信、QQ、微信、微博、贴吧等。

3) 实验配置

实验系统配备有完整的信号收/发链路以及数字信号调制/解调电路，信号发射机与接收机的搭建可以参考上一节实验内容。

4. 实验内容及步骤

1)“文字聊天”实验(ASK)

① 本实验是两台设备间完成“文字互通”的实验。(实验内容和“对讲机”实验基本一致，区别在于调制/解调的方式不同。)

② 使用同轴电缆，按照图 6.13.1 所示连接电路，搭接测试系统。(虚线可不接)

③ 打开所有电路电源开关。将所有拨码开关(蓝色开关)设置为软件控制，“压控衰减器”设置为 ALC 模式，“自动增益 AGC 放大器”设置为 VGA 模式。

④ 通过“触摸屏”设置实验内容。设定两台通信设备的发射频率和接收频率，具体操作步骤如下。

设备一：【解调参数】→【模式 ASK】→【发射频率】→“465”“确定”→【接收频率】→“865”“确定”→【信道 5】→【符号】→【通信实验】→“输入文字、接收文字”。

设备二：【解调参数】→【模式 ASK】→【发射频率】→“865”“确定”→【接收频率】→“465”“确定”→【信道 8】→【符号】→【通信实验】→“输入文字、接收文字”。

⑤ 编辑发送文本，点击发送，等待对方回信。

设备一：点击“发送文本”的空白区，编辑需发送的文字，例如“西安电子科技大学”，点击【发送】按钮，等待对方接受回复。

设备二：当在“接收文本”的空白区接收到了信息，再点击“发送文本”的空白区，编辑需发送的文字，例如“电子工程学院”。点击【发送】按钮，等待对方接收回复。

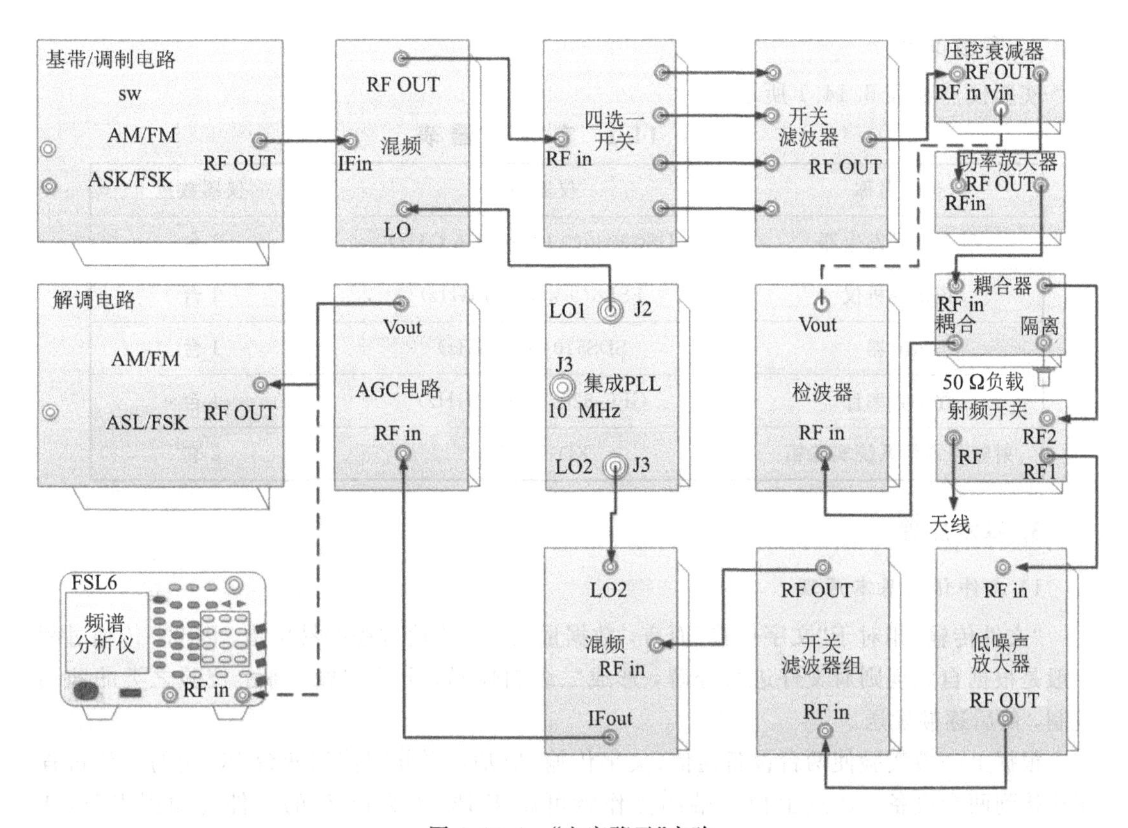

图 6.13.1　“文字聊天”实验

2）“文字聊天”实验（FSK）

通过“触摸屏”设置实验内容时只需将模式设为 FSK，其他操作方法与 ASK 实验完全相同。

备注：

① 两台设备间通信时，不支持同时收发；

② 设备一的“发射频率”和设备二的“接收频率”、设备一的“接收频率”和设备二的“发射频率”需要保持一致；

③ 同一台设备的“发射频率”“接收频率”不能相同；

④ “信道”可以在 1～20 任选。

5. 实验总结

整理实验数据，分享心得，书写规范实验报告。

6.14　文件传输实验

1. 实验目的

(1) 掌握文件传输系统的原理和组成。

(2) 搭建可靠系统并调试，实现文件传输。

2. 实验仪器

实验仪器如表 6.14.1 所示。

表 6.14.1　实验仪器表

仪器名称	仪器型号	仪器数量
射频信号发生器	DSG3030(9 kHz～3.6 GHz)	1 台
频谱分析仪	FSL6(9 kHz～6 GHz)	1 台
示波器	SDS5104X(1 GHz)	1 台
数字频率计	GFC-8207H(2.7 GHz)	1 台
射频与通信系统实验箱	XD-RF 1.0	2 套

3. 基本原理

1) 文件传输基本原理

“文件传输”相对于“文字传输”而言，数据量大、在传输过程中易出错。因此，传输过程一般是根据自定规则对文件进行分解，形成二级制代码，分段组帧，加上校验之类的防错机制，然后逐帧发送。

根据上一节实验使两台设备通信(文字传输)成功，再分别使用两台 PC 端的上位机程序连接到两台设备，通过上位机端的操作就可以将 PC1(或 PC2)的文件传输到 PC2(或 PC1)上。文件传输系统框图如图 6.14.1 所示。

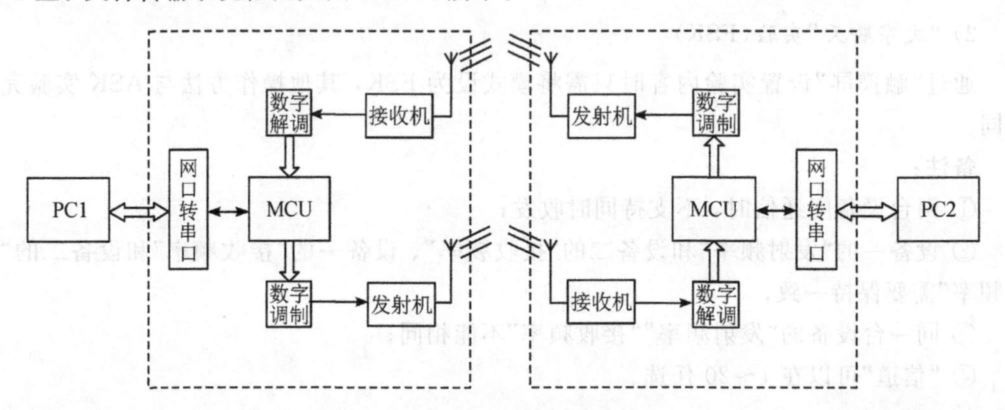

图 6.14.1　文件传输系统框图

文件从 PC1 传输到 PC2。PC1 将文件分包传输给 MCU，MCU 接收数据完成后，通过对数字调制芯片的控制，将文件数据内容转换成数字调制信号(FSK)，信号通道将产生的数字调制信号发射出去。设备二接收到调制信号，通过数字解调芯片将信号内容解调出数据包上传给 MCU，等待 MCU 接收结束后，将文件数据包传输给 PC2 得到 PC1 的传输文件。

2) 文件传输的用途

文件传输是信息化的一个重要手段，文件可以包含文字、图片、视频、声音等绝大部分的信息。文件传输应用极为广泛，我们经常使用的文件下载就是典型的文件传输案例。

3）实验配置

实验箱设备有完整的信号收/发链路以及数字信号调制/解调电路，信号发射机与接收机的搭建可以参考上一节实验内容。

4. 实验内容及步骤

1）“文件传输”实验(ASK)

① 本实验是两台设备间实现“文件传输”的实验。(实验内容和“对讲机”实验基本一致，区别在于调制/解调的方式不同。)

② 使用同轴电缆，按照图 6.14.1 所示连接电路，搭接测试系统。(虚线可不接)

③ 打开所有电路电源开关。将所有拨码开关(蓝色开关)设置为软件控制，“压控衰减器”设置为 ALC 模式，“自动增益 AGC 放大器”设置为 VGA 模式。

④ 通过“触摸屏”设置实验内容。相互通信的两台设备需预先设定发射频率和接收频率。设置步骤如下。

设备一：【解调参数】→【模式 ASK】→【发射频率】→“465”“确定”→【接收频率】→“865”“确定”→【信道 5】→【符号】→【通信实验】→“输入文字、接收文字”。

设备二：【解调参数】→【模式 ASK】→【发射频率】→“865”“确定”→【接收频率】→“465”“确定”→【信道 8】→【符号】→【通信实验】→“输入文字、接收文字”。

⑤ 通过“触摸屏”实现“文字聊天”实验。

⑥ 连接上位机。双击上位机图标→弹出学员登录界面→进入实验→开始→实验箱→单击“发送文件”→找到待发送文件→单击“发送”→等待“发送成功”提示。

2）“文件传输”实验(FSK)

通过“触摸屏”设置实验内容，只需将模式设为 FSK，其他操作方法和文件传输 ASK 实验完全相同。

备注：

① 两台设备间通信时，不支持同时收发；

② 设备一的“发射频率”和设备二的“接收频率”，设备一的“接收频率”和设备二的“发射频率”要保持一致；

③ 同一台设备的“发射频率”“接收频率”不能相同；

④ “信道”可以在 1～20 任选；

⑤ 文件传输速率较慢。

5. 实验总结

整理实验数据，分享心得，书写规范实验报告。

第7章 射频通信应用系统举例

在无线通信领域中广泛使用的射频技术，实现了无线电远程传输信息、无线电探测和测距、无线电近距离组网和数据传输以及无线电无接触识别等功能。人们先后发明并发展了无线电远程通信、雷达、蓝牙、卫星通信和射频识别等技术设备。面向社会需求，利用射频通信技术设计相应的应用系统，是从事该行业的相关人员所面临的最重要的问题。本章旨在通过一些射频通信应用系统的例子抛砖引玉，希望能给读者一些启迪。

7.1 射频识别(RFID)读写系统设计与实践

无线射频识别(Radio Frequency Identification)技术是一种利用电磁波信号对特定目标自动识别并与之进行通信的技术。RFID射频终端通过向标签发送射频信号，自动识别、选定标签，并获取标签内存储的数据和用户信息。采用RFID技术的标签有读写数据速度快、携带方便、可重复擦写次数高等优点，因此该技术在自动化控制领域有着越来越广泛的应用，可适应于物联网设备以及智能家居与智慧城市等各种应用。

RFID技术有着诸多优点，包括信息读取方便、目标识别速度快、受现场因素干扰小等。在现代物流和供应链领域，将RFID应用在供应链端，企业将标签放置在产品上，接收器就能快速识别标签，从而追踪从原料到产品以及运输的各个环节。RFID技术帮助企业在生产中降低了人为出错的可能性，提高了管理的效率。

1. 系统概述

RFID系统接口设备分为读卡器和写卡器，本设计中读卡器和写卡器结构相似，采用了一体化设计的RFID读写模块，其内部具有调制和解调功能。如图7.1.1所示，RFID标签与RFID读写模块通过TYPEA协议进行无线通信。

(1) RFID读写模块读取RFID标签中的信息，并将其传送给微控制器(MCU)，MCU将信息处理、解算后送给显示器显示；

(2) 通过键盘设备将信息传给 MCU，经处理后，MCU 将信息传输给 RFID 读写模块，通过无线通信再将其写入 RFID 标签。

(3) MCU 接口设备以高性能 STM32F103 作为微处理器，以 ARM-Cotex-M3 作为内核的嵌入式系统，通过移植 μC/OS-Ⅱ操作系统，编写读写卡器程序以实现对卡片的发行和读写操作。

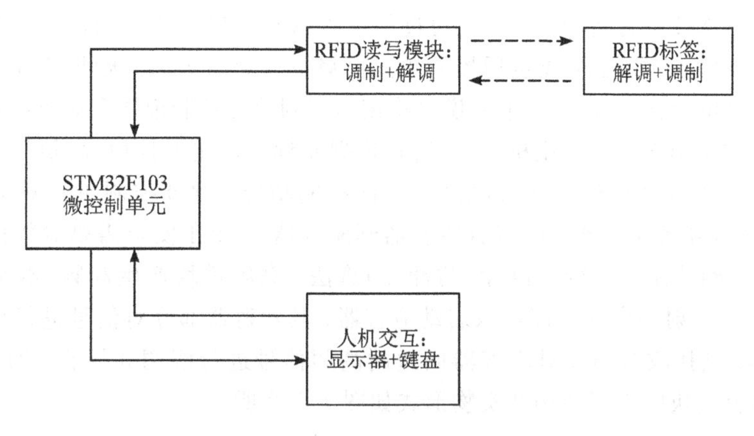

图 7.1.1　RFID 读写系统框图

在接口设备对防伪标签进行操作的过程中，涉及对卡片的防冲突碰撞、数据读取、写入等处理。接口设备从卡片读取数据，通过液晶屏幕显示获取的数据，同时微控制器能发出指令对卡片信息进行修改。值得注意的是，对卡片信息进行修改的过程中，无线信道中传输的是明文数据，存在一定的安全风险。所以修改卡片信息期间，要保证周边环境的安全性。

2. 主要器件介绍

1) STM32F103 中央处理器

STM32F103 中央处理器采用高性能 ARM Cortex-M3 32 位的 RISC 内核，工作频率为 72 MHz，内置包括 128 KB 的闪存和 20 KB 的 SRAM 等高速存储器，拥有丰富的 I/O 端口和连接到两条 APB 总线的外设，还包括 2 个 12 位的 ADC、3 个通用的 16 位定时器和 1 个 PWM STM32F103 定时器。拥有标准的通信接口：2 个 I^2C 接口、1 个 SPI 接口、3 个 US-ART 接口、1 个 USB 接口和 1 个 CAN 接口。这些丰富的外设配置，使得 STM32F103 处理器适用于多种应用场合。

此外，STM32F103 中央处理器的工作电压为 3.3 V，一系列的省电模式可保证低功耗应用的要求。其正常工作的温度范围为零下 40 摄氏度到 85 摄氏度，满足工业级应用的要求。

2) ZLG500BTG 读写器模块

ZLG500BTG 模块是基于 13.56 MHz 频率的系列读写卡模块，符合 ISO14443 标准，可支持 mifare1 S50/S70、mifare0 ultralight、mifare Pro、mifaredesfire。该模块采用超小型、超大规模集成电路封装，具有易用、可靠、多样和体积小等特点，是可方便、快捷地在 RFID 系统中配置的非接触式 IC 卡。

ZLG500BTG 模块主要性能特征如下。

(1) 双层电路板设计，双面表贴，EMC 性能优良。

(2) 采用最新 PHILIPS 高集成 ISO14443A 读卡芯片——MF RC500。

(3) UART 串行接口，能外接 RS-232 或 RS-485 芯片。

(4) 蜂鸣器输出口，能用软件控制其输出频率及延续时间。

(5) 提供 C51 函数库，能读写模块中 RC500 芯片的 EEPROM。

读写器的基本任务为启动应答器，通过与应答器和主机间建立通信，实现数据在主机与应答器间的传输。读写器组成包括控制单元高频模块耦合元件(天线)和附加接口(与主机通信的串口和电源接口等)。简单来说可将读写器划分为控制模块和高频模块两部分。

控制单元的作用表现在与主机进行通信(依据阅读器已定通信协议)执行主机命令，并且控制与应答器通信实现对应答器(射频卡)的控制功能。此外控制单元对信号进行编码(发射过程即阅读器到应答器)和解码(应答器到阅读器)，出于安全需要对数据进行加密解密算法；出于准确性需要进行反碰撞(防冲突)算法。高频模块产生高频(本系统所用模块 $f=13.56$ MHz)发射功率提供能量以启动应答器；其发射器部分对信号进行调制以将数据发送至应答器；其接收器部分对应答器回送的高频信号进行解调并接收。ZLG500BTG 天线一体化读写器模块的内部结构和实物形式如图 7.1.2 所示。

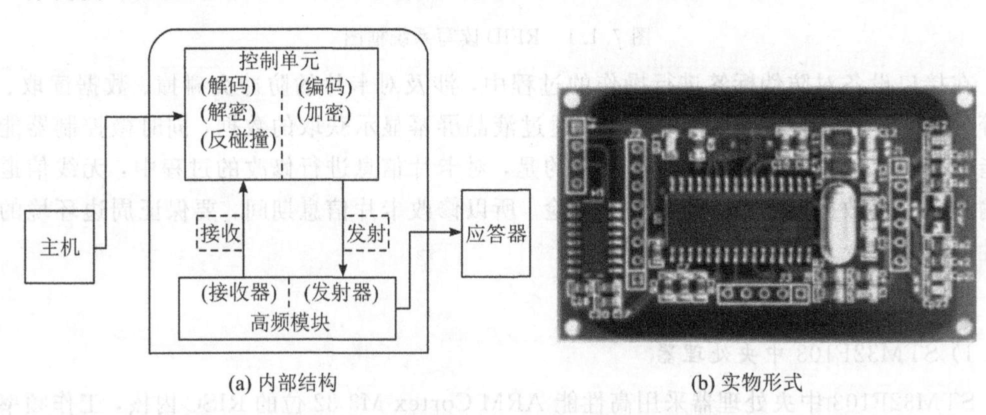

图 7.1.2 ZLG500BTG 天线一体化读写模块

当然，RFID 读写模块还可根据实际情况选择其他类型的模块，比如 NFC 的 PN532 和 PN5180 或国产的 M4255-HA 等。

3) PHILIPS S50 射频卡(电子标签)

射频识别读写系统以 PHILIPS S50(Mifare MF1 IC S50)射频卡(又称电子标签)作为应答器，与读卡器进行通信。向射频卡(标签)发射一组固定频率的电磁波，卡片内有一个 *LC* 串联谐振电路，其频率与读写器的发射频率相同，在电磁波的激励下，*LC* 谐振电路产生共振，从而使电容内产生电荷。在这个电容的另一端，接有一个单向导通的电子泵，将电容内的电荷送到另一个电容内储存。当所积累的电荷达到 2 V 时，此电容可作为电源为其他电路提供工作电压，将卡内数据发射出去或接收读写器的数据。该射频卡的内部结构及实物形式如图 7.1.3 所示。

(1) 工作过程。

应答器为射频识别系统的数据载体，从作用原理角度可分为电子数据应答器和利用物理效应的数据载体应答器。电子数据应答器应用广泛，也称为非接触 IC 卡，即射频卡。

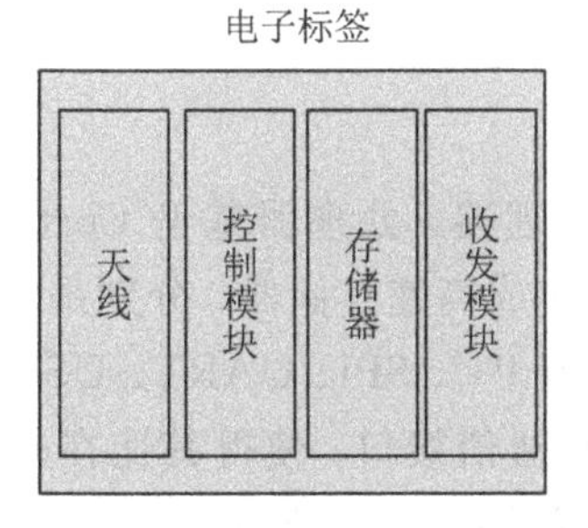

(a) 内部结构

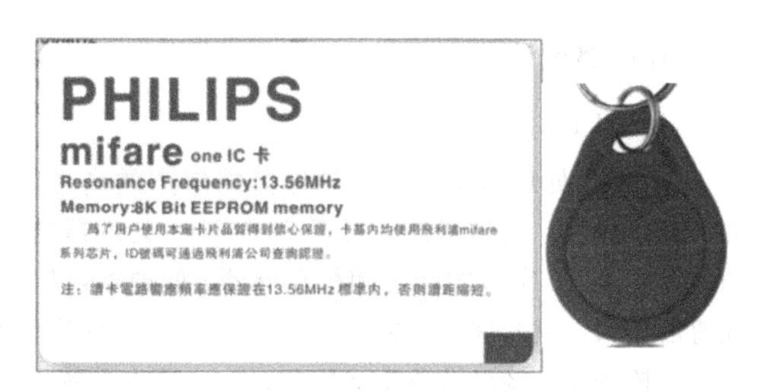

(b) 实物形式

图 7.1.3　PHILIPS S50(Mifare MF1 IC S50)射频卡

射频卡通常由高频界面及存储器组成。存储器包括电可擦可编写只读存储器(EEPROM)，铁电随机存取存储器(FROM)，静态随机存取存储器(SROM)。高频界面是读卡器高频模块到应答器数字电路的接口。读卡器发送数据到应答器的过程中，从读卡器发出的调制高频信号在高频界面经解调后重新构建，以产生能进一步加工的数字式串行数据流(数据输入)，其中从高频场的载波频率中产生用于数据载体的系统时钟。在应答器将数据回送给读卡器的过程中，高频界面包含负载调制器或反向散射调制器(因系统而定)，并且由回送的数字化数据控制。对于无源应答器，高频界面从应答器的耦合元件(天线)吸收其与阅读器电磁感应产生的电流，再经过整流器、稳压器等装置为应答器芯片提供电源。本系统采用符合国际标准 ISO14443 TYPE A 型的非接触 IC 卡 Mifare 射频卡。

(2) ISO14443 标准。

ISO14443 标准是非接触 IC 卡近耦合标准，标准的近耦合系统典型作用距离为 10 cm，以下介绍 ISO14443 标准。

射频卡的能量通过发送频率为 13.56 MHz 的阅读器的交变磁场来提供。射频卡中包含一个大面积的天线线圈，典型的线圈具有 3～6 匝导线。

由于阅读器与 IC 卡数据通信方法的不同，ISO14443 标准在阅读器和近耦合 IC 卡之间的数据传输规定了两种完全不同的方法：A 型和 B 型。此处只对 A 卡进行说明(本设计射频卡符合 TYPE A)。A 卡使用改进的 Miller 编码的 100％振幅键控调制作为从阅读器到 IC 卡传输数据的调制方法，从 IC 卡到阅读器的数据传输使用副载波的负载调制方法。副载波频率为 13.56 MHz/16。副载波的调制是通过对曼彻斯特编码数据流的副载波的键控来完成的，在两种传输方向上波特率为 13.56 MHz/128。A 型卡的信号接口参数如表 7.1.1 所示。

表 7.1.1　A 型卡信号接口参数

IC 卡类型	A　型　卡	
传输方向	阅读器到应答器	应答器到阅读器
调制方式	键控 100％的 ASK 调制	载波(f=847 kHz)的负载调制
数据信息位编码	改进的 Miller 码	曼彻斯特编码
数据传输波特率	106 Kb/s	

3. 硬件电路设计

1) STM32F103 最小系统

STM32F103 处理器是意法半导体公司生产的高性能处理器，处理器基于 Cortex-M3 32 位的 RISC 内核，其频率最高可至 72 MHz。处理器内部集成高速存储器，分别是 128 K 字节的闪存和 20 K 字节的静态随机存储器。处理器还配置有 I^2C、SPI、UART、USB 等多种标准通信接口。该处理器功能强大，由于集成多种模块和通信接口，使得其能在多种应用场景中发挥作用。接口设备中 STM32F103 最小系统电路如图 7.1.4 所示。

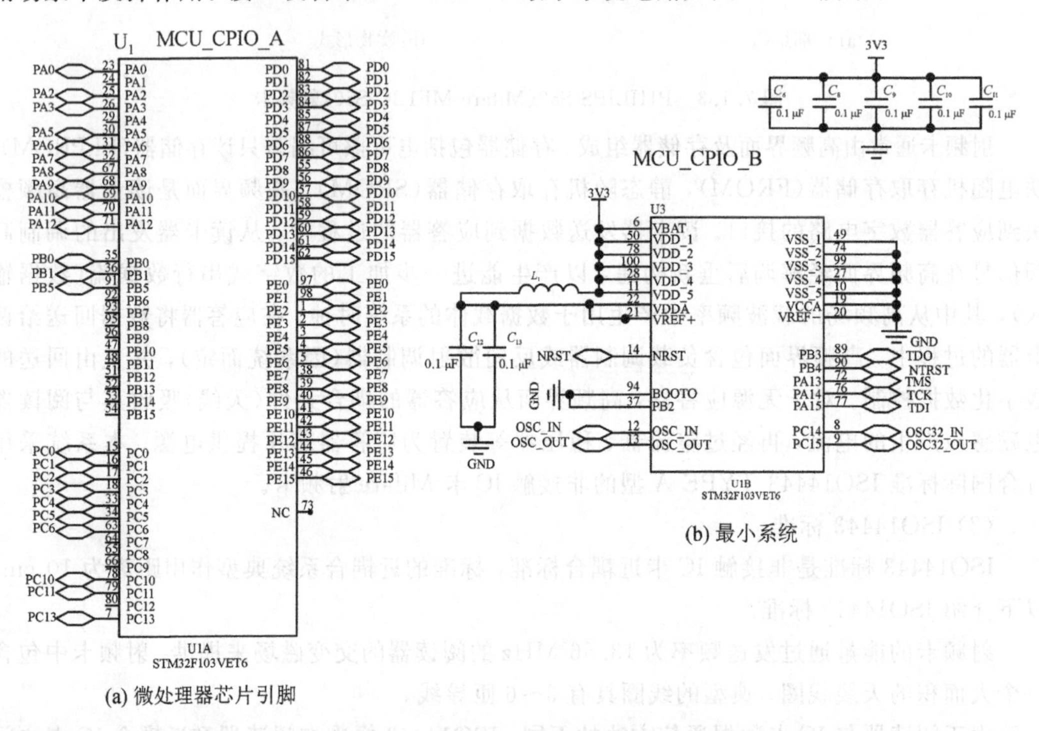

图 7.1.4　STM32F103 最小系统电路图

MCU 的工作电压是 3.3 V，可以根据实际工作需要合理选择不同的工作模式来降低使用过程中的功耗。处理器可以在零下 40 摄氏度至 85 摄氏度的温度范围内稳定运行，这对保证产品工业级的应用来说至关重要。

2) RFID 读写模块接口电路

读写模块的型号为 TX800BT，它的工作频率是 13.56 MHz。该读写模块可正常读写 CPU 卡，其通信遵循 ISO/IEC 14443 TYPEA 协议、ISO/IEC7816 协议，其上搭载有多种加密协处理器，可以对数据进行 DES、SM1、SM4 算法加密及解密。TX800BT 的读卡距离可从 20 毫米至 100 毫米，支持 UART 和 RS232 串口通信，通信速率有 9600 b/s 和 115 200 b/s 两种。该 RFID 读写模块运行稳定且占用空间小，因此可有效减小开发板的版图面积，并能够保证可靠的数据读写。本系统中读、写卡设备均使用此模块与 CPU 卡进行数据读写，该模块与 MCU 的连接方式如图 7.1.5 所示。

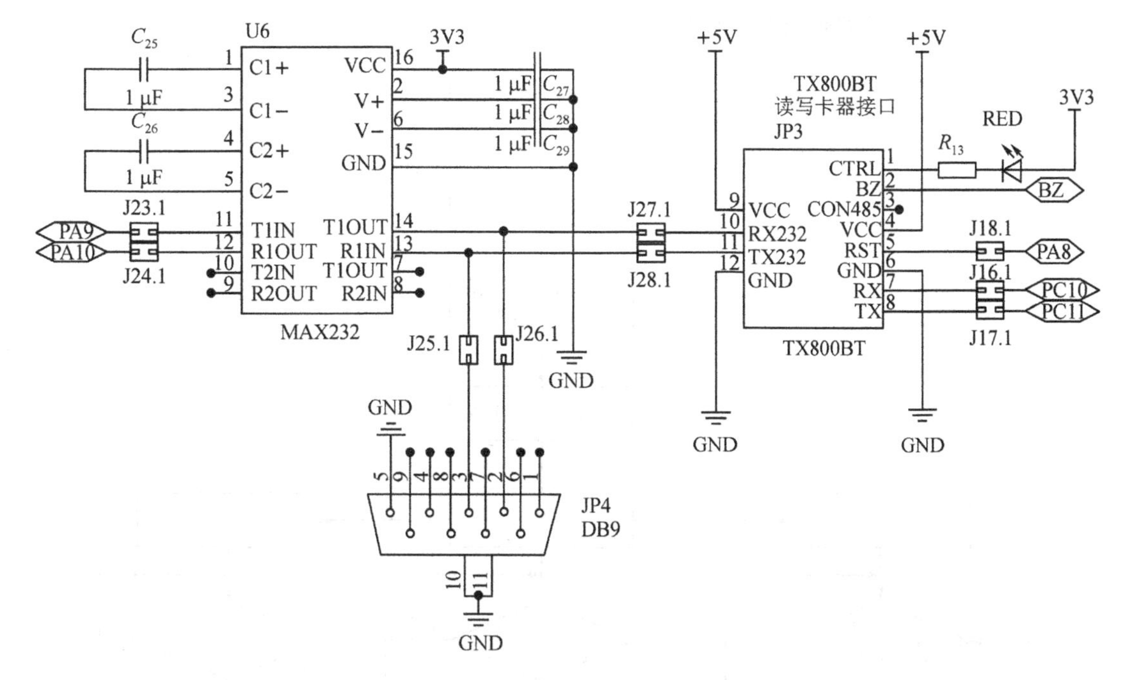

图 7.1.5 TX800BT 读写模块与 MCU 的连接方式图

3）电源电路设计

接口设备的电源部分采用 USB 接口供电，工作电压为 5 V，5 V 电压经过 LM1117-3.3 转换为 3.3 V。读写卡器模块、液晶屏在 5 V 电压下工作，STM32F103 处理器、ZigBee 无线传输模块、串口等在 3.3 V 的电压下工作。电源电路利用保险丝保证电路电流在 500 mA 以内，利用二极管稳定电压，使得电路在正常的电压下工作。电源电路如图 7.1.6 所示。

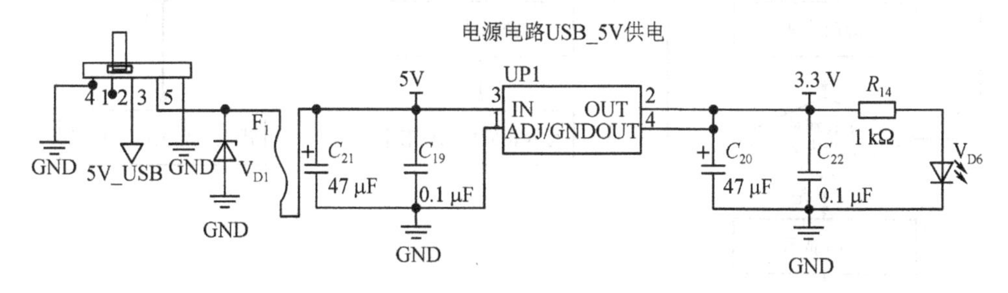

图 7.1.6 电源电路图

4. 系统软件设计

1）系统整体软件流程

系统软件整体流程如图 7.1.7 所示。

读写卡器上电后，首先对 STM32F103 进行初始化操作，其后执行液晶和串口的初始化。在完成初始化工作后，初始化 μC/OS-Ⅱ操作系统，创建邮箱和任务。主任务是完成卡片的读取工作，包括防碰撞、选择卡、密钥验证以及从相应块中读取数据。读取数据完成后，液晶屏显示数据内容，并通过 ZigBee 向上位机发送数据，上位机显示数据。上位机完成数据显示后，如果需要修改数据，向读写卡器发送写入命令。读卡器接收写入命令后，对命令进行解析，提取数据内容，向卡片写入数据。

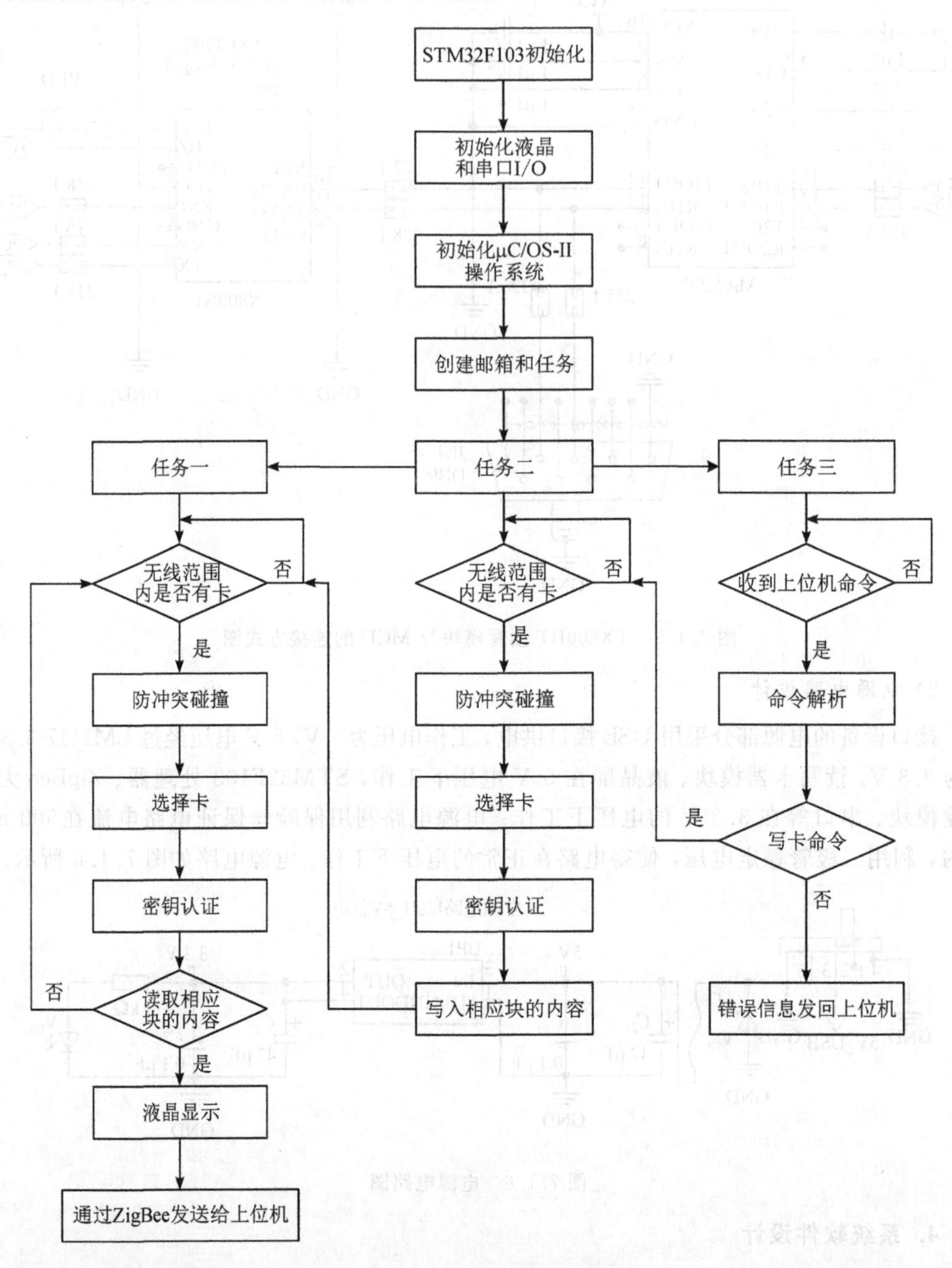

图 7.1.7 系统软件整体流程图

2) 读写设备初始化和防冲突设计

配套的读写卡器是以 STM32F103 嵌入式芯片作为核心处理器，其上搭载的嵌入式操作系统通过控制射频电路实现与 CPU 卡的命令、数据应答操作。对 COS 系统的文件系统初始化，内部验证命令均是上位机软件通过控制该读写设备发出的。首先上位机向发行器发出字符 REQ，然后等待发行器的响应字符 ASR。若在 50 ms 内上位机未收到 ASR，则再次发送 REQ；如果发送 3 次 REQ，上位机都没有收到正确响应，则退出本次传输并将错误代码返回给上位机主程序，由主程序进行错误代码处理。若上位机收到发行器正确响应 ASR，则上位机将包含命令和数据的数据块发送出去，并以字符 ETX 作为结束。

发行器接收到数据块后，通过解析得到数据块中的命令和数据，按照命令对标签进行操作，并将响应数据和状态返回上位机。如果上位机 100 ms 内没有收到相应的数据，则传输结束，并将错误代码返回给主程序。上电之后，读写卡器部分首先要实现 Type A 的初始化阶段所用的字节格式、帧和时序。在标签进入读写卡器射频场的轮询过程后，实现防冲突和碰撞操作。

读写设备的初始化和防冲突设计时序如图 7.1.8 所示。图中的 SAK(Select Acknowledge)是从读写设备发出，由标签进行接收的，该条指令负责回应读写设备的命令请求，并且代表对标签 UID 码各字节位已经检查完毕。

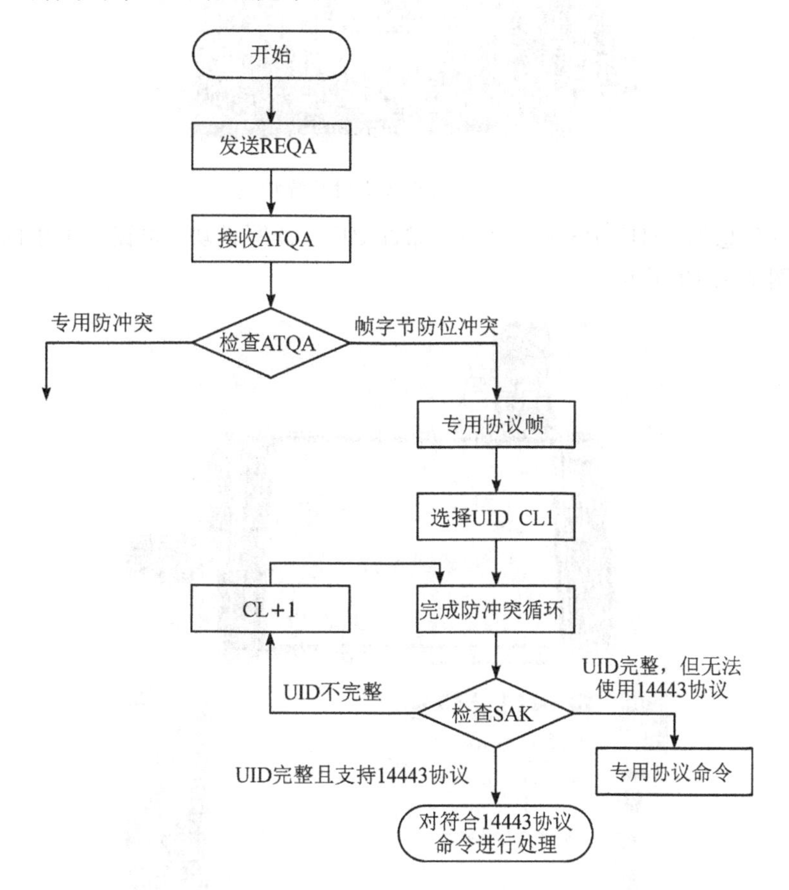

图 7.1.8　读写卡器的初始化和防冲突流程图

5. 系统调试与结果展示

根据软件流程编写对应的控制程序，通过计算机进行编译，并将目标代码下载到 MCU 中，即可进行系统调试。系统加电后，若未将射频卡靠近 RFID 读写模块，则显示“未检测到卡”，如图 7.1.9 所示。

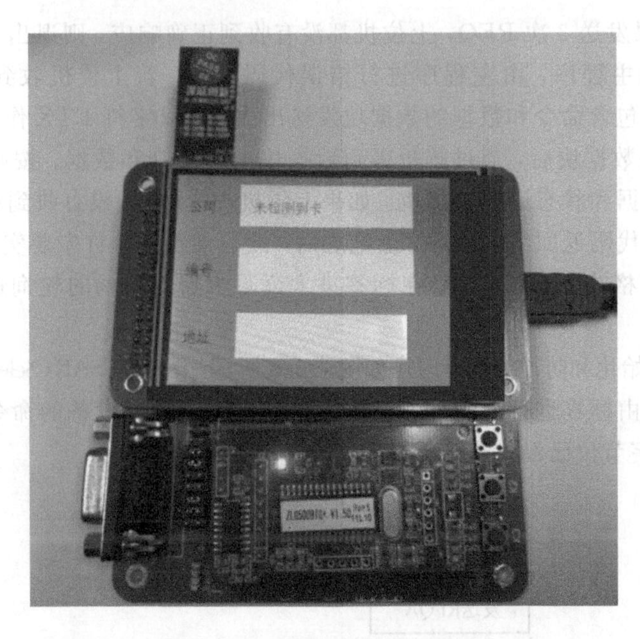

图 7.1.9　加电无卡时系统状态

将已写好信息的 PHILIPS S50 射频卡靠近 RFID 读写模块，可读出卡中的信息，系统工作状态如图 7.1.10 所示。

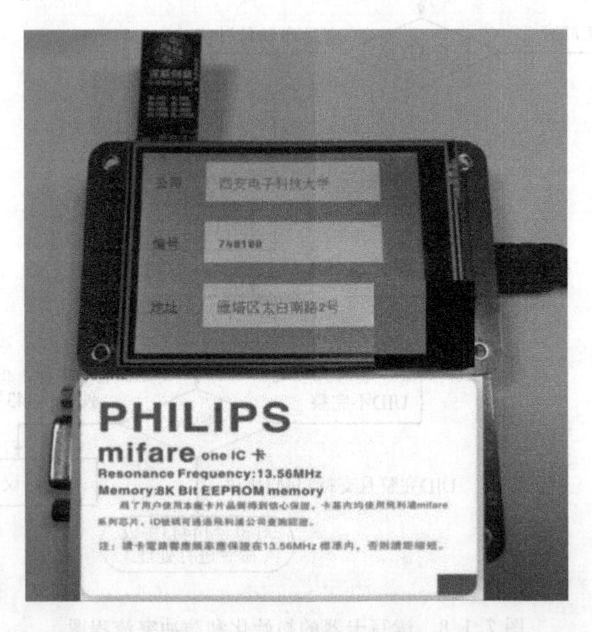

图 7.1.10　系统工作状态

7.2　基于北斗通信的定位系统

随着信息技术的高速发展，卫星导航系统已成为当今世界最前沿的高科技应用发展领域之一，其在军事、民用及科学研究等领域均得到了广泛的应用。我国高度重视对卫星导航的研究与建设，自2000年起，研究人员开始逐步创建我国自主研发的全球卫星导航系统——中国北斗卫星导航系统，并对其卫星导航技术展开深入研究。目前，北斗卫星导航系统已成功应用于工程勘测、汽车导航和社会安全等众多领域，其在公共安全及经济利益方面也创造了巨大的价值。现阶段，随着北斗卫星导航技术的进一步发展，如何开发高精度的北斗定位系统成为一大研究热点。

本节旨在设计一种低功耗、易操作、精度高的便携式北斗定时定位系统。该系统的主要功能是将北斗模块及传感器模块采集到的数据信息送至MCU端进行解析处理，最终在人机交互界面显示出便于读取的定时定位数据信息。在该系统的基础上，结合北斗定时定位的特点，引入智能算法(如粒子群算法)，优化北斗系统所采集的数据信息，进而提高系统的定位测量精度。

1. 系统概述

北斗定时定位系统的硬件电路采用集成化的设计思想，系统硬件电路的总体结构主要由主控模块、电源电路模块、北斗/GPS双频模块、屏幕显示模块、通信协议模块及传感器模块六部分组成。

北斗定时定位系统的主控模块采用STM32F103微控制器作为主控MCU，用于对各模块的数据信息进行解析处理。北斗/GPS双频模块为运用NMEA-0183通信协议的UM220-Ⅲ N模块，主要实现数据信息的采集功能。传感器模块内部采用双向二线制I^2C通信协议对数据进行采集。主控MCU可通过I^2C通信接口访问气压传感器及温度值传感器，以此来读取传感器所测的气压值、温度值及补偿参数等信息。核心板与显示屏间主要采用全双工SPI底板走线的方式连接，同时借助软件搭建字模库来实现北斗系统的数据显示及系统周围环境变量信息显示。此外，系统采集到的数据信息经过软件解析处理后，还可通过与主控模块以串口连接的无线通信模块将北斗相关的经纬度数据传递至用户终端，从而为用户提供方便读取的时间及位置信息。基于北斗的定时定位系统硬件电路总体结构框图如图7.2.1所示。

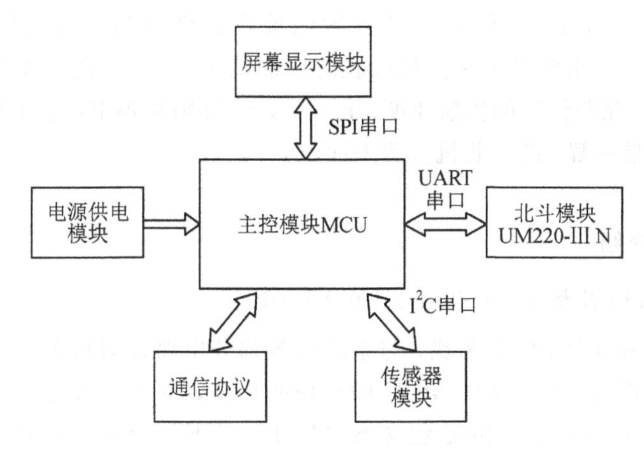

图7.2.1 北斗定时定位系统硬件电路总体结构框图

本系统的主控模块(MCU)主要用于计算和解析采集的北斗数据信息，并协调整个系统各模块的有序执行。本系统的北斗/GPS双频接收模块为UM220-Ⅲ N，该模块主要用来完成北斗信号的捕获及北斗定时定位信号的采集。系统的屏幕显示模块便于用户读取北斗数据解析处理后的当前位置的经纬度信息。同时，图 7.2.1 中的传感器模块可以根据实际需要进行选择，如温度、湿度、气压等传感器，可对某定位位置的相关信息进行采集、处理与显示。

从数学角度上来说，两个不重合的球面相交可以得到一条圆周曲线，三个不重合的球面相交即可确定出两个交点，北斗定位系统利用这一原理就可以得到接收机的位置。这时将三颗卫星视为空间中的三个点，三个不重合的球面分别是以这三个点为球心，以接收机到每点的距离为半径的曲面，这三个球面交于地球上的点即是接收机的坐标。但三颗卫星解算出的坐标并不精确，原因是在解算过程中忽略了卫星时钟与接收机时钟的不同步而带来了误差。因此需要引进一个新的未知数 δ_t 来表示该时间误差，此时位置解算过程中出现四个未知数，由数学知识可知，四个未知数至少需要四个方程式才能解算出方程式的唯一解。北斗定位原理如图 7.2.2。

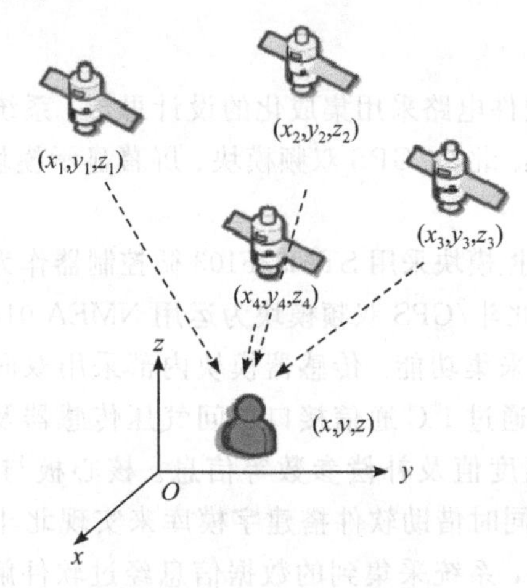

图 7.2.2　北斗定位原理图

确定方程式为：

$$\sqrt{(x_i-x)^2+(y_i-y)^2+(z_i-z)^2}+c\times\delta_t=\rho_i \tag{7-2-1}$$

上述方程式中，x，y，z 和 δ_t 为待求解的接收机坐标和时间变量。式中 $\rho_i=c\Delta t_i$ ($i=1, 2, 3, 4$)，ρ_i 分别为各卫星到接收机之间的伪距；Δt_i 分别为各卫星信号到达接收机所用的时间；c 为北斗信号的传播速度；x_i，y_i，z_i 分别为各卫星在 t 时刻的坐标。求解该方程组，可得到唯一解，即接收机位置坐标(x，y，z)。

2. 主要器件介绍

1) ARM CORTEX 核心板(STM32F103VET6)

主控 MCU 作为整个系统的灵魂，与系统的各部分电路都有所关联，它是整个北斗系统中最为重要的一部分。为使主控 MCU 的利用率更高，本系统所设计的北斗定时定位系统主控模块中的核心部分选用的是包含 STM32F103VET6 MCU 芯片的可拆卸式 ARM CORTEX 核心板。该核心板除主控 MCU 芯片外，还包含内嵌 8 MHz 晶振的 *RC* 晶振电路、电源管理电路、实时时钟电路、端口资源电路及调试接口电路等基本电路部分。同时，核心板还提供带有专用 DMA 的 USB FS 2.0 全速接口，它能实现与上位机的信息交互功能。STM32F103VET6 芯片包含 100 个引脚，其中通用 GPIO 引脚共有 80 个，它们可充分地配置软件的输入及输出，并能为系统扩展充足的外围电路。其实物如图 7.2.3 所示。

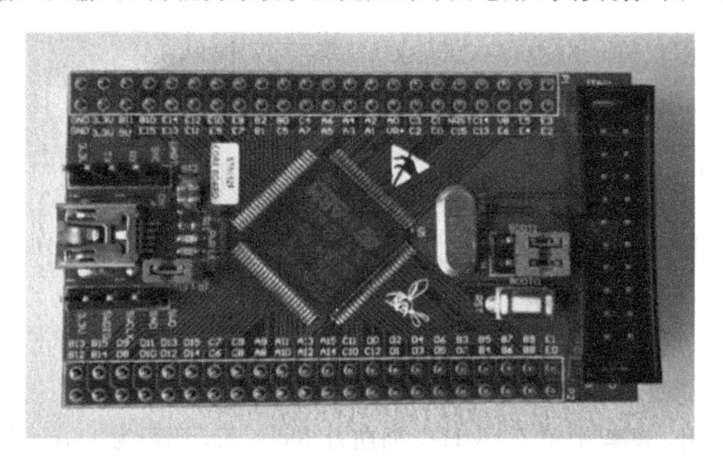

图 7.2.3 STM32F103VET6 实物图

STM32F103VET6 芯片时钟的最大工作频率为 72 MHz，片内包含 512 K 字节的闪存存储器、64 K 字节的静态随机存储器，可为系统所采集的定时、定位、气压值与温度值等数据提供充足的存储空间。该芯片还拥有两个共计 12 通道的通用 DMA 控制器，DMA 控制器能够完成将数据从存储器传递至存储器、外设传递至存储器及存储器传递到外设的功能，进而可与外围电路实现良好的通信。同时，本系统的可拆卸式 ARM CORTEX 核心板内还包含一个带有专用 DMA 通道的 USB 2.0 FS 全速接口，可通过软件与上位机进行信息交互。该芯片的工作电压为 2.0～3.6 V，包含 3 路拥有 24 个通道的 12 位 A/D 转换模块，转换时间可达 1 ns。本芯片还包含 2 路 12 位的 D/A 转换模块，可完成数字信号与模拟信号之间的完美转换。另外，该芯片除了搭载了多个 USART、SPI、I^2C、CAN、SDIO 常用基本外设通信接口外，还专门提供了一个 FSMC 控制器，可实现对静态随机存储器、非易失性快闪存储器、NAND FLASH 存储器、PC 卡、TFT 及 LCD 液晶显示器的灵活扩展功能，最终可实现内核与外部存储器间的信息交互功能。

2) 北斗接收模块 UM220-Ⅲ N

北斗/GPS 模块部分选用的是和芯星通公司的 UM220-Ⅲ N 模块。该模块是包含北斗和 GPS 双模系统高性能的 GNSS 模块，它可同时采集到北斗二号的 B1 与 GPS 系统 L1 的两个频段点的卫星信号，能实现在北斗/GPS 单模定位或双模定位间灵活切换。由于 UM220-Ⅲ N 模块具有捕获信号速度敏捷、超强的抗干扰能力、小巧便携、耗电慢等优点，因而能够满足北斗系统大多数应用场景的需求。在图 7.2.4 中给出了 UM220-Ⅲ N 的内部结构框图及其实物图。

北斗卫星的定位采用无线电测距的方法，即距离＝时间×光速。在测量距离之后，可以结合几个卫星的数据来计算用户接收机的具体位置。由于信号在传输过程中往往会受到周围环境的干扰，致使得到的观测量并不精确，所得到的距离为伪距。正常工作的北斗卫星，会不间断地向外发射二进制码 0 和 1，组合成伪码，随后封装成导航电文。北斗导航系统目前使用的伪码有两种：一种为民用 C/A 代码，其频率为 1.023 MHz，1 毫秒为一个周期，码距为 0.1 μm，计算的距离相当于空间 300 m；另一种伪码是 P(Y)码，具有较高的机

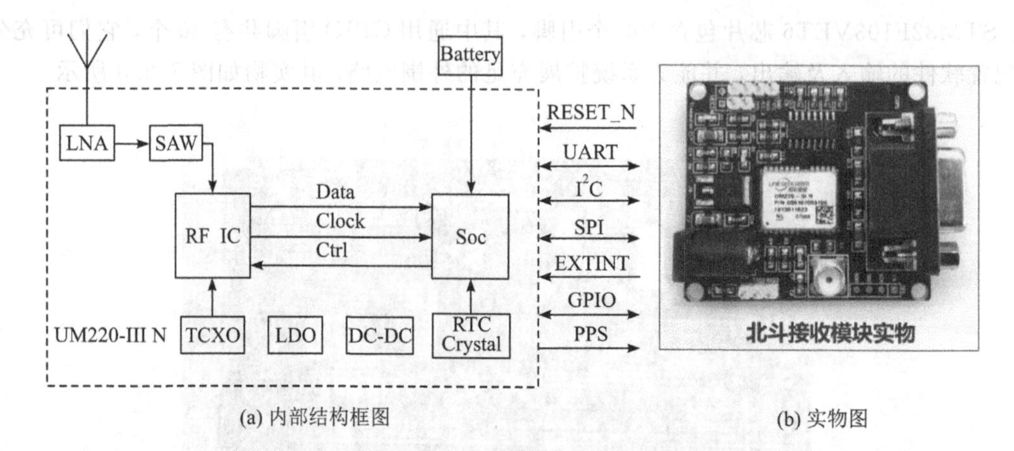

(a) 内部结构框图 (b) 实物图

图 7.2.4 UM220-Ⅲ N 的内部结构框图及其实物图

密性，适用于军用，频率为 10.23 MHz，周期为 266.4 天，码距为 1 μm，计算出的距离等于空间 30 m。导航信息由卫星信号解调，然后以每秒 50 比特的速率调制到载波上进行传输。导航信息的每个主帧由五个子帧组成：前三个子帧结构相同，由 10 个码字构成一个子帧，子帧的长度为 6 秒，包含着基本的导航信息；后两个子帧结构相同，包含着系统时间同步信息，循环周期为 12 分钟。导航电文中包含有各种用于速度、位置、时间(PVT)解算需要的信息。当用户接收到载波信号后，将导航信息从信号载体上分离出来，再将卫星时间、位置等信息提取出来，即可得到卫星的坐标与信号发射时间。北斗信号导航电文结构如图 7.2.5 所示。

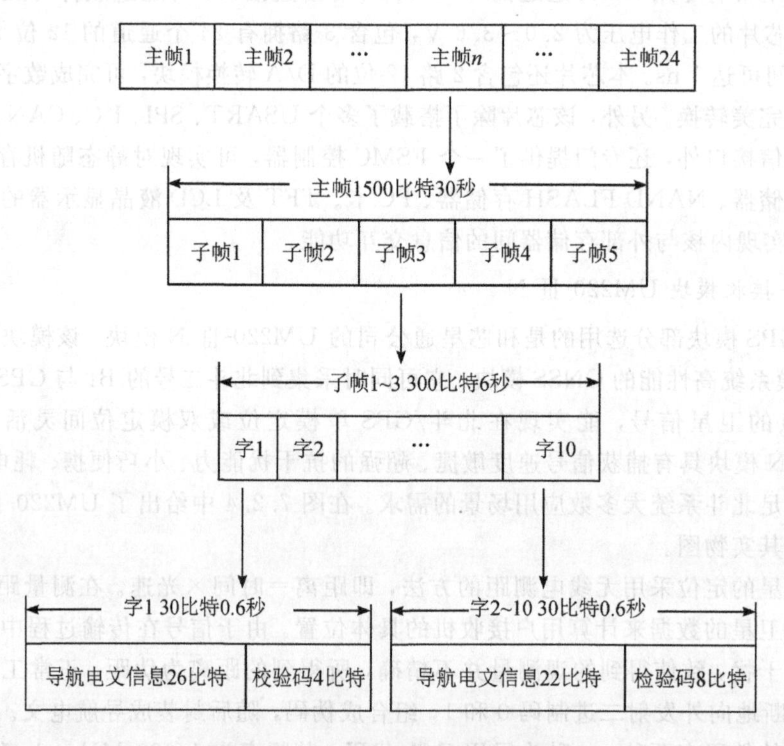

图 7.2.5 北斗信号导航电文结构图

3. 硬件电路设计

1) 主控 MCU 接口电路

主控 MCU 采用了 STM32F103VET6 芯片，本系统主控模块中 STM32F103VET6 芯片及 GPIO 口的电路原理图如图 7.2.6 所示。GPIO 全称为“General Purpose Input and Output”，即通用输入输出口，是 MCU 与外围电路之间的主要通信接口，可以通过控制逻辑电平来实现输入、输出和控制等功能。在 STM32 控制器中，GPIO 口是通过引脚配置和寄存器编程进行控制的。

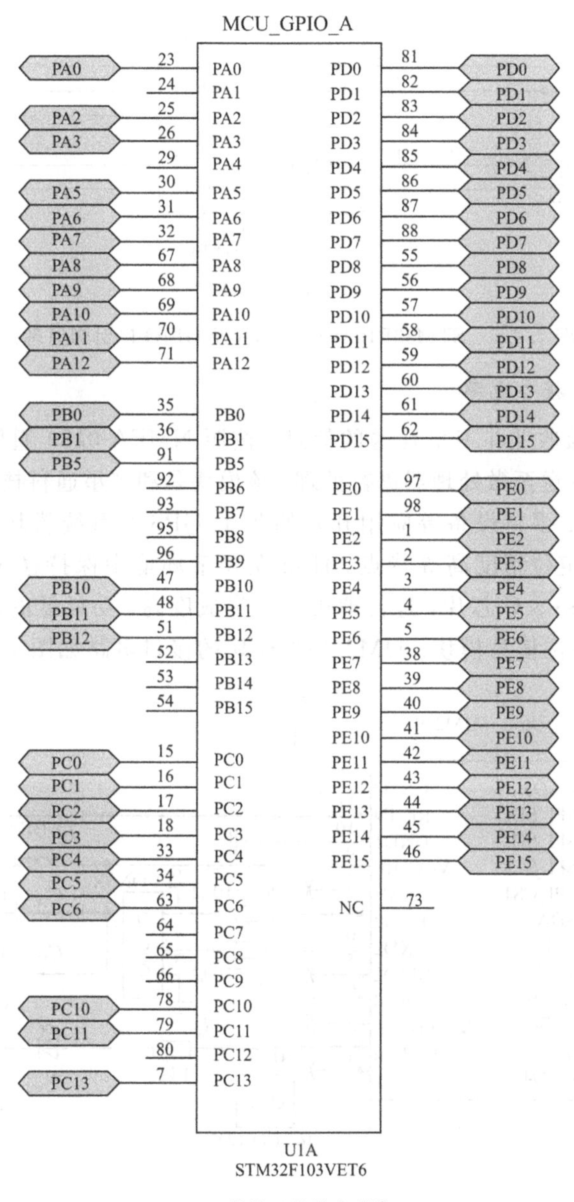

(a) 微处理器芯片引脚

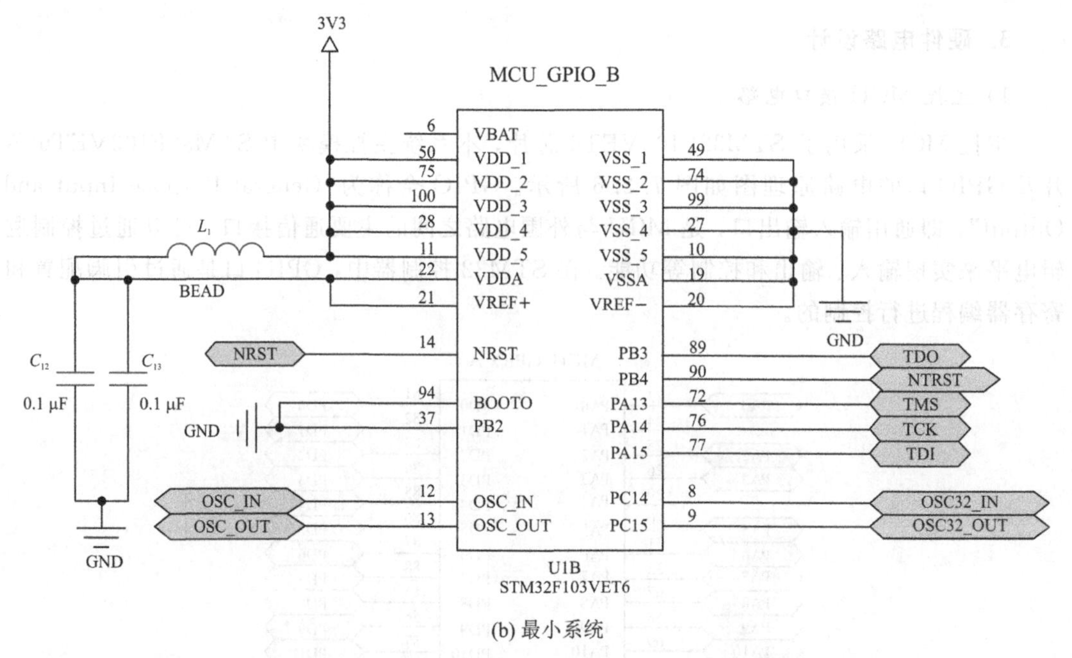

(b) 最小系统

图 7.2.6　STM32F103VET6 芯片及 GPIO 口引脚原理图

2）北斗接收模块接口电路

UM220-Ⅲ模块接收北斗卫星发送的信息，按照 NMEA-0183 通信协议格式化输出语句，通过 USART1 发送至微处理器进行处理。该模块是和芯星通科技面向电信/电力授时、气球探空、便携导航、手持设备等应用开发的北斗/GPS 双系统模块，具有尺寸小、重量轻、授时精确、导航定位精度高等特点，能够在复杂环境中保持稳定可靠的定位跟踪能力。模块采用的 GNSS SoC 芯片，是目前市场上集成度高、功耗低的小型手持式完全国产化的北斗接收授时定位信息模块。UM220-Ⅲ模块的接口电路如图 7.2.7 所示。

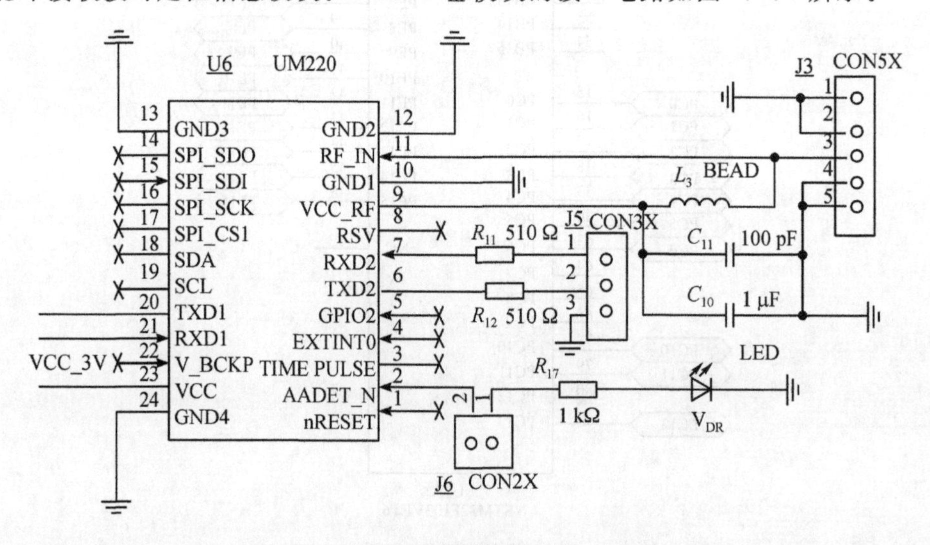

图 7.2.7　UM220-Ⅲ模块接口电路图

4. 系统软件设计

1) NMEA-0183 协议

UM220-Ⅲ与微处理器的通信采用 NMEA-0183 协议，每条输出的消息均为 ASCII 字符组成的字符串，其基本格式为：

$MSGNMEA，date 1，date 2，date 3，…*CC\r\n。

格式中，各部分说明如下。

(1) 所有的有效消息均以'$'(0x24)作为开始，"MSG"位只能是 GP、BD 和 GN 三种格式，分别代表当前定位系统为 GPS 单独定位、北斗单独定位、二者混合定位。

(2) "NMEA"表示当前输出数据消息的类型，如：$--RMC，输出 BD/GPS 的定位信息，$--GLL：输出大地坐标信息。

(3) "date 1，date 2，date 3，…"是根据该条语句的类型，按顺序每一个数据均代表着特定的含义，数据之间都以逗号隔开，通过解析这些数据便可以提取出所需的定时定位信息。

(4) 定时定位数据的结束符为'*'，其后紧接着是 CC，可以作为该条语句是否遗漏数据的判断标志位。

(5) 最后，整条消息的结束标志为'/r'(0X0D)与'/n'(0X0A)的组合。

本系统平台主要通过解析"$BDRMC"语句，从中提取北斗定位所需的经纬度、时间日期等信息。

2) 北斗数据的接收

UM220-Ⅲ模块与主控平台通过 USART1 相连，并利用其中断服务函数完成数据的接收。接收状态寄存器 USART_RX_STA 判断是否接收到一句完整的语句，USART_RX_BUF 的大小由 USART_REC_LEN 定义，也就是一次接收的数据最大不能超过 USART_REC_LEN 个字节。该模块的接收状态寄存器各个位的定义如表 7.2.1 所示。

表 7.2.1　接收状态寄存器各个位的定义

个位	Bit15	Bit14	Bit13-Bit0
定义	接收到 0X0A 标志	接收到 0X0D 标志	接收到的有效数据个数

当接收到北斗模块发送的数据时，USART_RX_BUF[ ]数组存储接收到的数据，同时在接收状态寄存器(USART_RX_STA)中对接收到的有效数据个数进行计数，如表 7.2.1 所示。当收到 0X0D 时，计数器将不再增加，等待 0X0A 的到来；而如果 0X0A 没有到来，则认为这次接收失败，重新开始下一次接收。如果顺利接收到 0X0A，则将接收状态寄存器 USART_RX_STA 的第 15 位标记为 1，表示完成一次接收，等待程序清除该位后，开始下一次的接收。北斗数据接收处理流程如图 7.2.8 所示。

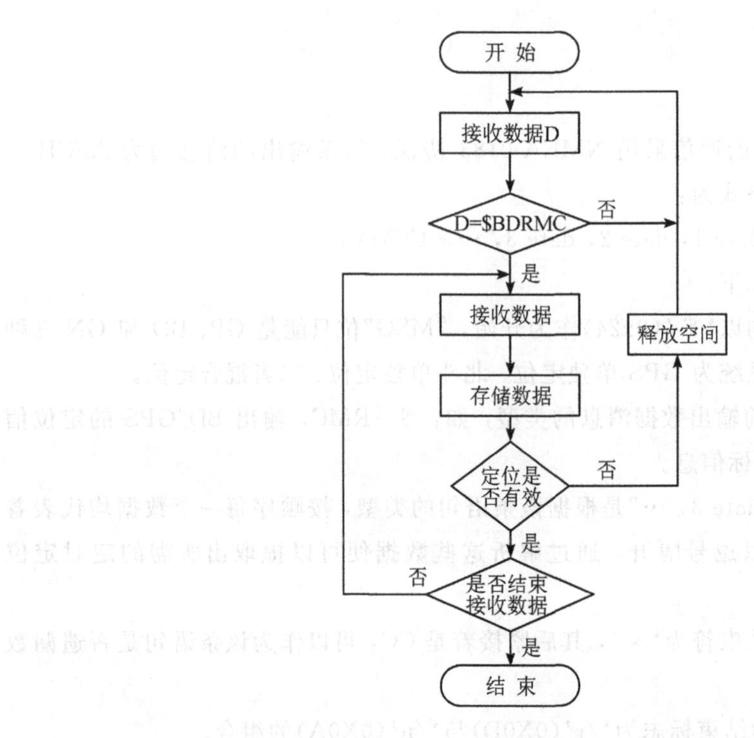

图 7.2.8 北斗数据接收处理流程图

3）北斗数据的解析与处理

在对接收到的北斗数据进行处理前，首先要了解接收到的数据所代表的含义，即对接收到的＄BDRMC消息进行解析，具体解析内容如表7.2.2所示。

表 7.2.2 ＄BDRMC 消息的解析内容

消息格式	BDRMC，time，status，Lat，N，Lon，E，spd，cog，date，mv，mvE，mode * cs	
参 数	作 用	格 式
time	UTC时间	hhmmss，sss
status	位置标识	V—无效 A—有效
Lat	纬度	ddmm. mmmmmm
N	南北纬	N或S
Lon	经度	Ddmm. mmmmmm
E	东西经	E或W
spd	地面速率	单位为节
cog	地面航向	单位为度
date	UTC日期	ddmmyy
mv	磁偏角	一般为空
mvE	磁偏角方向	一般为E

例如接收到如下语句：

“$BDRMC，082510.000，A，3423.217821，N，10809.115743，E，0.026，181.631，180819，E，A*2C”表明当前为BD系统单独定位且定位有效，此刻是2019年8月18日8点25分10秒，坐标点为东经108°9.11′，北纬34°23.21′。

每条语句大致可以分成3部分：指令类型、各类定位信息、指令接收结束标志。在接收过程中由于信号状态差等原因会造成语句的部分丢失，但是语句中的逗号不会丢失(可能与模块的设计、配置方式有关)。因此，可以根据每条语句中逗号的序号来判断该逗号后信息的具体类别。具体数据处理流程如图7.2.9所示。

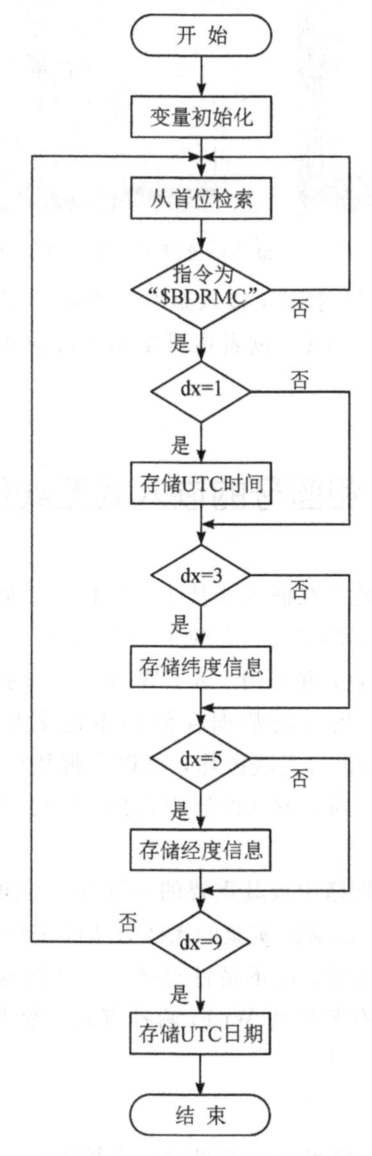

图7.2.9 北斗数据处理流程图

5. 系统调试与结果展示

对小型定位系统整体调试的目的是找出软硬件设计中的问题，加以修正并优化设计方案，最终设计出符合要求的定位系统。对于硬件方面的调试，主要是测试硬件电路设计性能如何，是否可靠。软件设计方面的调试即程序是否按照设计的流程进行，能否进一步优化以提高解析速度。通过分析错误产生的原因以及特点，尽可能找出当前设计过程中的缺陷并加以改进。整体系统在某地测量的经纬度信息如图 7.2.10 所示。

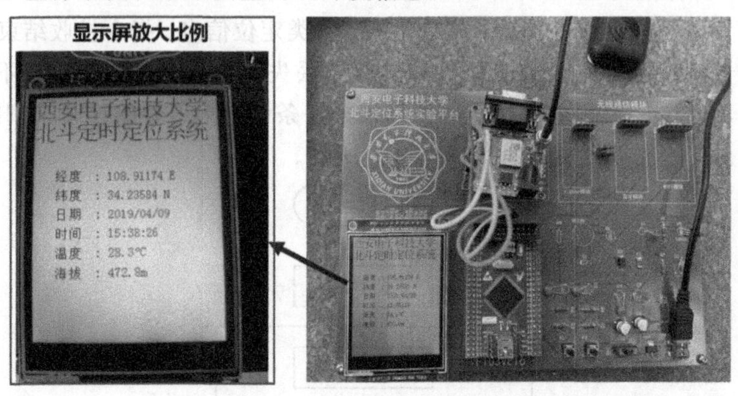

图 7.2.10　整体系统测量的经纬度信息

同时，可以通过该系统的扩展接口，接入温度传感器、气压传感器，测量该定位位置的温度及海拔(由气压换算)信息。当然，读者也可根据实际应用需求扩展其他传感器，实现相应的应用系统。

7.3　基于 Wi-Fi 和蓝牙的嵌入式无线传感网络平台

无线传感网络实验系统是建立在嵌入式技术、传感器数据采集及处理技术、无线网络通信技术等融合在一起的综合实验平台。实验平台采用 STM32F103 微控制芯片作为主控 MCU、各类传感器作为末梢节点，并采用 2.4 GWi-Fi、蓝牙技术搭建无线传感网络，实现对多种环境信息的检测，把采集到的数据存储到本地数据库并实时更新到上位机或 Android 终端。通过结合理论知识与实践操作，可以掌握用传感器采集环境信息数据并处理的方法、丰富和拓宽有关无线通信方面的知识应用，还可以在实验平台上拓展自主性设计的实验系统。

无线通信模块是无线传感网络中极其重要的一部分。不同的无线通信方式决定着数据传输的方式、距离等指标。为了凸显出实验的无线方式的多样性，在选择无线通信模块时，更多地会采用不同的无线通信方式，而不是针对某一种无线通信方式进行过多的拓展。本系统所涉及的无线通信方式只有蓝牙和 Wi-Fi 两种方式，希望能够抛砖引玉，读者还可以根据需要采用其他的无线通信方式。

1. 系统概述

基于 ST 的无线传感网络系统可分为三部分：主控平台、外围传感器模块及无线通信模块。其中主控平台采用基于 Cortex-M3 内核的 STM32F103ZET6 微控制器芯片进行嵌入式开发；外围的末梢传感器有 STLM75 温度传感器、LPSOOWP 气压计，传感器通过 BlueTooth、Zigbee 等无线传感方式传输至微控制器芯片进行数据的整合处理。在微控制器中，数据整合分析的结果不仅可以在实验板上的液晶屏幕显示，还可以通过 Wi-Fi 无线通信方式发送至 Android 终端。在微控制器中对数据进行处理后，可以通过无线传感网络传输至各个外围传感器模块进行信息反馈，实现信息的更新优化并对外设进行优化控制，最终达到系统完善运行的优化结果。还可以在实验平台上拓展自主性设计实验。基于 STM32 的无线传感网络系统的整体结构如图 7.3.1 所示。

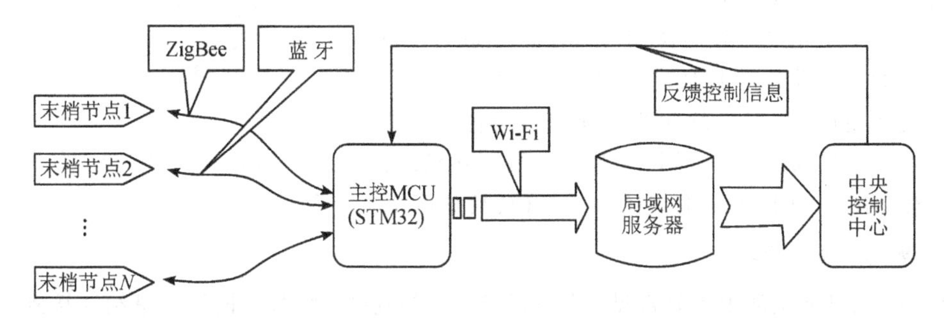

图 7.3.1　基于 STM32 的无线传感网络系统的整体结构图

2. 主要器件介绍

1) 嵌入式开发板(STM32)

可选择 MCU 为 STM32F1 的主流开发板(平台选用的是战舰 STM32F103 开发板)。战舰 STM32 开发板的资源十分丰富，对 STM32F103 的内部资源进行了比较完善的调用，基本上所有的 STM32 内部资源都可在开发板上验证调试。战舰 STM32 开发板拥有足够的接口和功能模块，符合设计要求，可以节省很多的设计时间。STM32F103 开发板实物图及资源分布如图 7.3.2 所示。

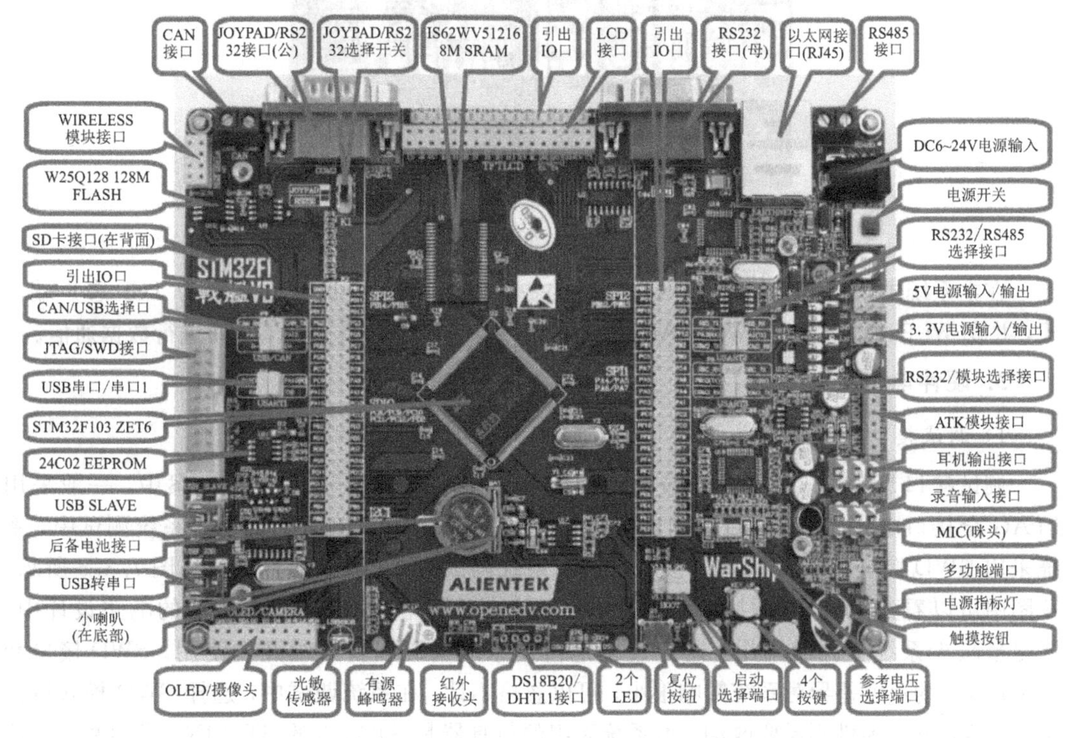

图 7.3.2　STM32F103 开发板实物图及资源分布图

2）蓝牙通信模块

蓝牙通信协议是一种基于 2.4G 的无线通信技术协议。它与 ZigBee 的明显差异是蓝牙只可进行点对点通信，不可进行类似于 ZigBee 的组网通信。蓝牙技术符合 IEEE 802.15.1 协议，是基于普遍认知的蓝牙 4.0 进行开发的。系统采用的蓝牙设备是由 Risym 公司开发的 HC-05 主从一体机蓝牙模块，这是一款无线蓝牙串口透传通信模块，连接方式和上述的 ZigBee 模块一致，只需要将模块配置好连接到 MCU 的串口即可。HC-05 蓝牙模块如图 7.3.3 所示。

图 7.3.3 HC-05 蓝牙模块

3）Wi-Fi 通信模块

Wi-Fi 在日常生活中十分常见，它可以进行网络连接，将数据网络共享给连接到 AP 的所有终端联网设备，也可以将数据在局域网内共享。

本系统采用的 Wi-Fi 模块是广州星翼科技公司设计的 ATK ESP-8266 标准 2.4 G Wi-Fi 模块，符合 2.4 G Wi-Fi 通信标准。产品模块如图 7.3.4 所示。

图 7.3.4 串口转 Wi-Fi ATK ESP-8266 模块

在本系统中，Wi-Fi 作为局域网内共享的一个通道，将 Wi-Fi 模块配置为 TCP 客户端模式，并在 Wi-Fi 模块上建立 Wi-Fi AP，使得设备可以接入 Wi-Fi 模块，从而进行数据通信。

3. 硬件电路设计

1）调试接口电路

调试接口是嵌入式系统设计最重要的部分之一。在 STM32 的仿真方案中，一般采用 JTAG 全接口电路。在本项目的测试中，由于硬件条件限制，在之后嵌入式系统测试中，系统采用 SWD 接口替代了 JTAG 接口来进行系统调试仿真。具体接口电路如图 7.3.5 所示。从图中可以看到，JTAG 的接口占用比 SWD 接口显著增多，因此，在之后的电路设计中，要尽量减少系统资源的调用，避免过多地占用系统资源以备后续开发使用。SWD 接口和 JTAG 接口的速度差异对系统影响很小，可以忽略不计。在系统调试中，选择 SWD 模式进行调试仿真即可，硬件不需要改动。本系统采用的仿真器是 ST 官方的 ST_LINK 仿真器，该仿真器包含 JTAG 全接口，兼容 SWD 仿真设置，JTAG/SWD 仿真接口电路如图 7.3.5 所示。

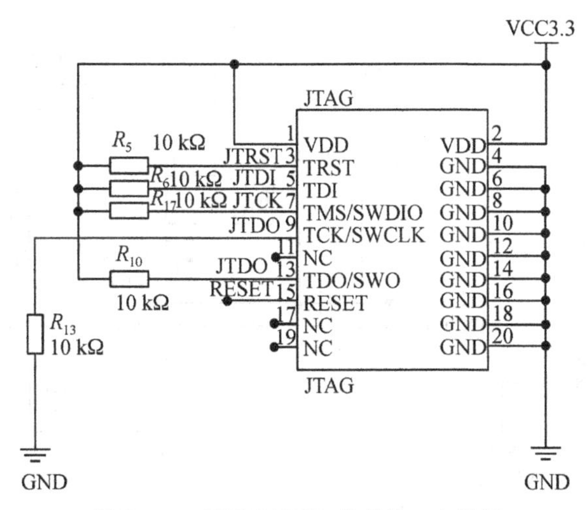

图 7.3.5 JTAG/SWD 仿真接口电路图

2) 蓝牙模块接入电路

蓝牙模块采用了常用的蓝牙 4.0 通信模块，通过蓝牙协议进行数据的打包发送。蓝牙模块是通过系统的 USART2 串口资源接入的，其接口电路如图 7.3.6 所示。

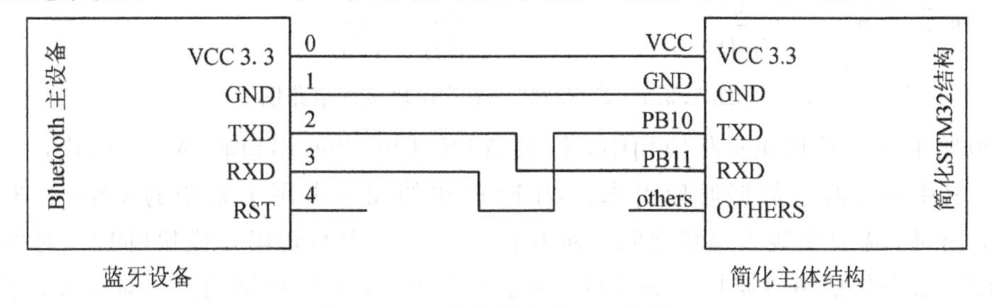

图 7.3.6 蓝牙模块接口电路图

在蓝牙接入电路之前，可先利用串口助手和外置的 USB 转串口模块使其进入 AT 指令模式。进入 AT 指令模式之后，可以获取到模块的当前配置状态信息。在这种条件下，可针对实际的应用需求，对模块进行配置修改。本系统将接收模块配置为“从设备”，发送端模块配置为“主设备”，主设备连接的是 ST 的 iNemo 传感器模块，用来获取温度、气压等传感信息。配置完成后，重新上电即可完成蓝牙模块的配置。

3) Wi-Fi 模块接入电路

Wi-Fi 模块的加入，拓展了无线传感网络的应用。在 Wi-Fi 连接的条件下，可以将数据发送至任意可以连接 Wi-Fi AP 的设备。在这种模式下，我们的数据可以在 Wi-Fi 局域网正常的条件下，在任意时刻进行数据传输。Wi-Fi 模块采用的是 ATK_ESP8266 串口转 Wi-Fi 模块。可通过串口对 Wi-Fi 模块进行访问，访问的过程就是对串口发送 AT 指令的过程。AT 指令可以参考文档资料，基本格式为“AT+CWJAP=XXXXXXX”，每一条指令都会有相应的应答指令，如果不需要数据回传，AT 指令则会直接回复“OK”。这种 AT 命令的方式对于实际应用的帮助是很大的。同时，通过 AT 指令的回复信息可以对 Wi-Fi 模块进行实时检测，如：检测是否在线、是否发送出数据等。ESP8266 Wi-Fi 模块的接入电路如图 7.3.7 所示。

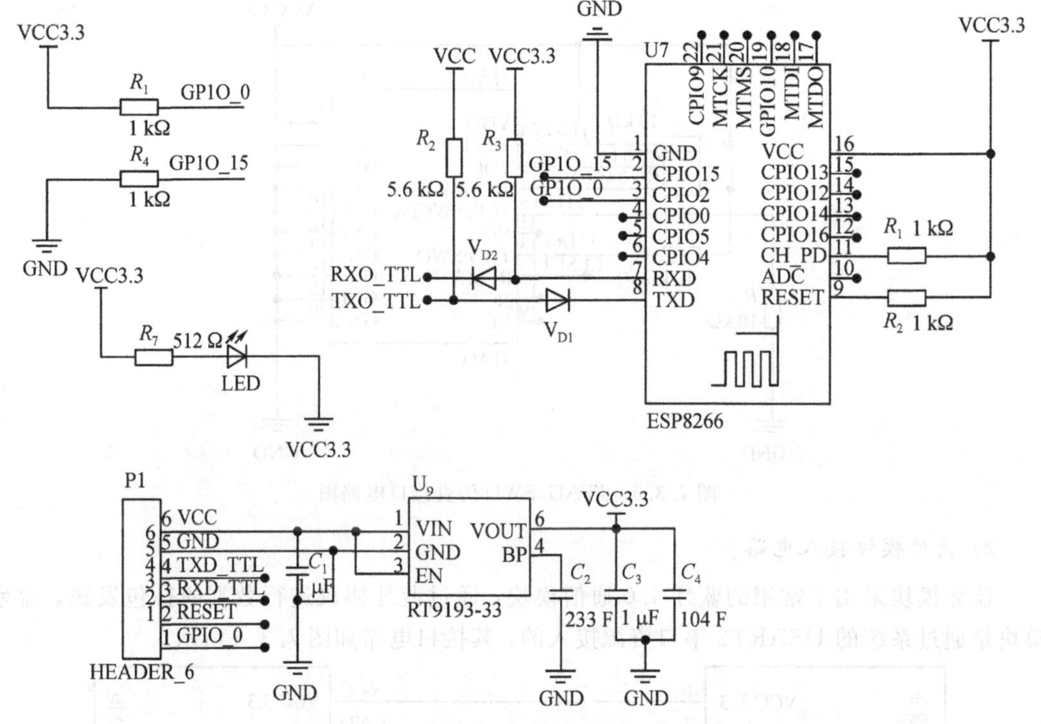

图 7.3.7 ESP8266 Wi-Fi 模块接入电路图

从电路中可以看到在实际应用中，针对 ATK_ESP8266 串口转 Wi-Fi 模块，使用了四个引脚，其中只有两个数据通信引脚。Wi-Fi 模块的加入占用了系统的 USART3 接口资源。在应用时，需要在接入电路之间，利用串口助手和 USB 转串口模块(同上)对模块进行配置。配置信息包括串口波特率等信息。由于在应用中，传输数据的量相对较大，于是可以确定方案以 230 400 波特率进行传输。Wi-Fi AP 热点名称为“ATK ESP8266”，密码为“12345678”，远程端口设定为“8080”。经过系统调试，将 Wi-Fi 模块配置为客户端，使其工作于客户端模式，安卓设备接入 Wi-Fi 热点，配置安卓终端为 TCP 服务器模式，使整体基于 C/S 模式运行，进行数据传输。实际测试传输速度符合要求。

4. 系统软件设计

1) μC/OS-Ⅲ系统移植与运行

μC/OS-Ⅲ由 Micrium 公司提供，是一个可移植、可固化、可裁剪、占先式多任务实时内核，它适用于多种微处理器、微控制器和数字处理芯片(已经移植到超过 100 种以上的微处理器应用中)。

μC/OS-Ⅲ系统的每一个任务都有其优先级，会对任务分配相应的堆栈来存储中间缓存数据，也就是我们日常理解的电脑内存。μC/OS-Ⅲ会提供一个延时函数来代替单片机程序的延时函数，通过系统级延时函数的调用，可以将 CPU 的使用权交接给其他任务来运行。当然，这不意味着延时会不准确，而是在准确的延时阶段，CPU 会去执行其他任务，促使整个系统的高效运行。

在编写任务函数时，会更多地接触系统这个概念。比如开始任务函数，可以使系统运行起来，调用系统内核进行工作，并将堆栈数据分配给各个任务，启动各个任务进入系统等待行列。当系统开始运行时，会根据各个任务的状态和优先级去执行任务，完成系统工作，该系统的运行流程如图 7.3.8 所示。

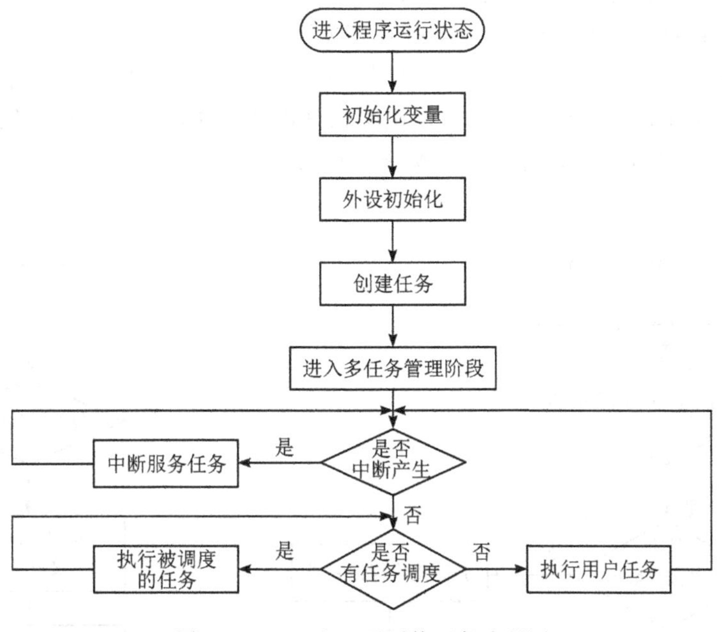

图 7.3.8　μC/OS-Ⅲ系统运行流程图

2) 蓝牙无线传输软件流程

本系统主要实现两个蓝牙模块之间的相互通信，利用串口助手和外置的 USB 转串口模块(CH340 驱动)使模块进入 AT 指令模式。进入 AT 指令模式后，就可获取到模块的当前配置状态信息。将接收端模块配置为 38 400 波特率，接收模块配置为从设备，发送端模块配置为主设备。配置完成后，重新上电即可完成蓝牙模块的配置。具体操作流程如图 7.3.9 所示。

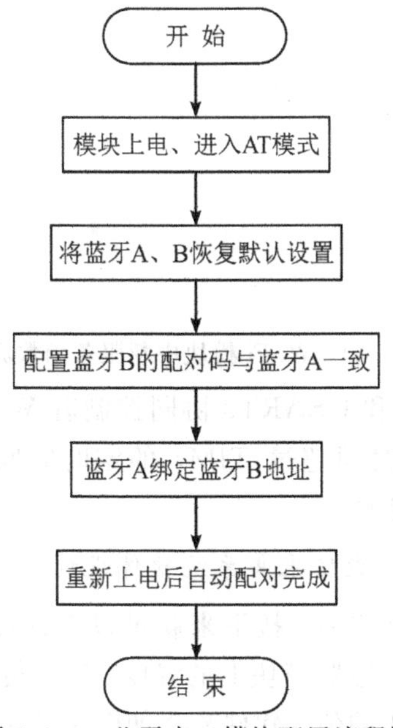

图 7.3.9　蓝牙串口模块配置流程图

3）Wi-Fi 无线传输系统软件流程

Wi-Fi 模块连接的是串口 3，通过串口 3 来控制 Wi-Fi 模块完成 Wi-Fi 数据传输。由于 Wi-Fi 模块的特殊性，需要 USART3 可以时刻接收到 Wi-Fi 模块的回传信息。这就意味着 USART3 的响应优先级一定要高于其他任何串口。（注意：此处的响应优先级不等同于 STM32 中断分组中的响应优先级，只是说明在外部产生中断时，无论其他串口是否有响应都要优先处理 USART3 的中断）。Wi-Fi 模块的串口中断服务函数流程如图 7.3.10 所示。

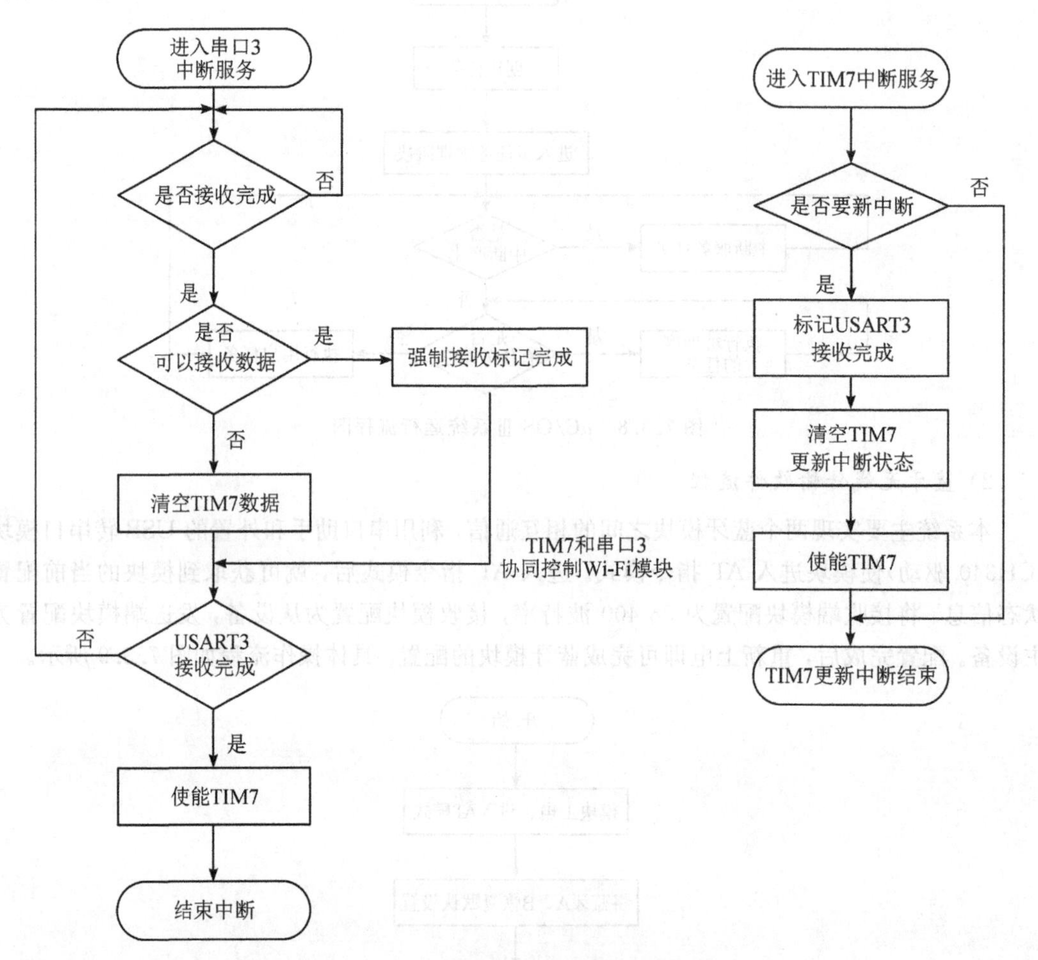

图 7.3.10 Wi-Fi 模块中断服务函数流程图

从图 7.3.10 中看到 TIM7 和 USART3 协同控制着 Wi-Fi 模块，这是因为 Wi-Fi 模块的响应有时间限制。如果响应时间超过 TIM7 的定时时间，则意味着接收失败。这是由 Wi-Fi 数据通信模块的性质决定的。

4）基于 Wi-Fi 的温度、气压数传采集系统软件设计

整个系统的软硬件调试完成之后，接下来就可以设计传感器采集、处理信息的软件流程，本节以 ST 公司的 Inemol 传感器模块上的温度、气压传感器为例，通过 MCU 的 I^2C 协议读取存储在传感器的寄存器里的值。软件流程如图 7.3.11 所示。

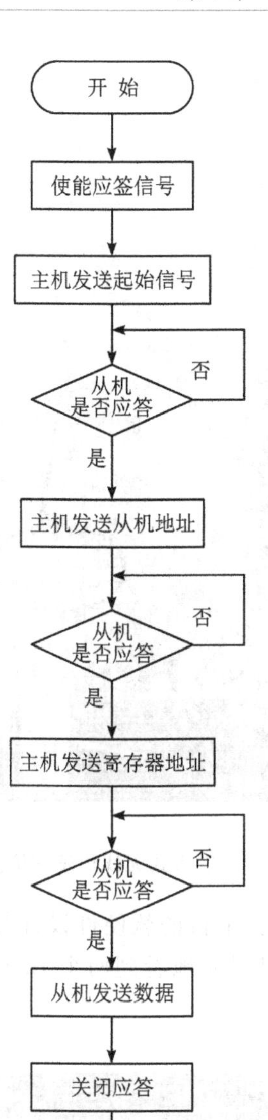

图 7.3.11 I^2C 读取传感器流程图

5. 系统调试与结果展示

如图 7.3.12 所示是嵌入式无线传感网络实验平台。在基于 ST 的无线传感网络实验中，可以利用数量有限的 STM32F1 开发板硬件设备，根据电路实验原理图在硬件实验平台上通过无线通信方式拓展系统的外围设备，连接和测试其性能指标和参数。掌握 STM32F103 的丰富拓展接口通信协议及熟练使用接口，可应用蓝牙、2.4 G Wi-Fi 无线通信方面的知识，自主设计各类无线传感网络应用系统。本系统融合性高、易扩展，丰富的外设接口及高性能的处理芯片完全满足各类实验需求，也能为学科竞赛和毕业设计提供实验平台。

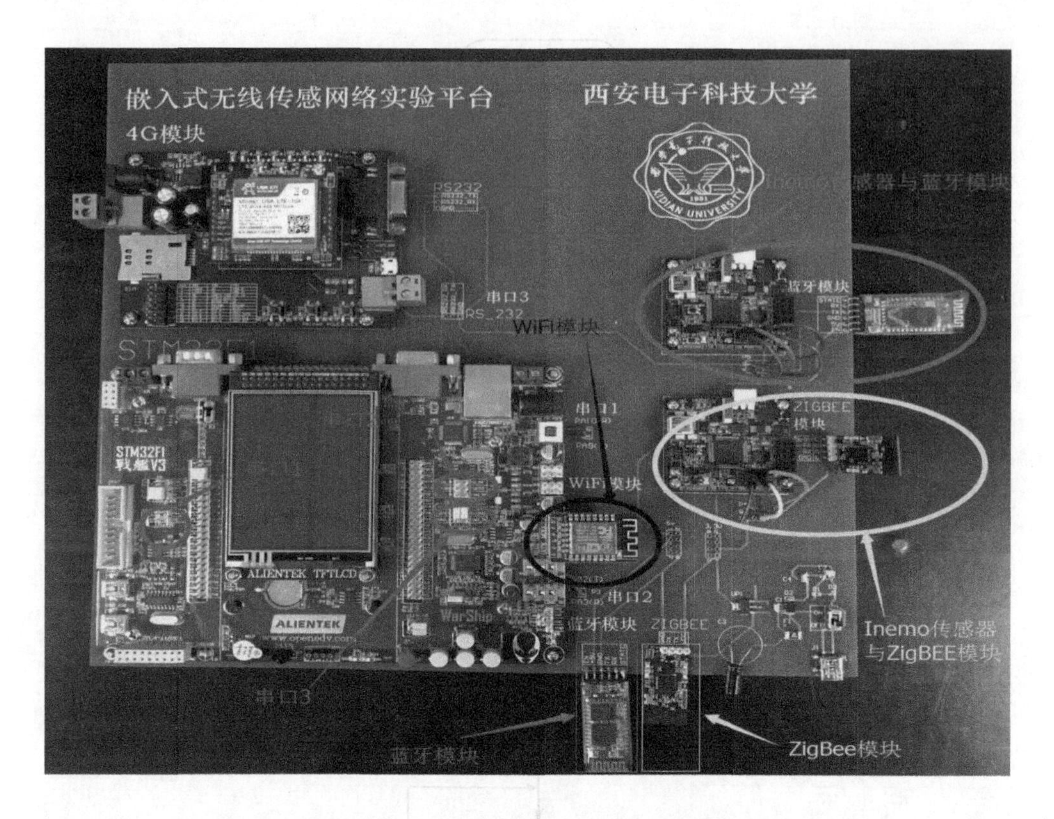

图 7.3.12 嵌入式无线传感网络实验平台

通过嵌入式无线传感网络实验平台的软硬件设计与实现，系统运行结果如图 7.3.13 所示。在图中开发板的液晶屏可以明显地看到两个 Inemol 传感器采集到的环境温度和气压数据。

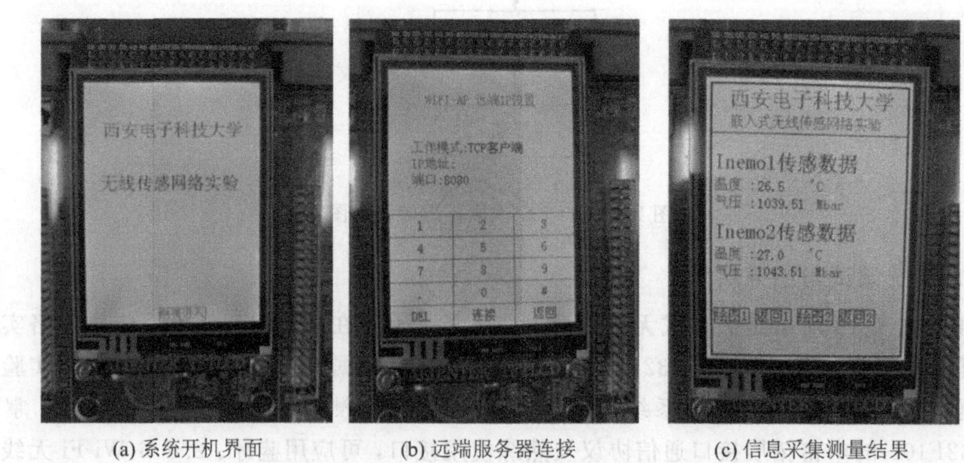

(a) 系统开机界面 (b) 远端服务器连接 (c) 信息采集测量结果

图 7.3.13 系统运行结果

将 Android 终端作为 TCP 服务器连接入实验平台，在图 7.3.14 中可以看到 Inemol 传感器采集到的 10 次环境温度数据。实验结果表明，嵌入式无线传感网络平台满足了基本要求，在实际应用中达到了预期效果。

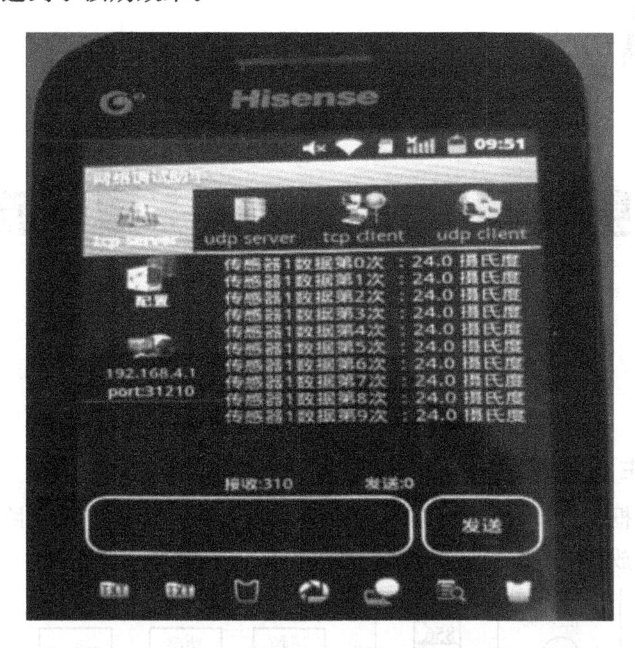

图 7.3.14　通过 Wi-Fi 至 Android 终端显示结果

附录 A

射频通信系统实验主要电路

1. 发射部分主要电路

发射链路结构框图如图 A.1 所示。主要包括基带调制信号产生电路、混频器电路、本振电路及射频宽带放大电路(功率放大器)等。

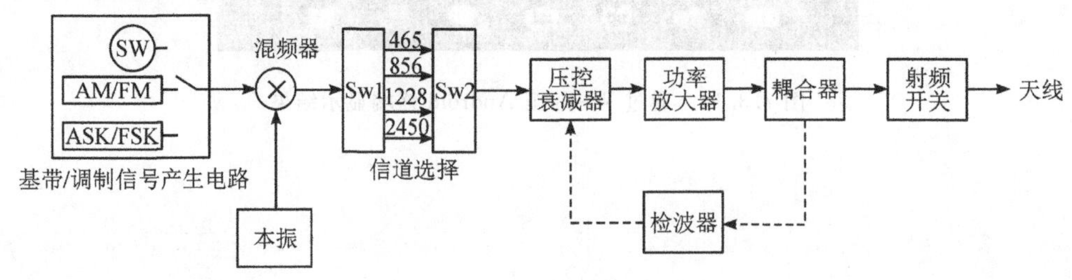

图 A.1　发射链路结构框图

1) 基带/调制信号产生电路

此部分信号产生框架结构如图 A.2 所示。包括 AM/FM 信号产生和 ASK/FSK 信号产生电路。

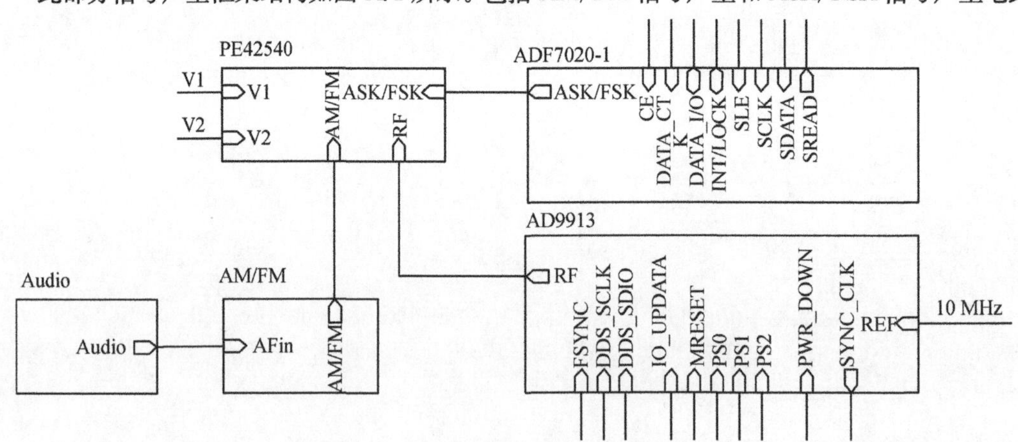

图 A.2　基带/调制信号产生框架结构

(1) 音频采集电路。音频信号有三种获取方式：外来线路传输、源输入和驻极体话筒采集获取(Audio)，电路如图 A.3 所示。

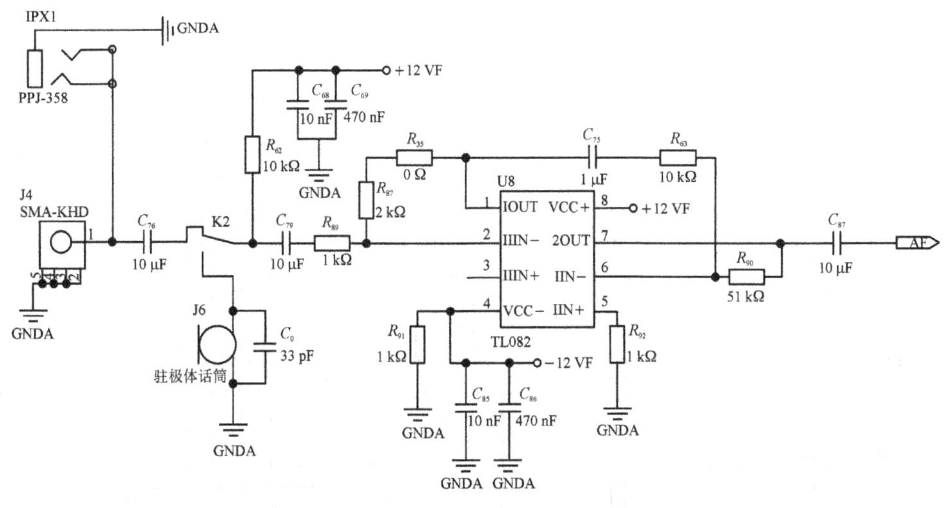

图 A.3　音频采集电路

(2) 数字基带信号产生电路(DDS)。数字基带信号基于直接数字式频率合成芯片 AD9913 和程控电路实现，实验电路如图 A.4 所示。

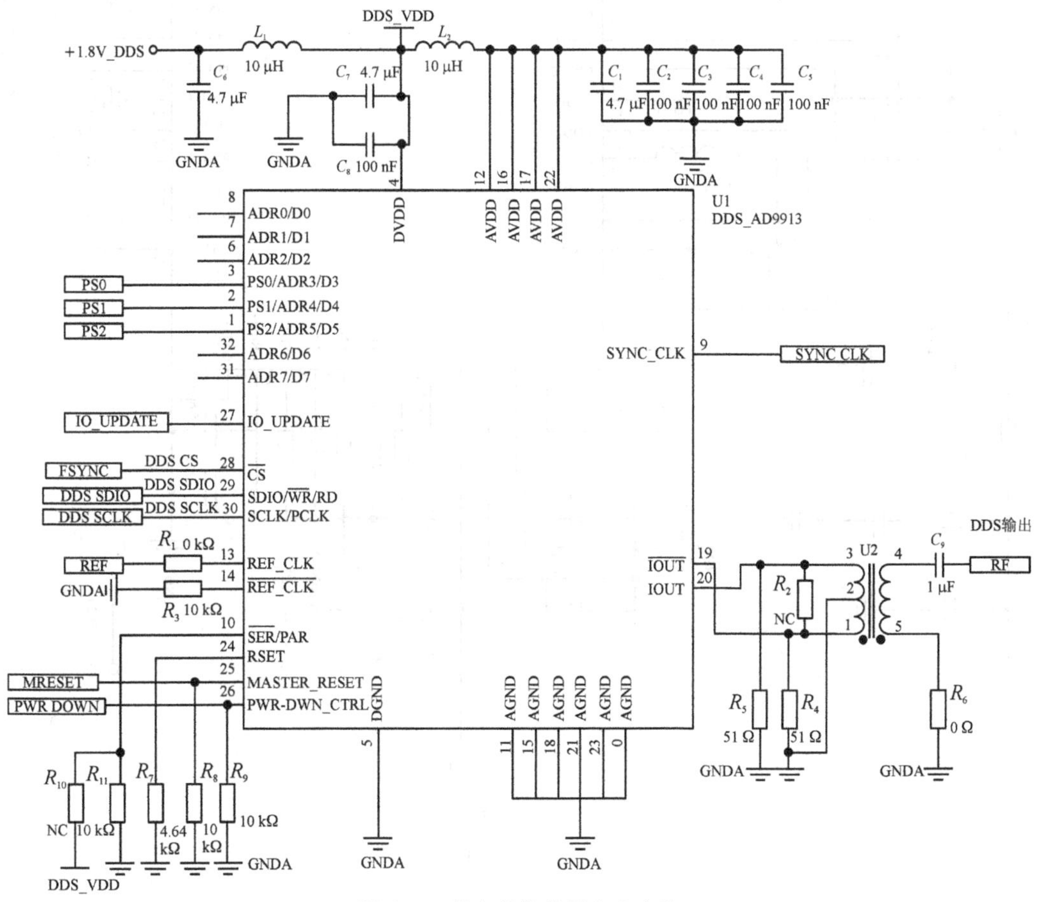

图 A.4　数字基带信号产生电路

(3) 数字调制电路(ASK/FSK)。

数字调制电路基于 ADF7020_1 芯片编程实现，实验电路如图 A.5 所示。

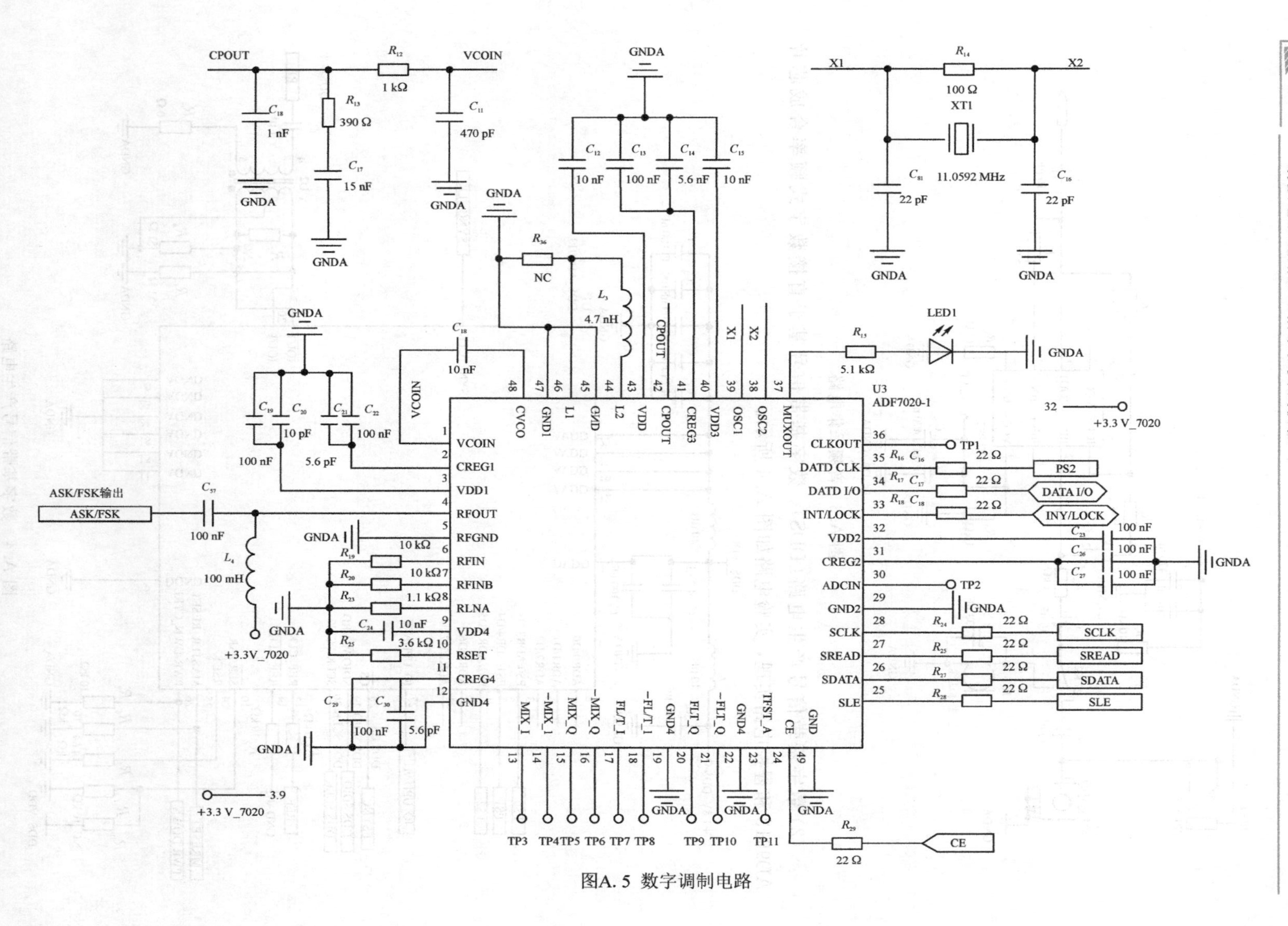
CPOUT
VCOIN
1 kΩ
390 Ω
15 nF
1 nF
470 pF
GNDA
10 nF
100 nF
5.6 nF
NC
4.7 nH
X1
X2
100 Ω
XT1
11.0592 MHz
22 pF
LED1
5.1 kΩ
U3
ADF7020-1
+3.3 V_7020
VCOIN
CREG1
VDD1
RFOUT
RFGND
RFIN
RFINB
RLNA
VDD4
RSET
CREG4
GND4
CVCO
GND1
L1
GND
L2
VDD
CPOUT
CREG3
VDD3
OSC1
OSC2
MUXOUT
CLKOUT
DATD CLK
DATD I/O
INT/LOCK
VDD2
CREG2
ADCIN
GND2
SCLK
SREAD
SDATA
SLE
MIX_I
-MIX_I
MIX_Q
-MIX_Q
FL/T_I
-FL/T_I
GND4
FLT_Q
-FLT_Q
TFST_A
CE
GND
TP1
TP2
22 Ω
PS2
DATA I/O
INY/LOCK
SCLK
SREAD
SDATA
SLE
ASK/FSK输出
ASK/FSK
100 mH
10 pF
5.6 pF
10 kΩ
1.1 kΩ
3.6 kΩ
+3.3V_7020
TP3 TP4 TP5 TP6 TP7 TP8 TP9 TP10 TP11
CE

图A.5 数字调制电路

(4) 振幅调制/频率调制(AM/FM)电路。

振幅调制电路采用基极调幅方式，频率调制电路在西勒振荡器基础上采用变容二极管实现。AM/FM 电路如图 A.6 所示。

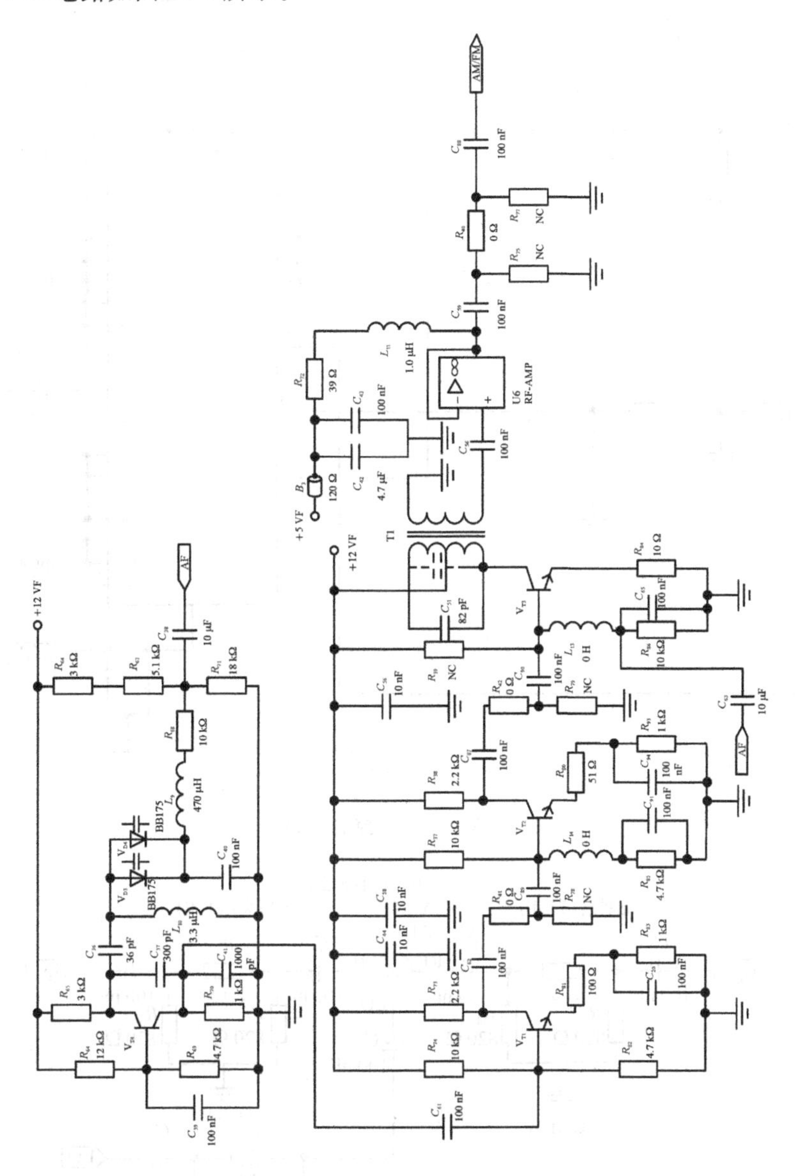

图 A.6　AM/FM 电路

(5) 输出控制电路。

输出控制由射频开关芯片 PE42540 和选择控制开关 SW2 共同实现，电路如图 A.7 所示。

2) 混频器电路

混频器电路采用 Mini-Circuits 芯片 ADE-30 实现，输入输出匹配设计，如图 A.8 所示。

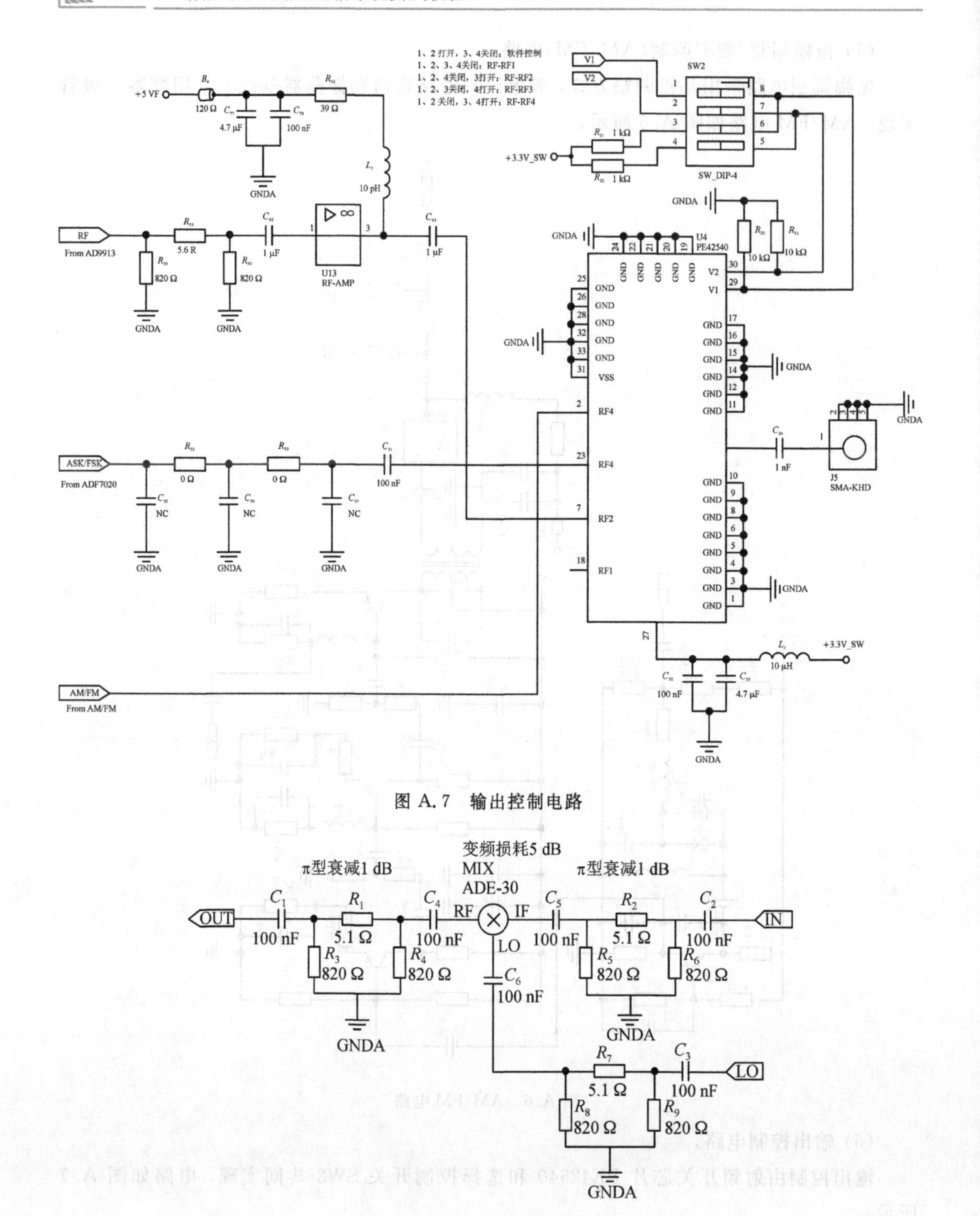

图 A.7　输出控制电路

图 A.8　混频器电路

3）四选一开关和滤波电路（信道选择电路）

四选一开关和滤波电路如图 A.9 所示。图中 PE42540 为射频开关芯片，经 SW2 和 PE42540 开关控制，选择不同载频信号输出。

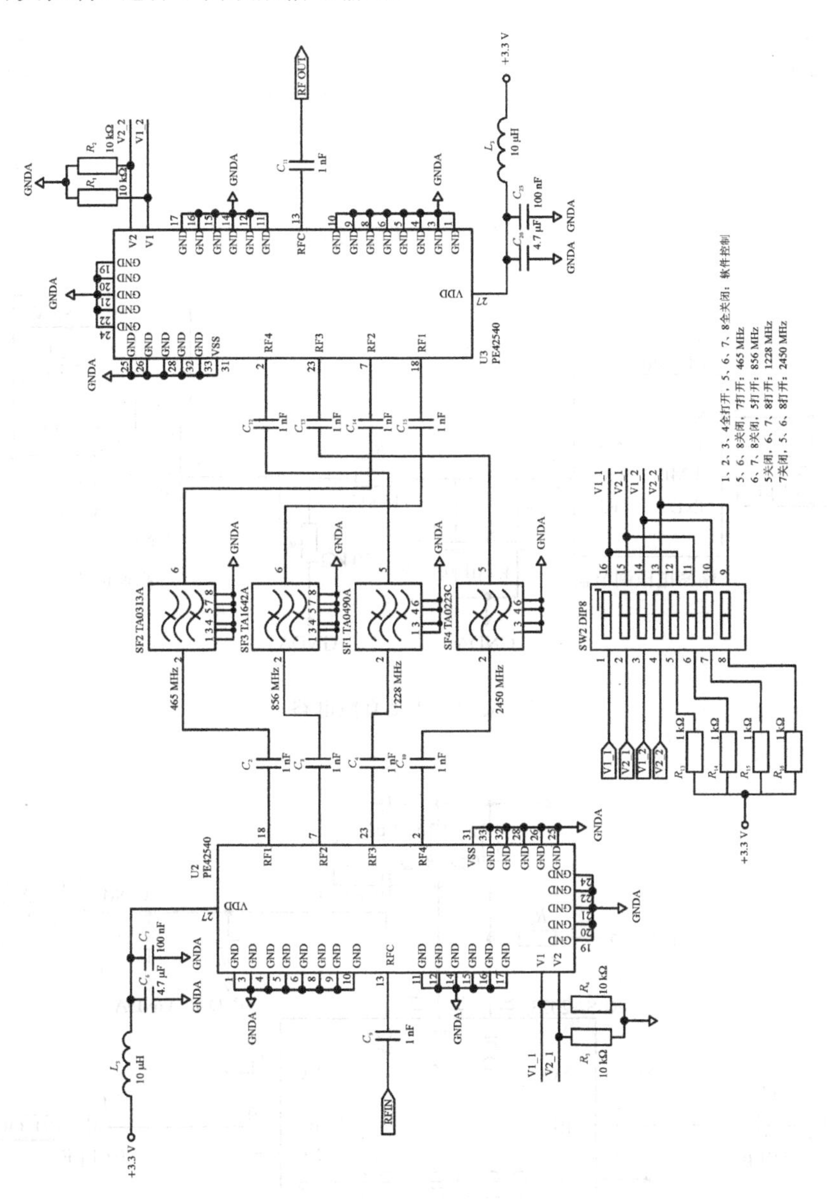

图 A.9　四选一开关和滤波电路

4）压控衰减器电路

电路由手动衰减调节和衰减器两部分电路组成。衰减电路结构设计如图 A.10 所示，图 A.11、图 A.12 分别是手动衰减电路和衰减器电路。

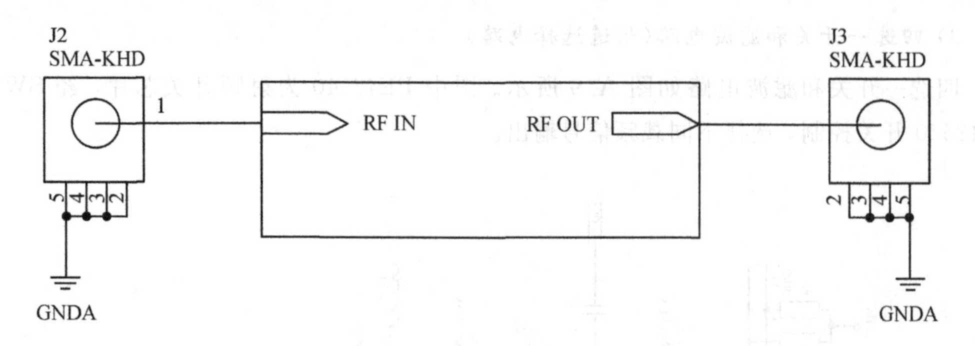

图 A.10 衰减电路结构

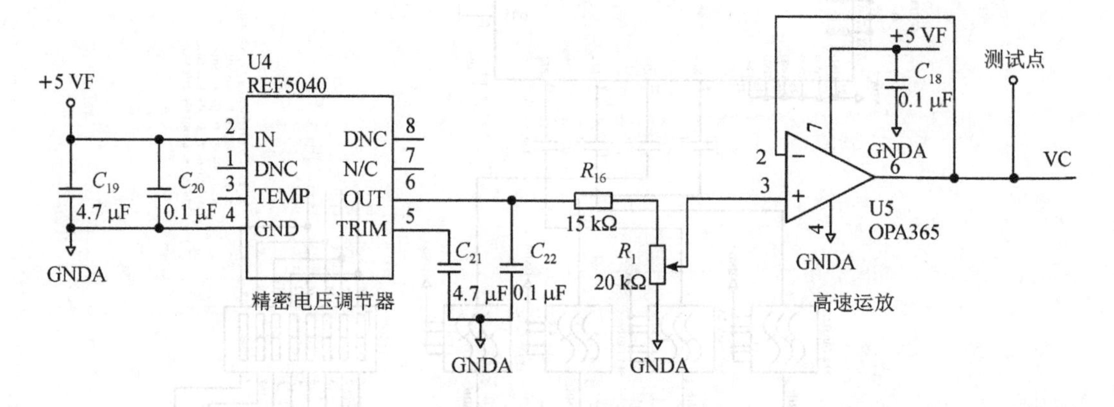

图 A.11 手动衰减电路

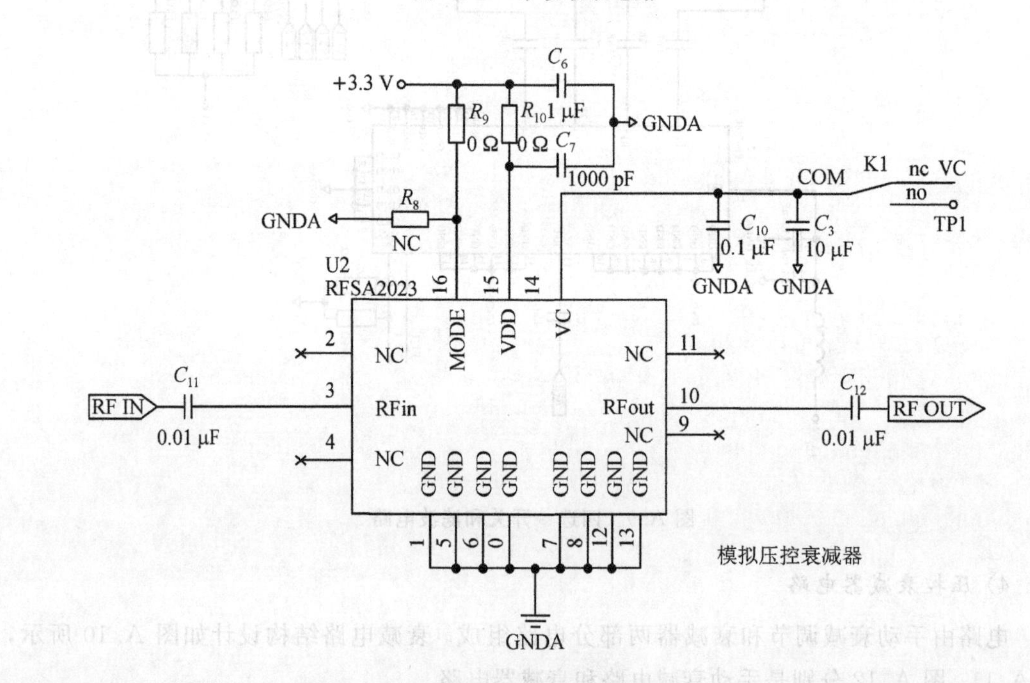

图 A.12 衰减器电路

5）射频宽带放大电路

U2 采用 Mini-circuits ERA-5SM 芯片构成前置宽带放大器，末级功放采用低噪声宽带增益模块放大器 U1(HMC639ST89)设计，电路如图 A.13 所示。

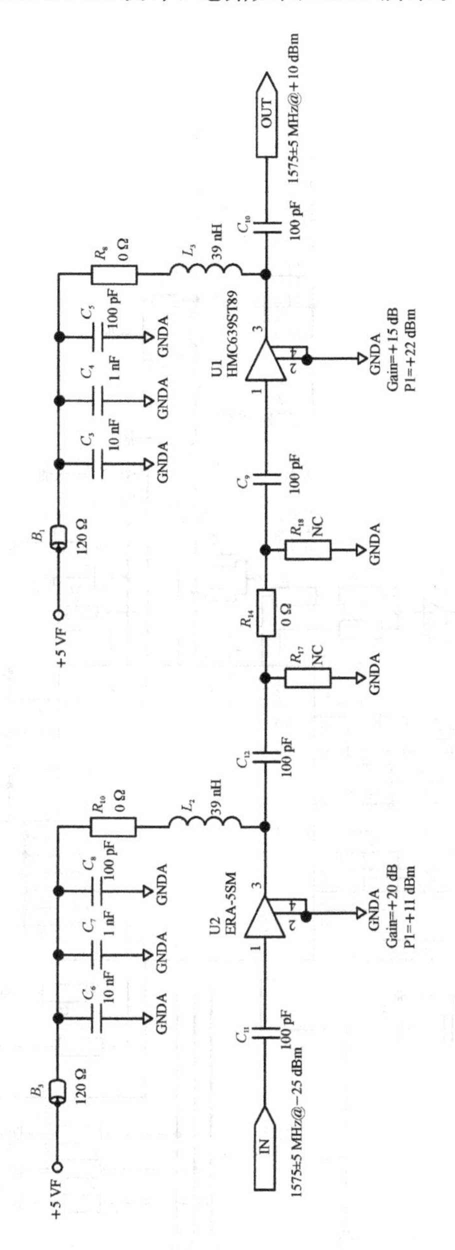

图 A.13 射频宽带放大电路

6）本机振荡器电路

发射/接收本机振荡器电路由锁相频率合成器芯片 ADF4351 设计，实验电路如图A.14所示。

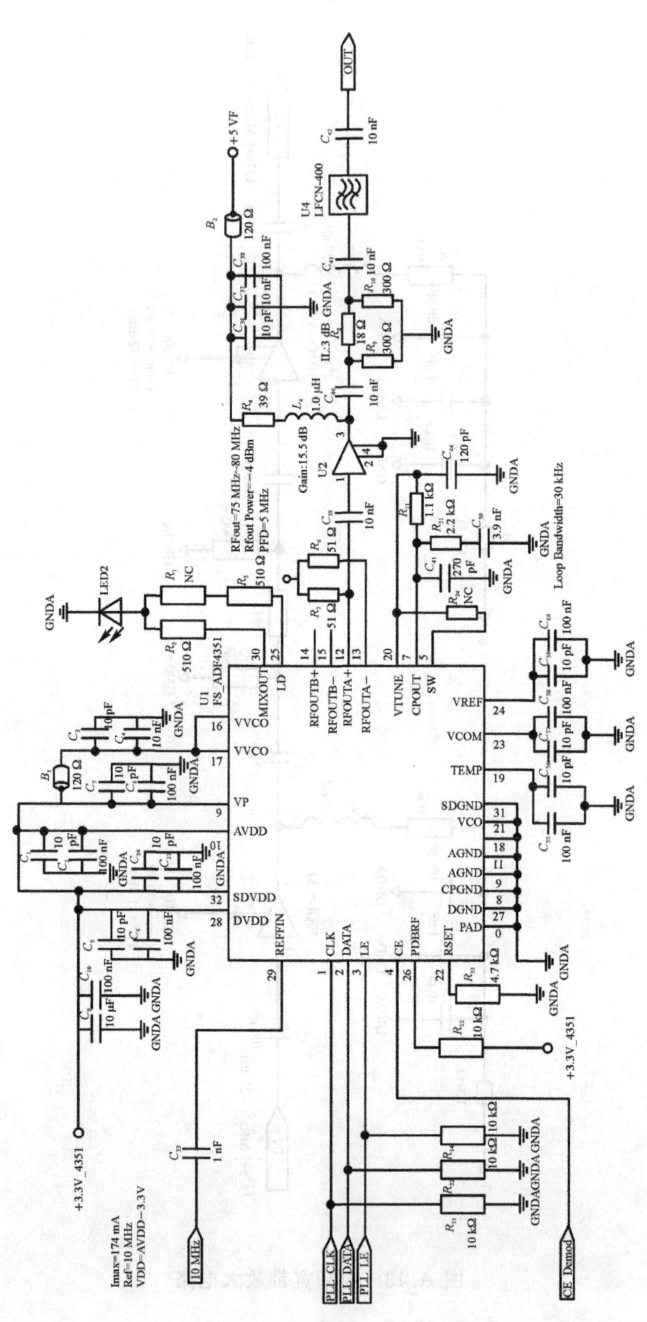

图 A.14　本机振荡器电路

2. 接收机链路

接收机链路采用超外差式，其系统框图如图 A.15 所示。

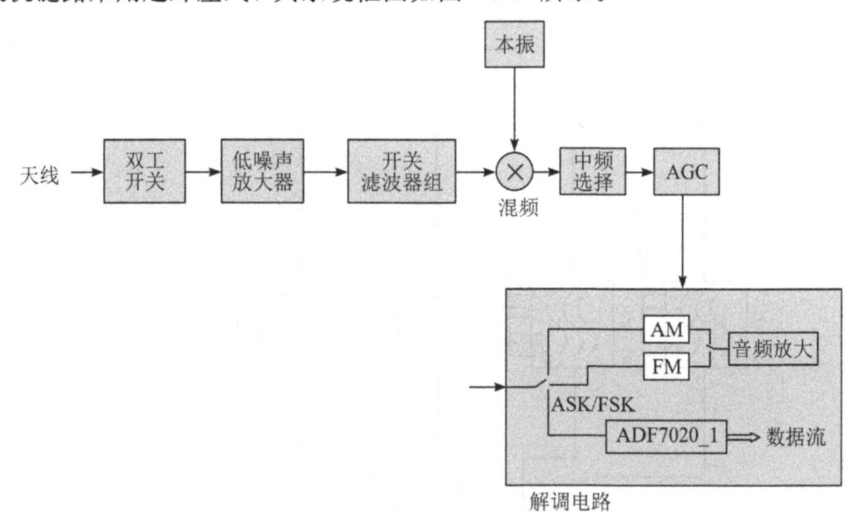

图 A.15　接收机链路系统框图

1) 低噪声放大器

低噪声放大器选用 Mini-circuits GALI-39＋设计，因芯片内部匹配 50 Ω 的电阻，电路简单，如图 A.16 所示。

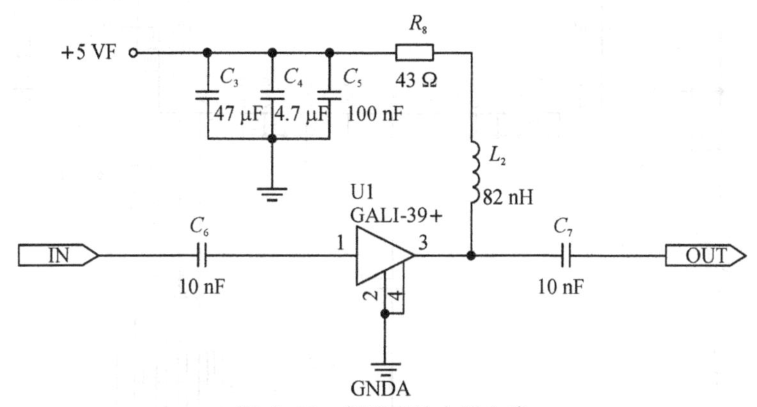

图 A.16　低噪声放大器电路

2) 开关滤波电路

发射链路和接收链路中的开关滤波电路构成基本相同，如图 A.17 所示。

3) 接收信号通道电路

如图 A.18 所示，接收信号通道电路包括混频和中频选择电路。

4) 自动增益控制电路(AGC 电路)

AGC 电路如图 A.19 所示。核心器件采用 AD8367，其具有单板 VGA、外部 AGC 和单板 AGC 功能。

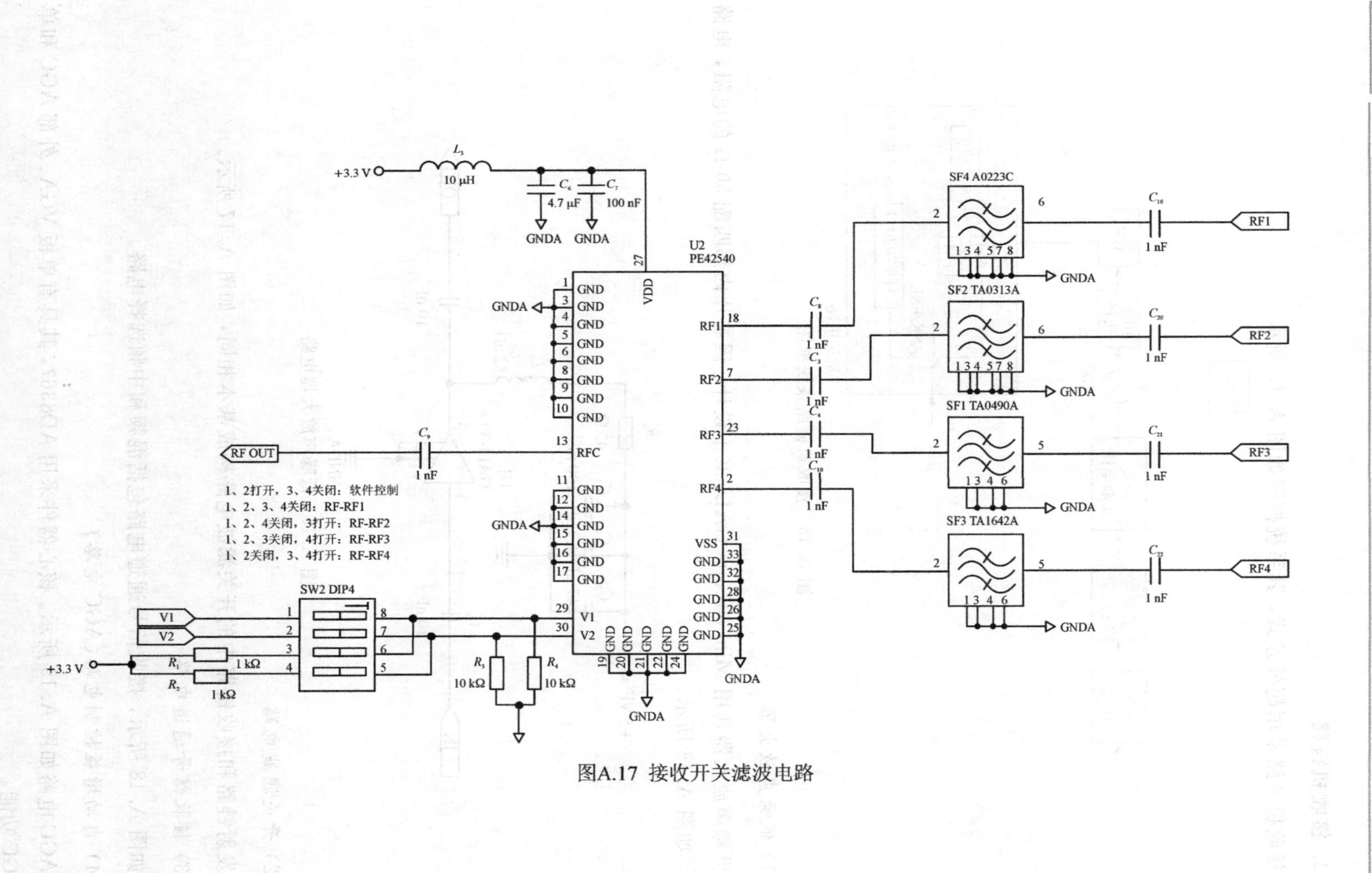

图A.17 接收开关滤波电路

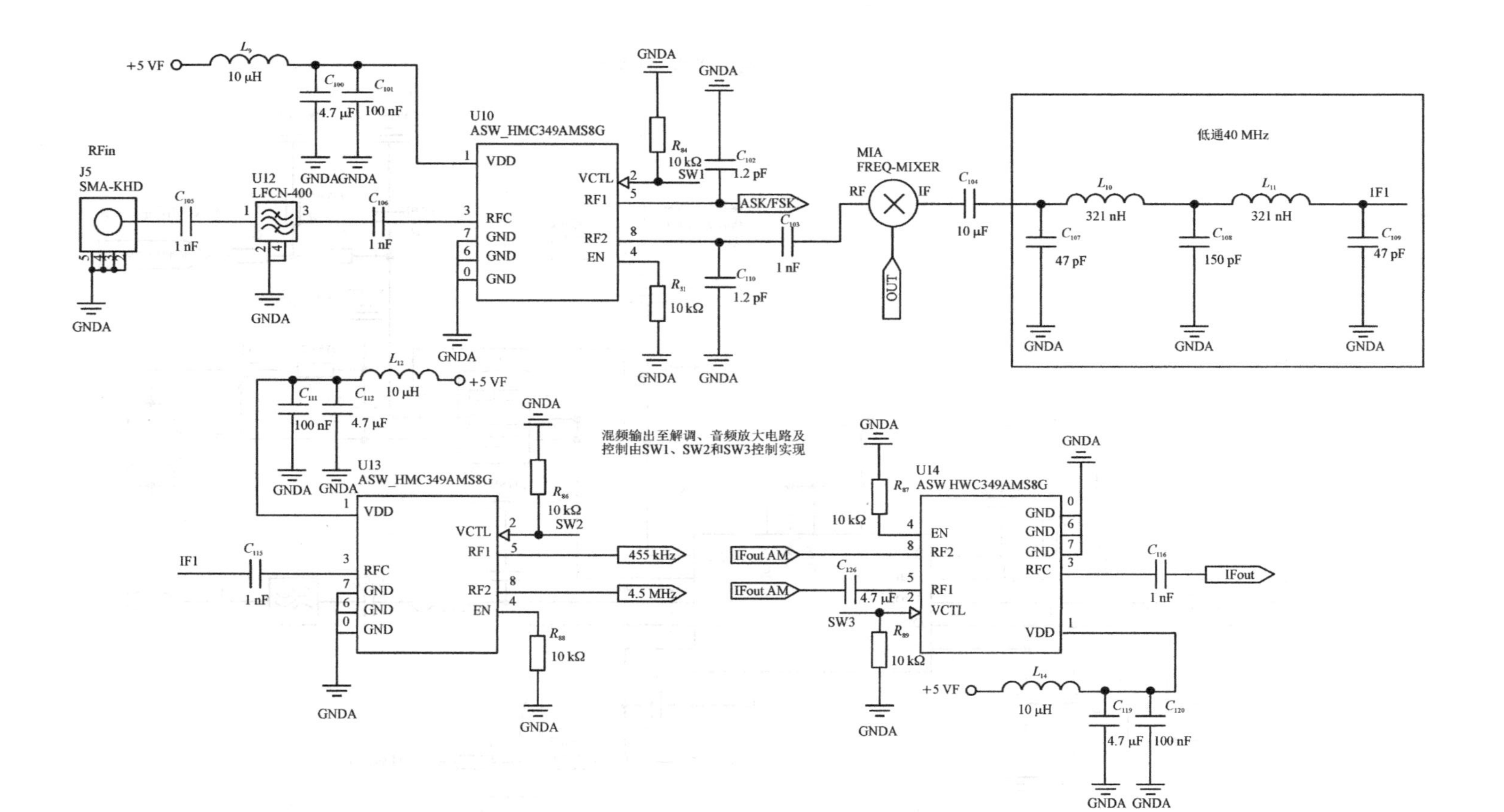

图A.18 接收信号通道电路

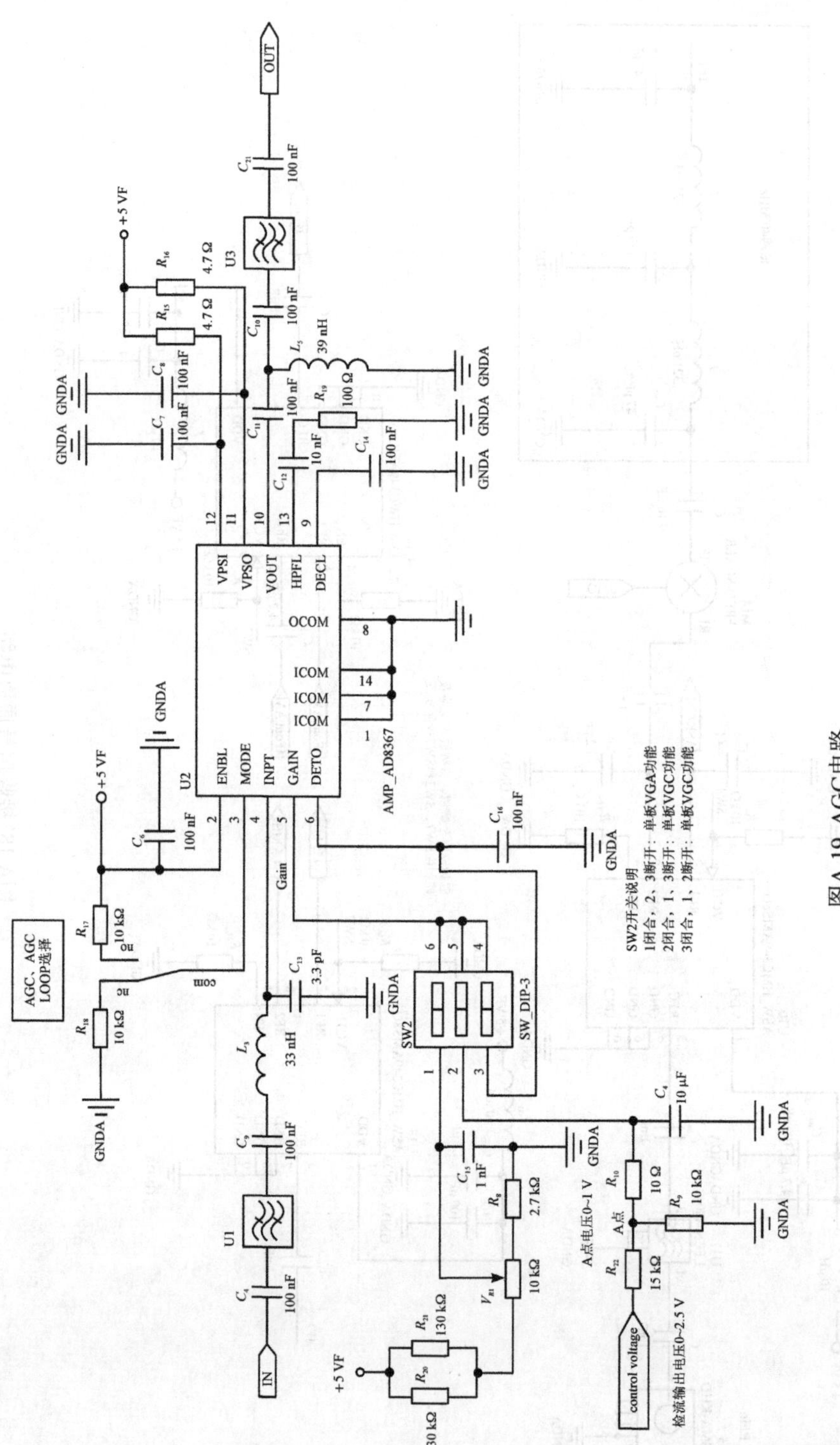

IN
OUT
U1
U2
U3
AMP_AD8367
ENBL
MODE
INPT
GAIN
DETO
VPSI
VPSO
VOUT
HPFL
DECL
OCOM
ICOM
ICOM
ICOM
+5 VF
GNDA
Gain
AGC、AGC LOOP选择
com
nc
no
SW2
SW_DIP-3
control voltage
检流输出电压0~2.5 V
A点电压0~1 V
A点
SW2开关说明
1闭合，2，3断开：单板VGA功能
2闭合，1，3断开：单板VGC功能
3闭合，1，2断开：单板VGC功能

图A.19 AGC电路

5）解调电路

解调电路结构如图 A.20 所示。AM 波解调采用包络检波方式，FM 解调采用以模拟乘法器为核心的移相乘积鉴频方式，ASK/FSK 解调采用专用芯片 ADF7020-1 实现。

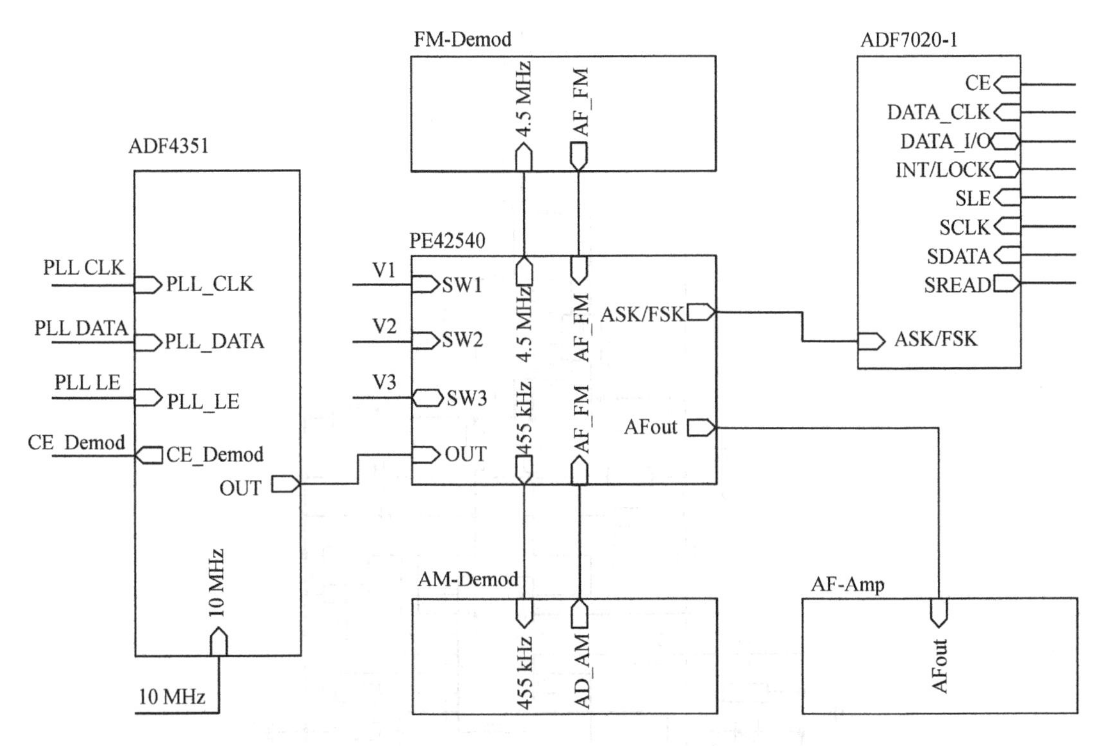

图 A.20 解调电路结构

(1) AM 波解调电路。

455 kHz 调幅波经 V_{T3}、V_{T2} 两级放大和 V_{T1} 发射极输出后，通过由 V_{D6}、C_{77}、C_{78}、R_{48} 等组成的包络检波器解调还原音频信号，如图 A.21 所示。

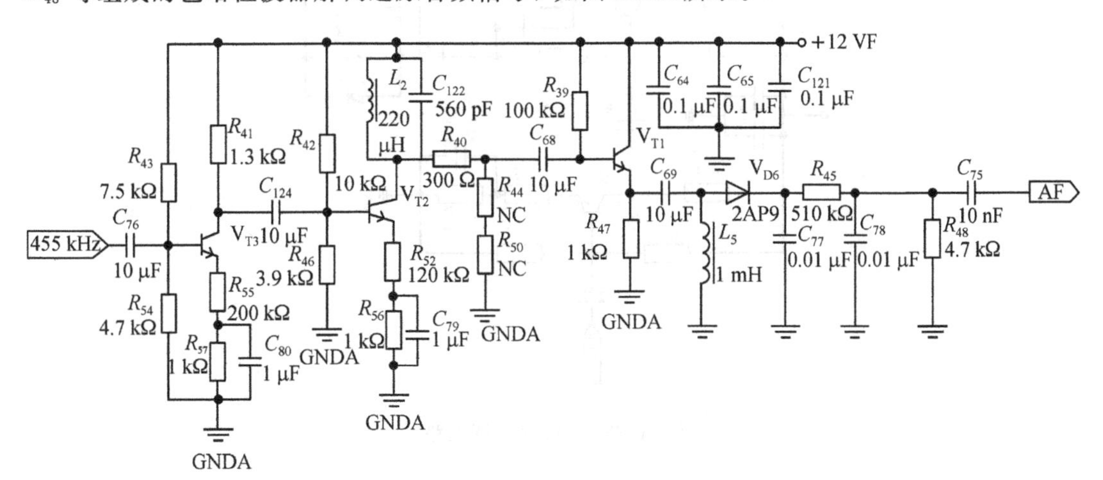

图 A.21 AM 波解调电路

(2) FM 波解调电路。

FM 波解调电路的核心是基于模拟乘法器 MC1496 构成的乘积型相位鉴频器，如图 A.22 所示。

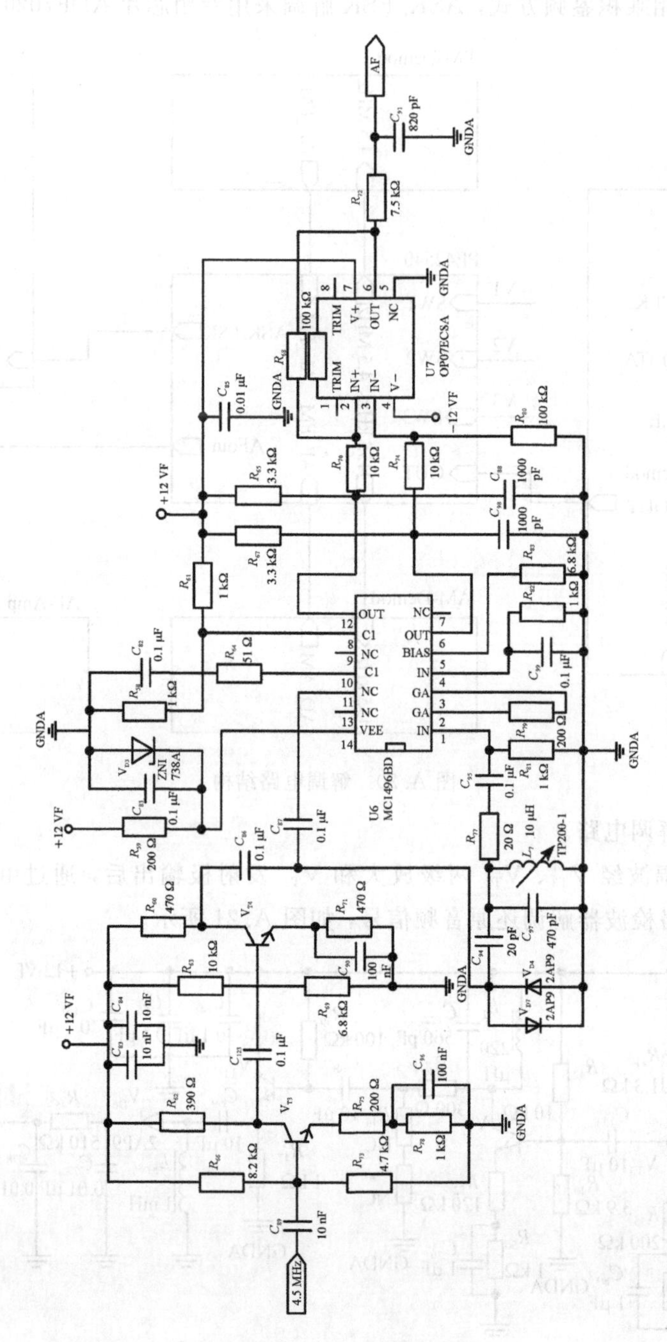

图 A.22　FM 波解调电路

（3）数字解调。

数字解调电路和数字调制电路相同，ASK/FSK 信号解调以 ADF7020-1 为核心实现，实验电路如图 A.23 所示。

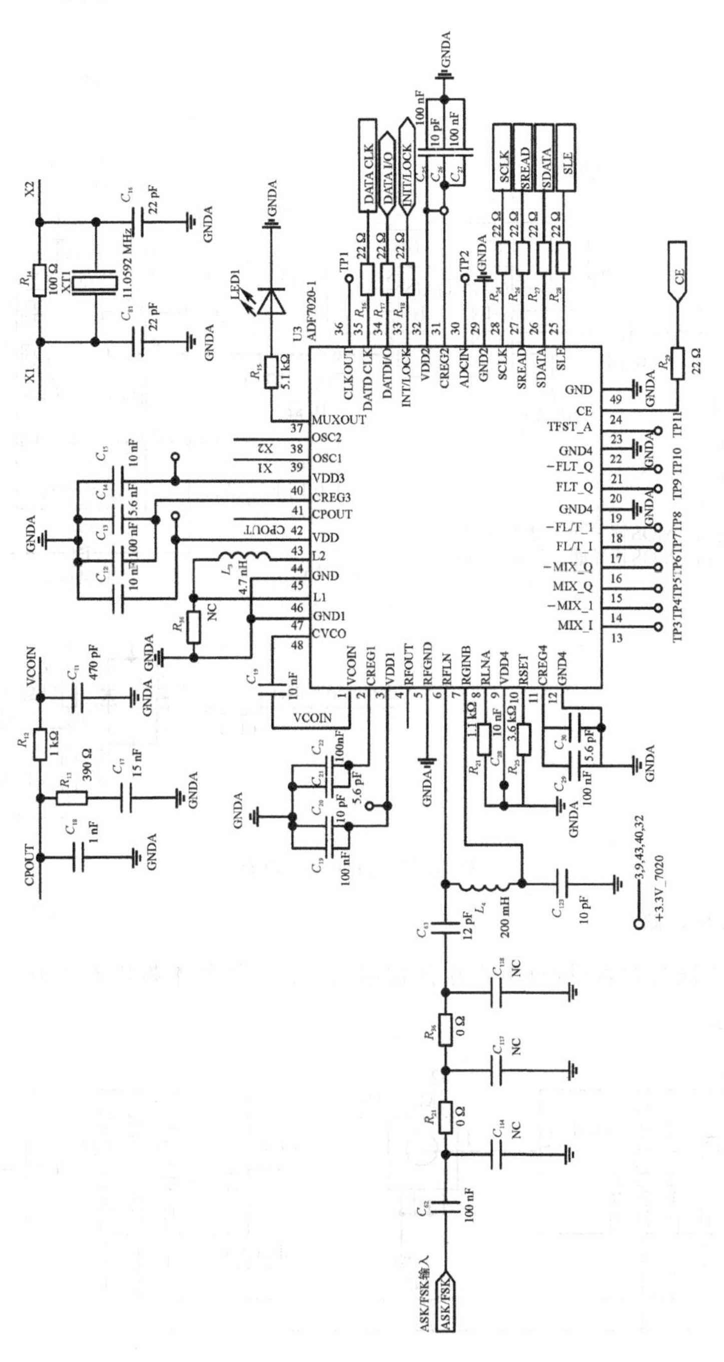

图 A.23　ASK/FSK 信号解调电路

6）音频放大电路

音频放大电路如图 A.24 所示。

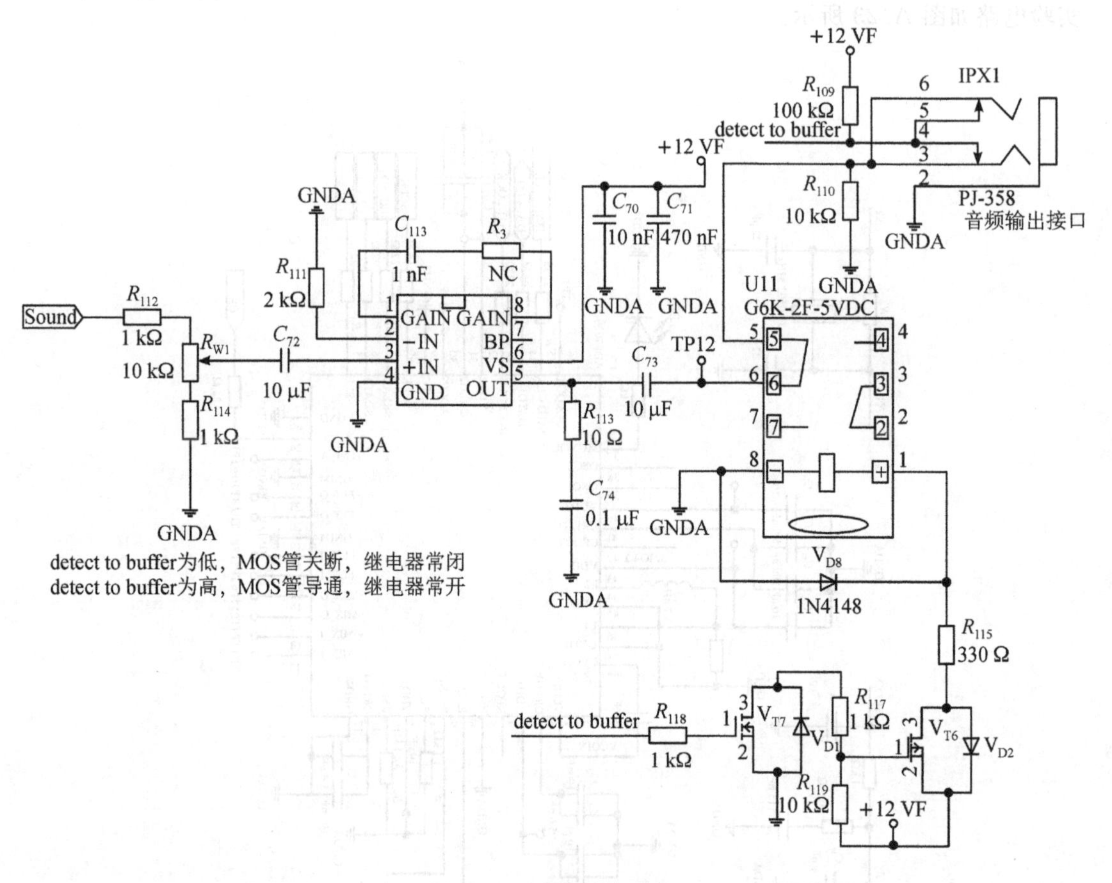

图 A.24 音频放大电路

7）接收本振电路

接收本振电路与发射/接收本机振荡器电路相同，接收本振电路在软件控制下的架构如图 A.25 所示。

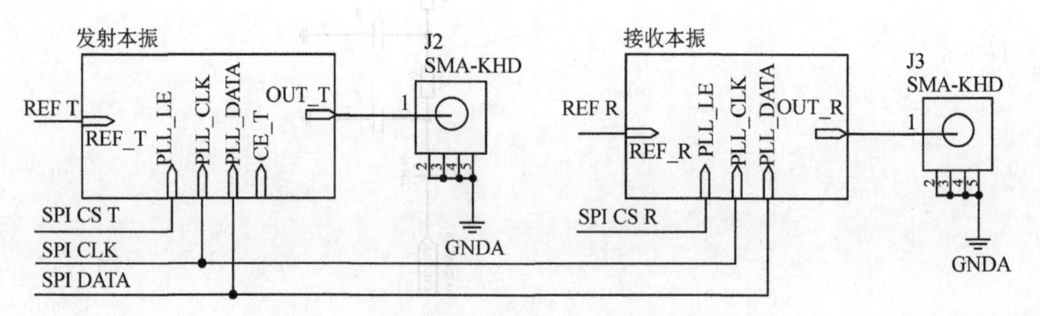

图 A.25 接收本振电路架构

8）双工开关电路

双工开关电路如图 A.26 所示，其基于 U2 芯片和 SW1、SW2 实现射频接收/发射功能。

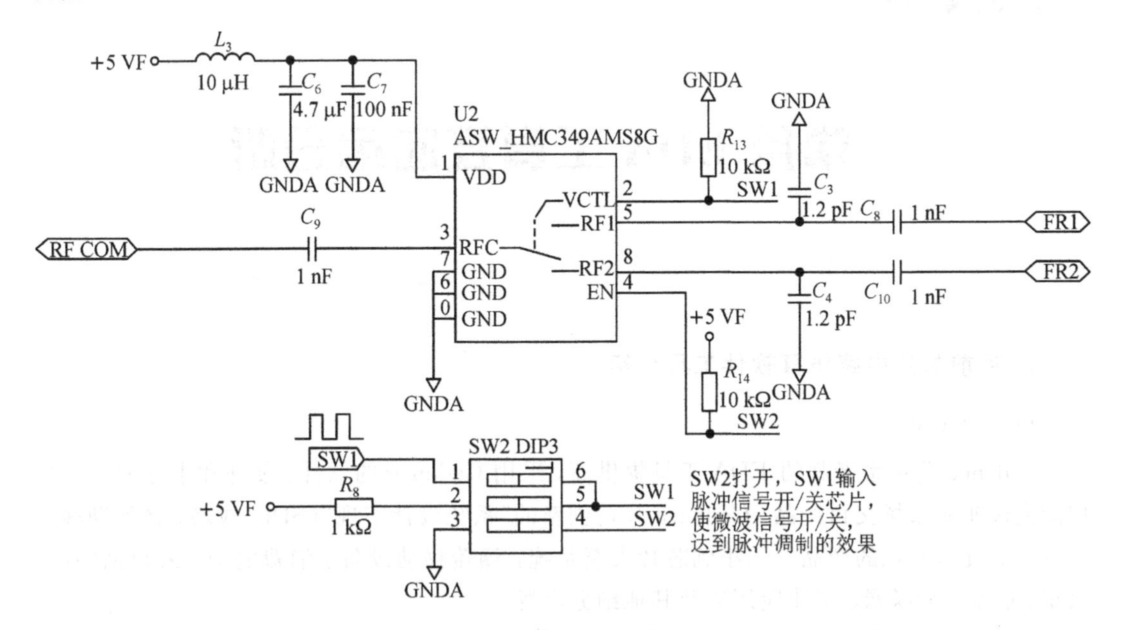

图 A.26　双工开关电路

附录 B

常用 EDA 工具及应用分析

1. 目前常用电路仿真软件工具介绍

1）Cadence

Cadence 公司是老牌的 EDA 工具提供商，采用 Cadence 的软件、硬件和半导体 IP，用户能更快速向市场交付产品。Cadence 公司创新的“系统设计实现”(SDE)战略，将帮助客户开发出更具差异化的产品——小到芯片大至系统：涵盖移动设备、消费电子、云数据中心、汽车、航空、物联网、工业应用以及其他细分市场。

Cadence 电路仿真软件 Cadence® Sigrity™ 独有的 3D 设计及分析环境，完美集成了 Sigrity 工具与 Cadence Allegro®技术。较之于当前市场上依赖于第三方建模工具的产品，效率更高、出错率更低，大幅度缩短设计周期的同时、降低了设计失误风险。

Cadence 的电路仿真软件的一个小缺点是，操作较为复杂，比较适合复杂板的开发。

2）Altium Designer

Altium Designer 是原 Protel 软件开发商 Altium 公司推出的一体化的电子产品开发系统。软件通过将原理图设计、电路仿真、PCB 绘制编辑、拓扑逻辑自动布线、信号完整性分析和设计输出等技术的完美融合，为设计者提供了全新的设计解决方案。

Altium Designer 除了全面继承包括 Protel 99SE、Protel DXP 在内的先前一系列版本的功能和优点外，还进行了许多改进、增加了很多高端功能。该平台拓宽了板级设计的传统界面，全面集成了 FPGA 设计功能和 SOPC 设计实现功能，从而允许工程设计人员能将系统设计中的 FPGA 与 PCB 设计及嵌入式设计集成在一起。

Altium Designer 的缺点是对复杂板的设计性能不及 Cadence。

3）Proteus

Proteus 是英国 Lab Center Electronics 公司推出的 EDA 工具软件，支持电路图设计、PCB 布线和电路仿真。Proteus 支持单片机应用系统的仿真和调试，使软硬件设计在制作 PCB 板前能够得到快速验证，不仅节约成本，还缩短了单片机应用的开发周期。Proteus 是单片机工程师必须掌握的工具之一。

Proteus 软件分为 ARES 和 ISIS 模块，前者用来制作 PCB，后者用来绘制电路图和进行电路仿真。

4) Multisim

Multisim 是美国国家仪器(NI)有限公司推出的电路仿真软件，适用于板级的模拟/数字电路板的设计工作。它包含了电路原理图的图形输入、电路硬件描述语言输入方式，具有丰富的仿真分析能力。

在模电、数电的复杂电路虚拟仿真，尤其是模拟电路时，用得最多的电路仿真软件就是 Multisim。它有极其真实的形象化虚拟仪器，无论界面的外观还是内在的功能都达到了最高水平；它有专业的界面和分类、强大而复杂的功能，在数据计算方面极其准确。同时，Multisim 不仅支持 mcu，还支持汇编语言和 C 语言为单片机注入程序，并有与之配套的制版软件 NI Ultiboard10，可以实现从电路设计到制板一条龙服务。

5) LTspice

LTspice XVII 是一款操作简单、功能齐全的电路图仿真软件，用户通过这款软件可以非常高效地进行电路图绘制操作。同时还可以对其进行检测、仿真，这样就极大提升了精准度，避免了各种问题的产生。

LTspice XVII 电路仿真软件是一款专业实用的多功能电路图绘图工具，这款软件内置了电路图捕获器、波形观测器和 Spice 仿真器等一系列功能，用户可以非常高效地进行复杂电路图绘制操作。该软件还加入了破解补丁，用户安装之后便可以永久免费使用。

在电路图仿真过程中，其自带的模型往往不能满足需求，一般芯片供应商都会提供免费的 Spice 模型或者 PSpice 模型供用户下载，LTspice 可以把这些模型导入其中进行仿真。目前，一些厂商已经开始提供 LTspice 模型，直接支持 LTspice 的仿真。这也是 LTspice 电路图仿真软件广为流传的根本原因。

6) ElectronicWorkbench

ElectronicWorkbench 是一款可以进行各种电路工作演示、模拟各种电子电路、缩放显示波形的 EDA 软件。其操作界面就像一台实验桌，界面上有函数发生器、频谱仪、示波器、数字万用表等仪器工具，只要画好电路、连好电路与仪器的接线、设置好各仪器的参数、设置好电源电压，接通电源就可仿真分析电路的时域和频域特性。

7) MATLAB 电路仿真软件包 Simulink

Simulink 是 MATLAB 中的一种可视化电路仿真软件，是一种基于 MATLAB 的框图设计环境，是实现动态系统建模、仿真和分析的一个软件包。它被广泛应用于线性系统、非线性系统、数字控制及数字信号处理的建模和仿真中。使用 Matlab Simulink 的优势是：其数据处理十分有效、精细，运行速度较快；其数据的格式兼容性极好，便于数据的后处理与分析，尤其是控制特性的研究分析。

8) TINA-TI

TINA-TI 是由 DesignSoft 公司专为德州仪器(TI)而设计的基于 Spice 引擎的功能强大的电路仿真软件。TINA-TI 提供了 Spice 的所有传统直流、瞬态和频率域分析以及更多分析功能。TINA 具有广泛的后处理功能，允许用户按照需要的方式设置结果格式。虚拟仪器允许选择输入波形、探针电路节点电压和波形。

TINA 的原理图捕捉非常直观，可以实现真正的“快速入门”。对于用户来说，TINA 的界面简单直观，元器件不多但是分类清晰，而且 TI 公司的元器件最为齐全。当在 Multisim 找不到对应的器件时，就会用到 TINA 来仿真。

TINA-TI 的缺点是功能相对较少，对 TI 公司之外的元器件兼容性较差。

9）Infineon Designer

Infineon Designer 兼具模拟和数字电路仿真软件功能，是一款在线工具，可实现在线仿真及设计产品原型。Infineon Designer 也是基于 DesignSoft TINA 的产品。利用 Infineon Designer，工程师只需一个浏览器，便能为特定应用找到相匹配的器件。整个仿真过程直观、快速，无需安装任何软件且无需购买许可证。

Infineon Designer 主要涵盖产品级、应用级和系统仿真三个方面，包括基于参数搜索的产品查找器、应用方案查找器以及系统仿真工具。它支持 16 个产品查找器，适用于 7000 多款英飞凌产品。

Infineon Designer 具有免费简单易用的优点，其缺点是功能不够强大，支持的器件有限。

2. LTspice XVII 软件应用

1）LTspice XVII 软件操作

（1）打开 LTspice 软件，单击 File 下的 New schematic 按钮，即可创建新的原理图。

（2）绘制仿真电路，单击电阻、电感、电容和模型库标志并放置所需元器件。

（3）为元器件添加模型数据，右击元器件在相应库中匹配选择。

（4）绘制电路并检查。

（5）绘制完成后，单击 run 按钮即可开始模拟仿真并分析。

2）LTspice XVII 软件对变容二极管调频电路分析

（1）创建变容二极管调频电路。

电路如图 B.1 所示。该电路在克拉泼振荡器基础上用变容二极管 MV2201 实现调频，R_5、R_7 给变容二极管提供偏置，R_6 为隔离电阻，L_2 为扼流圈，U_2 为输入音频信号。

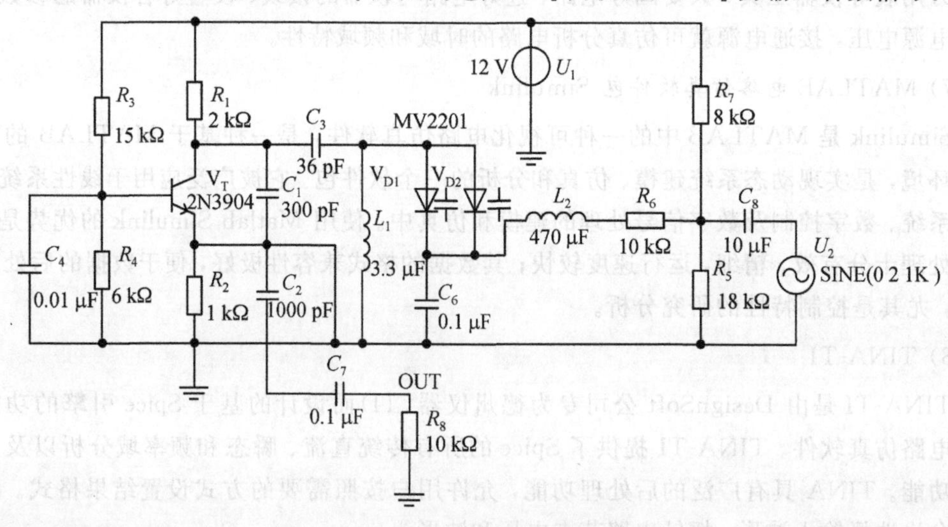

图 B.1 变容二极管调频电路

(2) 仿真分析。

对图 B.1 进行瞬态分析并将输出信号进行 FFT 变换，调频信号的频谱如图 B.2 所示。

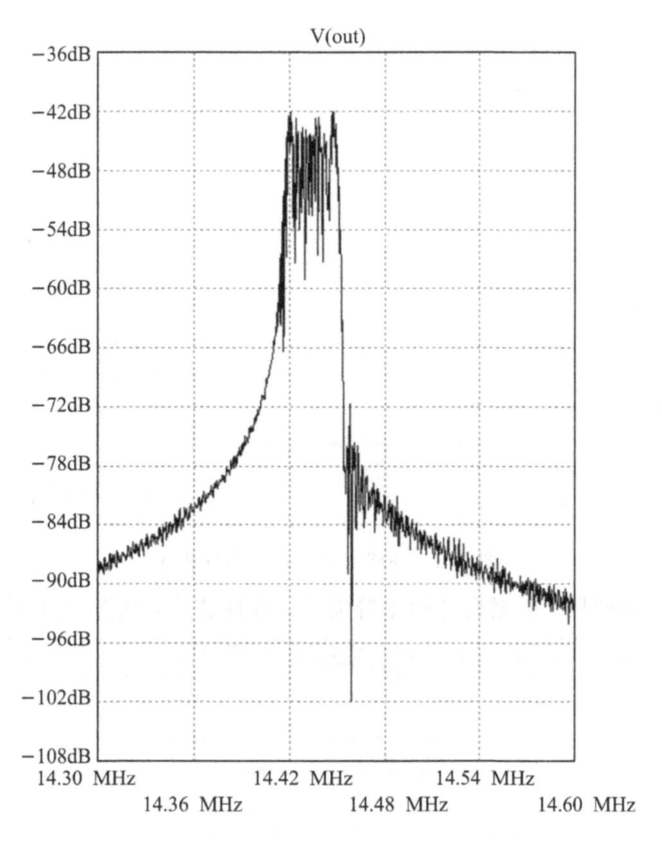

图 B.2　调频信号的频谱

3. 基于 ADIsimPLL 等软件的锁相环电路设计

ADI 提供了丰富的集成锁相环芯片，设计开发人员需要根据信号频段选择合适的集成锁相环芯片完成设计。需要注意的主要有三点：芯片硬件使用电路的正确完整；环路低通滤波器的设计；控制程序的下发(寄存器配置)。下面，以 ADF4351 芯片为例进行环路低通滤波器设计，芯片相关资料参见 ADI 官网(ALLDATASHEET.COM)。

直接使用芯片(ADI)官方提供 ADIsimPLL 设计软件进行设计。

环路滤波器是将鉴相器输出含有纹波的直流信号平均化，将此变换为交流成分少的直流信号的低通滤波器。对于集成的频率合成器芯片，设计人员能自由确定的参数仅是环路滤波器。环路滤波器的重要作用就是除去鉴相器输出比较频率中的寄生成分；若环路滤波器的截止频率很高，则除去比较频率中寄生成分的能力会降低，输出频谱中会有大量的寄生成分；若环路滤波器的截止频率降低，则能充分滤出寄生分量，但是锁相时间会变长。所以在设计环路滤波器时，要综合考虑锁相时间和频谱的寄生成分。

现基于 ADF4351 设计频率合成电路，参数需求如下。输出频率范围为 100 MHz～4 GHz，输入参考频率为 10 MHz，鉴相频率为 5 MHz，环路带宽为 30 kHz。具体操作步骤如下。

(1) 打开软件，根据锁相环设计向导程序，新建设计。如图 B.3 所示。

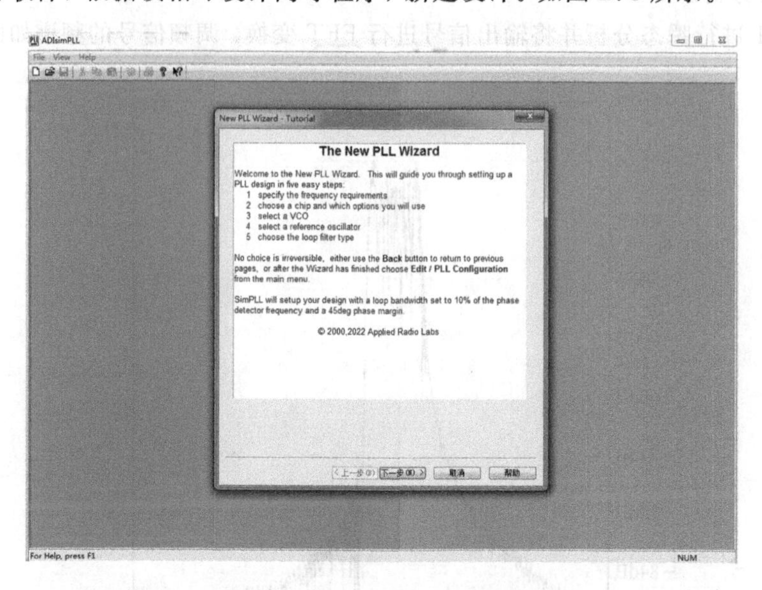

图 B.3 环路滤波器设计向导程序

(2) 选择芯片的型号。根据设计频率等需要，选择芯片，如图 B.4 所示。

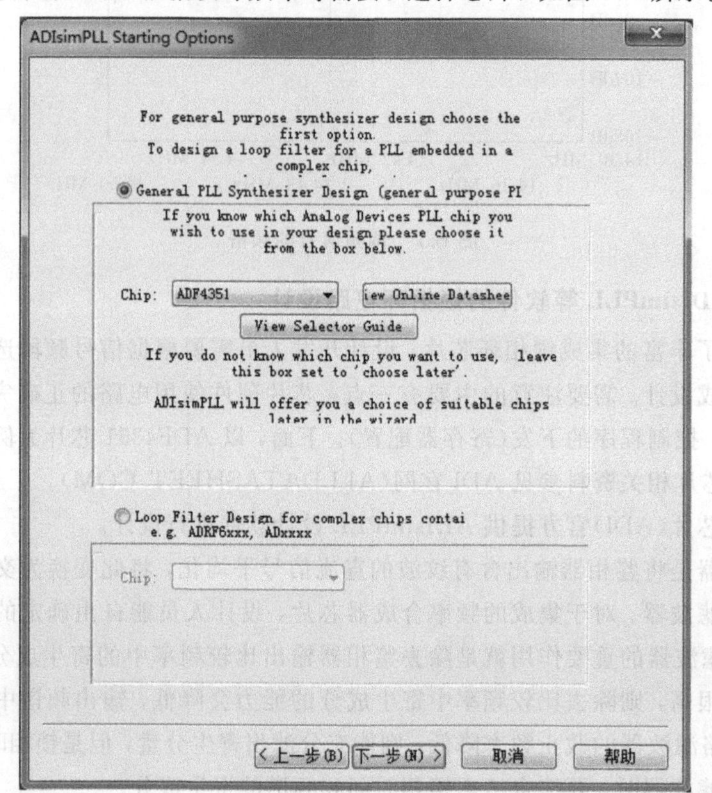

图 B.4 芯片选型

(3) 设置输出信号频率合成的范围(点频或范围信号)和分频方式(整数或分数)，如图 B.5 所示。

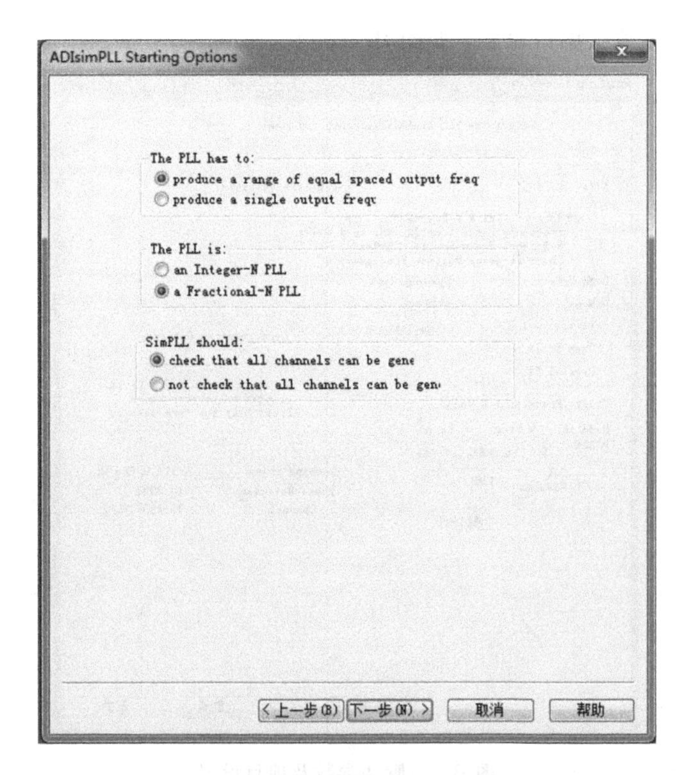

图 B.5　频率合成范围和分频方式的设置

(4) 设置输出频率(100 MHz～4.0 GHz)，以及鉴相频率(10.0 MHz)，如图 B.6 所示。

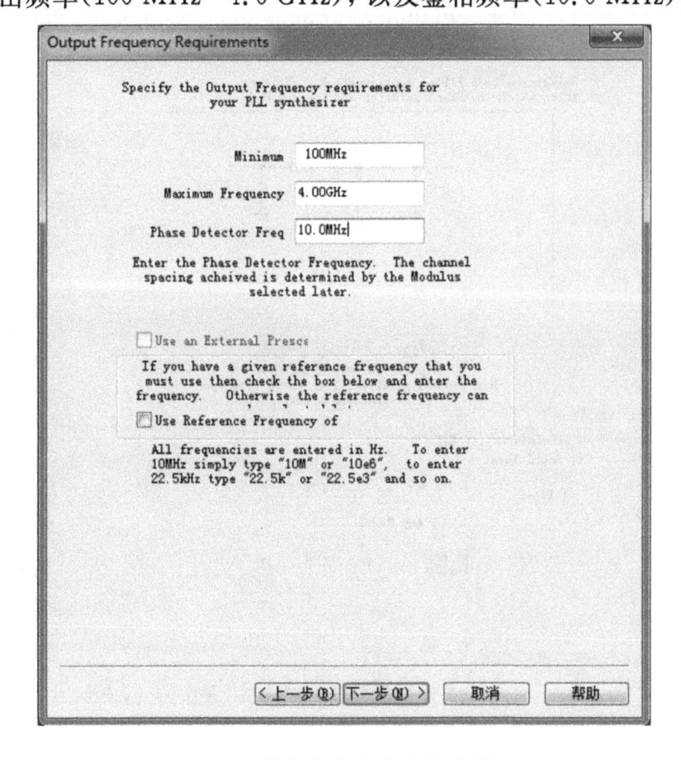

图 B.6　输出频率及鉴相频率设置

(5) 一些默认参数及项目设置，如图 B.7 所示。

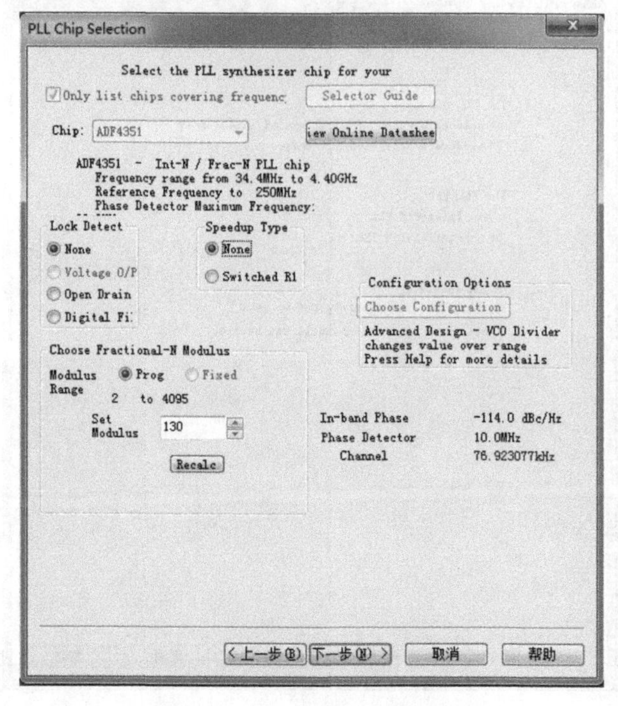

图 B.7 默认参数及项目设置

(6) 配置环路滤波器的类型，如图 B.8 所示。

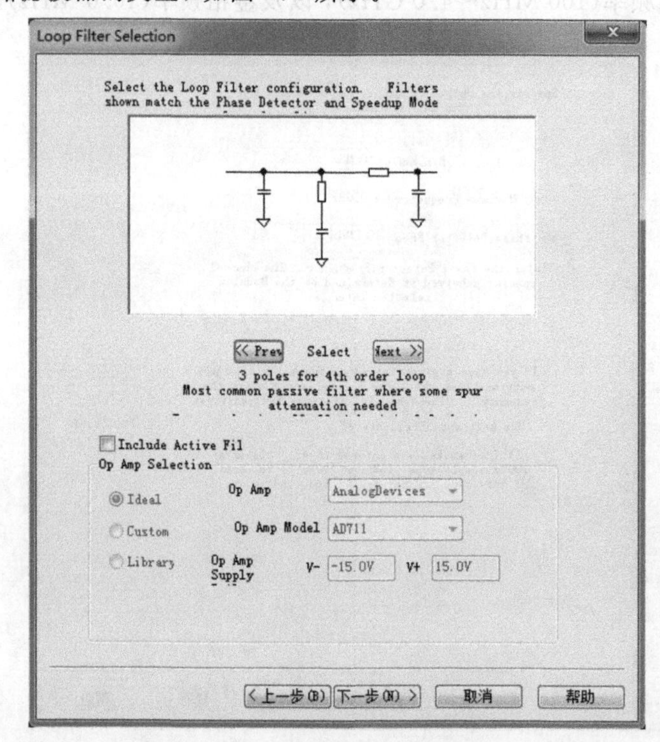

图 B.8 环路滤波器类型配置

(7) 设置外部参考频率，软件配置计算分频比，如图B.9所示。

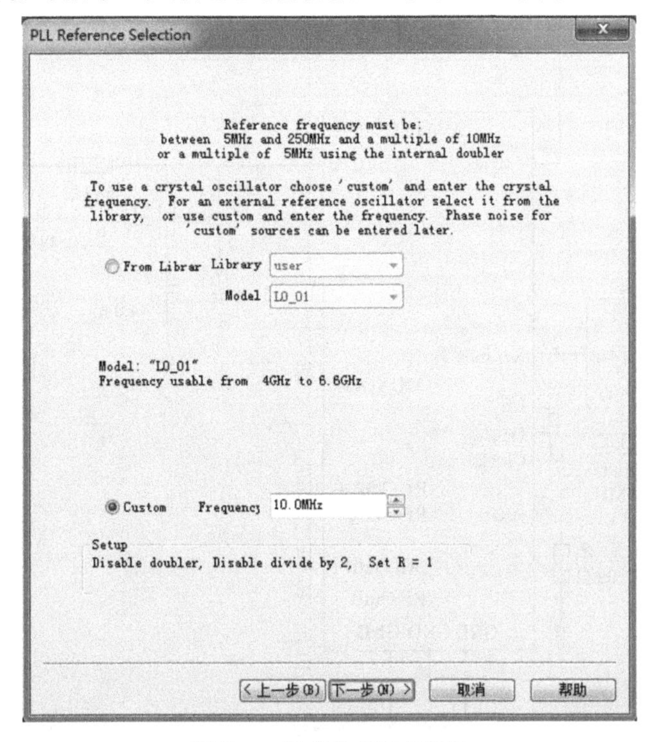

图B.9 外部参考频率设置

(8) 根据项目设计需要，设置环路滤波器带宽为30 kHz，如图B.10所示。

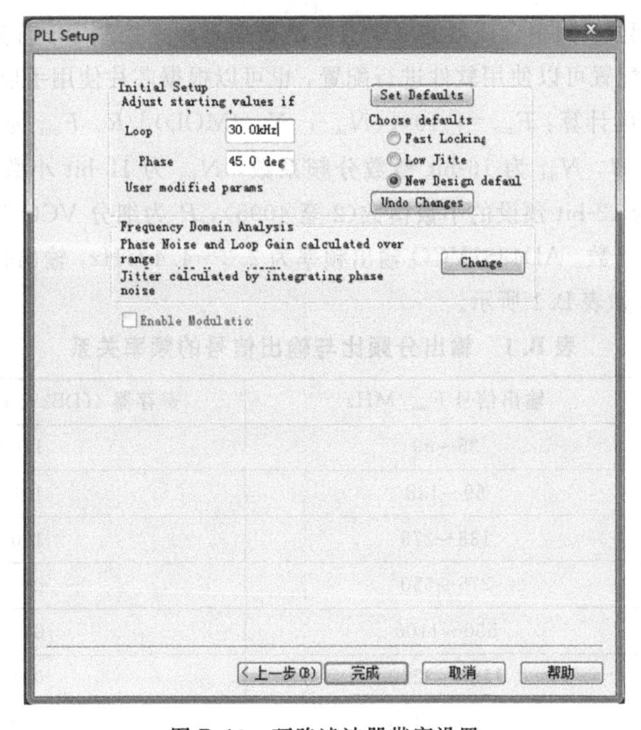

图B.10 环路滤波器带宽设置

(9) 硬件参数配置完成，软件生成环路滤波器原理图，如图 B.11 所示。

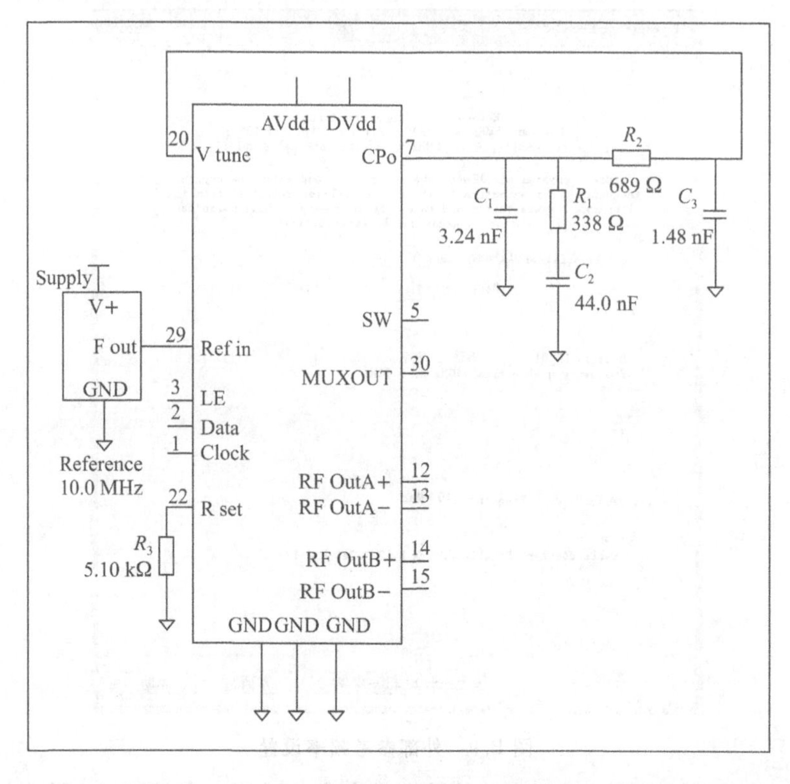

图 B.11 环路滤波器原理

(10) 寄存器配置。频率合成器的一个重要的数据是频率控制字。首先根据芯片进行频率计算，寄存器的配置可以使用软件进行配置，也可以根据芯片使用手册进行手动配置。

信号输出频率的计算：$F_{out}=[10\times(N_{int}+N_{fra}/MOD)]/R$。$F_{out}$ 为输出信号频率，10 为 10 MHz 参考频率，N_{int} 为 16-bit 整数分频系数，N_{fra} 为 12-bit 小数分频的分子(0 至 MOD-1)，MOD 为 12-bit 预设的小数模数(2 至 4095)，R 为细分 VCO 频率的输出分频器 RF Divider 的分频倍数。AD4351VCO 输出频率为 2.2～4.4 GHz，输出分频比 R 与输出信号的频率 F_{out} 关系如表 B.1 所示。

表 B.1 输出分频比与输出信号的频率关系

分频比 R	输出信号 F_{out}/MHz	寄存器 4(DB22、DB21、DB20)
64	35～69	110
32	69～138	101
16	138～275	100
8	275～550	011
4	550～1100	010
2	1100～2200	001
1	2200～4400	000

将输出信号带入上面公式，求出 N_{int}、N_{fra} 即可。

计算过程如下：

$$N_{\text{int}}=\text{INT}\left[\frac{F_{\text{out}}\times R}{10}\right]，寄存器\ 0，DB30\sim DB15。$$

$$N_{\text{fra}}=\text{MOD}\left[\frac{F_{\text{out}}\times R}{10}\right]\times 4095，寄存器\ 0，DB30\sim DB15。$$

备注：频率根据外部设置而变化，须按照上面公式计算的数据下发给寄存器。

(11) 寄存器其他控制位配置用 ADI 官网下载软件完成配置，寄存器配置软件界面如图 B.12 所示。图中 RF Setting 为主要配置区，只需输出信号而无其他要求，其他区域可以选择默认设置。若有其他要求，可以参照《ADF4351 使用参考手册》的寄存器说明进行配置。

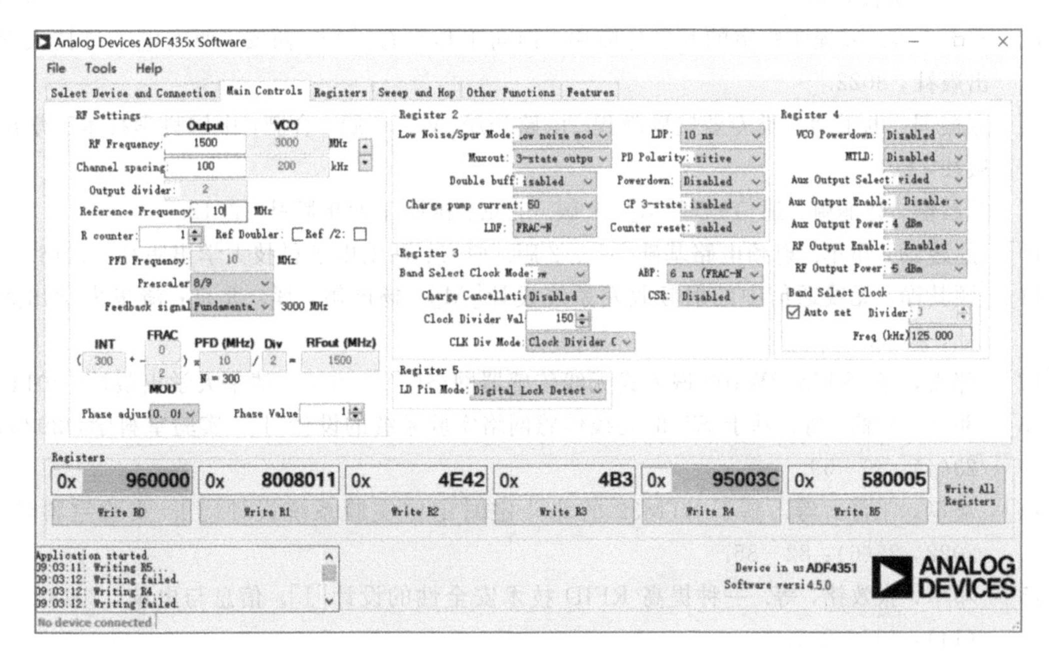

图 B.12　寄存器配置软件界面

参 考 文 献

[1] 孙肖子，等. 现代电子线路和技术实验简明教程[M]. 2 版. 北京：高等教育出版社，2009.
[2] 谢自美. 电子线路设计·实验·测试[M]. 2 版. 武汉：华中理工大学出版社，2000.
[3] 曾兴雯，等. 高频电子线路[M]. 3 版. 北京：高等教育出版社，2016.
[4] 孙肖子. 实用电子电路手册(模拟电路分册)[M]. 北京：高等教育出版社，1991.
[5] 杨翠娥. 高频电子线路实验与课程设计[M]. 哈尔滨：哈尔滨工程大学出版社，2001.
[6] 朱昌平，高远. 高频电子线路实践教程：面向卓越工程师培养[M]. 2 版. 北京：电子工业出版社，2016.
[7] 邓军，等. 远程实验室的开发与应用：面向工程教育[M]. 西安：西安电子科技大学出版社，2022.
[8] 方振国. 电子信息类专业实验教程. 电路分册[M]. 2 版. 合肥：中国科学技术大学出版社，2018.
[9] 樊昌信，曹丽娜. 通信原理[M]. 7 版. 北京：国防工业出版社，2012.
[10] 赵建勋，邓军. 射频电路基础[M]. 2 版. 西安：西安电子科技大学出版社，2018.
[11] 顾其诤. 无线通信中的射频收发系统设计[M]. 杨国敏，译. 北京：清华大学出版社，2016.
[12] 邱铁，等. STM32W108 嵌入式无线传感器网络[M]. 北京：清华大学出版社，2014.
[13] 邓军，叶楠，等. 基于 ST 的无线传感网络实验系统的设计[J]. 实验室科学，2020，23(4)：66-69.
[14] 邓军，王泽，等. 基于 STM32 的北斗定时定位实验系统设计[J]. 实验室科学，2022，25(6)：82-85.
[15] 邓军，张效铭，等. 一种提高 RFID 技术安全性的设计[J]. 信息与电脑，2019，31(14)：197-201.